RiverWare在胶东调水工程中的应用研究

马吉刚　赵然杭　赵洪丽　王好芳　王兴菊　李华兴　等著

黄河水利出版社

·郑州·

图书在版编目(CIP)数据

RiverWare 在胶东调水工程中的应用研究/马吉刚等著.—郑州:黄河水利出版社,2022.5
ISBN 978-7-5509-3292-0

Ⅰ.①R… Ⅱ.①马… Ⅲ.①调水工程-应用软件-研究-山东 Ⅳ.①TV68-39

中国版本图书馆 CIP 数据核字(2022)第 088546 号

出 版 社:黄河水利出版社
地址:河南省郑州市顺河路黄委会综合楼 14 层 邮政编码:450003
发行单位:黄河水利出版社
发行部电话:0371-66026940、66020550、66028024、66022620(传真)
E-mail:hhslcbs@126.com
承印单位:广东虎彩云印刷有限公司
开本:787 mm×1 092 mm 1/16
印张:11
字数:270 千字 印数:1—1 000
版次:2022 年 5 月第 1 版 印次:2022 年 5 月第 1 次印刷

定价:48.00 元

前 言

RiverWare 是美国垦务局、田纳西河流域管理局和科罗拉多大学水资源水环境决策支持系统研究中心开发的通用于流域水资源规划和管理、水资源优化配置与调度的一种综合性的决策支持系统。RiverWare 软件采用了面向对象(Object-Oriented)和以数据中心(Data-Centered)的设计方法,具有良好的可控性和适应性,用户可以根据需求和经验选择模型,实现从模型构建到计算方法选择的完整控制。RiverWare 已广泛应用于田纳西河流域、科罗拉多河流域和青尼罗河流域等流域的规划调度和日常调度中,通过模拟和优化实现调度目标。

胶东调水工程已实现长江水、黄河水和当地水的联合调度,从而缓解了胶东地区乃至山东省的水资源短缺局面。随着数字化、自动化和智慧化等科学技术的发展,实现和提高调水工程的智能化、精细化调度运行管理水平,需要一个调水管理系统为日常的高效调水提供决策依据。因此,山东省调水工程运行维护中心积极申报省科技厅批复下达引智项目,联合山东大学共同学习吸收研发并应用于调水工程运行,在国内首次推广应用于调水工程。本书通过引进的 RiverWare 软件进行胶东调水工程的水资源优化调度研究,为日常调度运行管理更加科学、高效提供决策支持。

本书在上述背景下,立足于目前胶东调水工况,以提高调水工程的调水效率,缓解和解决受水区供需矛盾和降低调水工程运行费为调度目标。RiverWare 软件首先在引黄济青工程上应用研究,然后推广应用到胶东地区引黄调水工程的部分渠段。通过 RiverWare 构建不同情景下的调度模型,并利用 RiverWare 独有的 RPL(RiverWare Policy Language)编程语言进行调度规则的制定,确定调度方案,并通过实际调度数据和“胶东调水工程水资源优化调度关键技术研究”中的调度模型的数据,进一步验证了 RiverWare 软件进行水资源调度的合理性和可靠性。

全书共分 5 章,第 1 章主要介绍 RiverWare 国内外研究进展和应用情况;第 2 章介绍 RiverWare 软件的概况,主要包括软件模块、主要功能及 RPL 开发语言的特点;第 3 章利用 RiverWare 构建引黄济青工程不同情景下的调度模型,根据调度目标和调度原则,利用 RPL 编程语言进行规则制定,确定调度方案,并对调度方案进行对比分析,验证 RiverWare 方案的合理性;第 4 章将 RiverWare 推广应用到胶东地区引黄调水工程的部分渠段,构建不同情景下的调度模型,进一步验证 RiverWare 的应用效果;第 5 章对研究成果进行总结,分析研究中存在的问题和不足,提出以后需要进一步开展的研究内容。

本书由马吉刚、赵然杭、赵洪丽、王好芳、王兴菊、李华兴、孙博、李琨等撰写,全书由马吉刚统稿。其中,赵然杭参与了第 1 章、第 2 章、第 3 章的撰写;赵洪丽参与了第 1 章、第 2 章、第 5 章的撰写;王好芳参与了第 2 章、第 3 章、第 4 章、第 5 章的撰写;王兴菊参与了第 1 章、第 2 章、第 3 章的撰写;李华兴参与了第 1 章、第 3 章、第 4 章的撰写;孙博参与了第 1 章、第 2 章的撰写;李琨参与了第 1 章、第 2 章的编写;张立民、徐悦华等人参与了资料收集、整理等工作。

RiverWare软件引进过程中,中国水利水电科学研究院王义成教高、王超高工及国家贸易促进会等专家给予了详细指导和建议。在研究过程中,山东省调水工程运行维护中心及所属潍坊分中心、青岛分中心、烟台分中心、威海分中心给予了大力支持,在此一并表示衷心感谢!

由于国内关于RiverWare软件的应用研究较少,编者可借鉴交流的经验较少,鉴于编者能力和水平有限,书中难免出现偏颇和不足之处,恳请读者批评指正。

作　者

2022年4月

目　录

第1章　绪　论

1.1　研究背景及意义

水资源短缺制约区域的可持续发展。区域的水资源规划与管理、水资源优化配置与调度,可使有限的水资源获得高效利用,是解决这一问题的有效途径。常用的水资源规划管理软件有 MIKE BASIN、WATERWARE、WRMM 和 RiverWare 等。MIKE BASIN、WATERWARE、WRMM 广泛应用于流域或区域的水资源配置[1-3]、水资源调度[4-5]、水资源系统管理[6-8]等。这几款软件在优化模型的构建、规则的制定时不是面向对象和以数据中心的设计方法,研究者难以根据实际需要进行模型和规则的调整,计算过程属于黑箱模式。而 RiverWare 是美国垦务局、田纳西河流域管理局和科罗拉多大学水资源水环境决策支持系统研究中心开发的通用于流域水资源规划与管理、水资源优化配置与调度的一种综合性的决策支持系统。RiverWare 软件主要包括水量计算模块、优化模块、模拟模块、水质模块等,能够进行水库和河渠水文过程模拟与计算、地表水与地下水转换分析计算、管道和非管道渗漏量的模拟计算、水库群多目标分析计算、水库群联合调度、水质模拟、环境及生态影响评价等。决策者可通过 RiverWare 提供的计算结果解决一系列流域环境和水资源问题。它是系统优化、水资源核算、水权管理,以及长期资源规划的平台。

RiverWare 软件采用了面向对象(Object-Oriented)和以数据中心(Data-Centered)的设计方法,具有良好的可控性和适应性。RiverWare 能够将操作规则表示为用户自定义的数据,并且策略没有编译到代码中,因此便于创建与修改规则,利于解决非结构化问题。

由于采用了先进和系统的软件设计思路和技术,RiverWare 具有良好的可控性和适应性,用户可以根据需求构建模型、制定规则,实现从模型构建到计算方法选择的完整控制。RiverWare 已广泛应用于田纳西河流域、科罗拉多河流域和青尼罗河流域等流域的规划调度和日常调度中,通过模拟和优化实现调度目标。

目前山东省胶东地区水资源短缺,供需矛盾尤为凸显。随着城市与人口规模不断扩大,工农业经济迅猛发展,用水量急剧增长,使有限的水资源供需矛盾更加紧张。山东省胶东调水工程是一项跨流域、远距离的大型调水工程,是实现山东省水资源优化配置,改善当地生态环境,保障胶东地区用水的基础性、战略性、公益性工程,包括引黄济青工程和胶东地区引黄调水工程。

胶东调水工程已实现长江水、黄河水和当地水的联合调度,从而缓解了胶东乃至山东省的水资源短缺局面。随着山东半岛蓝色经济区的打造与黄河流域生态环境保护和高质量发展的要求,工程沿线的用水需求将逐年加大,沿线水资源供需矛盾也更加突出,如何更加高效地进行水资源的优化调度,实现胶东调水工程的社会效益、经济效益和生态效益的最大化是亟待研究的问题。随着数字化、自动化和智慧化等科学技术的发展,实现和提高调水工程的智能化、精细化调度运行管理水平,需要一个调水管理系统为日常的高效调水提供决策依据。因此,本研究通过引进的RiverWare软件进行胶东调水工程的水资源优化调度研究,为日常调度运行管理更加科学、高效提供决策支持。

1.2 国内外研究进展

RiverWare软件由美国开发,在国外应用广泛,但在国内应用很少。该软件已应用在田纳西河流域、科罗拉多河流域、格兰德河流域上游段、佩科斯河流域、尤马蒂拉河流域、特拉斯河流域等进行水资源规划和调度运行管理,并取得满意效果。

1.2.1 国外研究进展

由美国田纳西河流域管理局与科罗拉多大学水环境决策系统中心所组成的研究团队对RiverWare模块进行最优化设计之后,1998年6月田纳西河流域管理局通过RiverWare构建水资源优化模型指导了流域水电站群洪水下泄时间和发电机组的操作流程。此后模型进行部分改进后田纳西河流域管理局在流域范围内正式开始应用并完成了流域许多水资源规划任务[9]。

2006年John等应用RiverWare对科罗拉多河下游与莫哈维水库的调度管理进行了评价,并取得满意结果[10]。

2006年Donald Frevert等学者结合RiverWare软件、水文数据库(HDB)及模拟模型系统(MMS)对科罗拉多河流域、格兰德河流域上游段、佩科斯河流域、尤马蒂拉河流域与特拉斯河流域进行调度能力分析。目前,RiverWare软件已经应用于科罗拉多河的水库调度和流域规划上[11]。

2018年,Mohammed Basheer和Nadir Ahmed Elagib在研究大坝运行的水能关系敏感性时,使用RiverWare软件开发了苏丹白尼罗河的水资源分配模型[12]。

2018年,Mohammed Basheer等对青尼罗河流域为例,研究跨界流域合作对水-能源-粮食关系的影响。其中青尼罗河流域的日模型是使用RiverWare、HEC-HMS和CropWat开发的。研究区的水资源分配是使用RiverWare模拟的,其可以模拟多种对象的水文和水力过程[13]。

2020年Wheeler Kevin G等利用RiverWare软件,基于规则开发了东尼罗河河流模型(ENRM),并利用该模型模拟了2020—2060年河流当前和未来的水资源状况[14]。

2021年,Tesse de Boer等为了量化伊犁-巴尔喀什流域(Ili-Balkhash Basin)对未来气候变化和跨境流域水的供需变化的脆弱性,利用RiverWare建立了伊犁-巴尔喀什流域(Ili-Balkhash Basin)水文-水资源耦合模型,研究了历史水文气候变化、未来水文气候变化和上游需水变化条件下环境流量的可靠性[15]。

科罗拉多大学水环境决策系统中心开发并应用了RiverWare软件来模拟电力和非电力水库的使用。RiverWare在这些系统中,结合各种复杂的环境要求和其他非电力限制来管理水电。

1.2.2 国内研究进展

2015年,麦麦提敏·库德热提利用RiverWare建立了新疆乌鲁木齐河流域日尺度的水资源管理模型,研究了乌鲁木齐河流域地表水和地下水相互作用关系、作物耗水量变化趋势与河道水位流量关系[16]。2022年王新等利用RiverWare软件进行水库兴利调度应用研究[17]。

1.3 主要研究内容

1.3.1 调度目标与原则确定

综合胶东调水工程实际调水需求,确定两市缺水量最小、调水工程运行费最小、两市缺水量和调水工程运行费最小三种调度目标。制定调度原则,结合工况,建立水资源优化调度模型。

1.3.2 RiverWare模型构建

首先考虑引黄济青工程不同工况条件,利用RiverWare构建引黄济青工程不同情景下的水资源调度模型,分别对模型中的水工建筑物、参数初始条件等进行设置。然后,把RiverWare推广应用到胶东调水工程宋庄分水闸至黄水河泵站段。

1.3.3 调度方案确定

根据调度目标和约束条件,利用RiverWare软件独有的RPL(RiverWare Policy Language)编程语言对不同情景下的调度模型进行规则制定,确定不同的调度方案。

1.3.4 调度方案对比分析

对比分析RiverWare确定的不同方案,讨论方案的合理性及RiverWare在胶东调水工程中应用研究的可行性。

1.4 技术路线

经过充分调研后,综合考虑调水工程的工况、输水能力及各个分水口的需水状况,确定调度目标,制定调度原则,进行模型的构建,分析调度方案,根据工程实际完善模型,确定调度方案,并对软件进行推广应用。技术路线如图1-4-1所示。

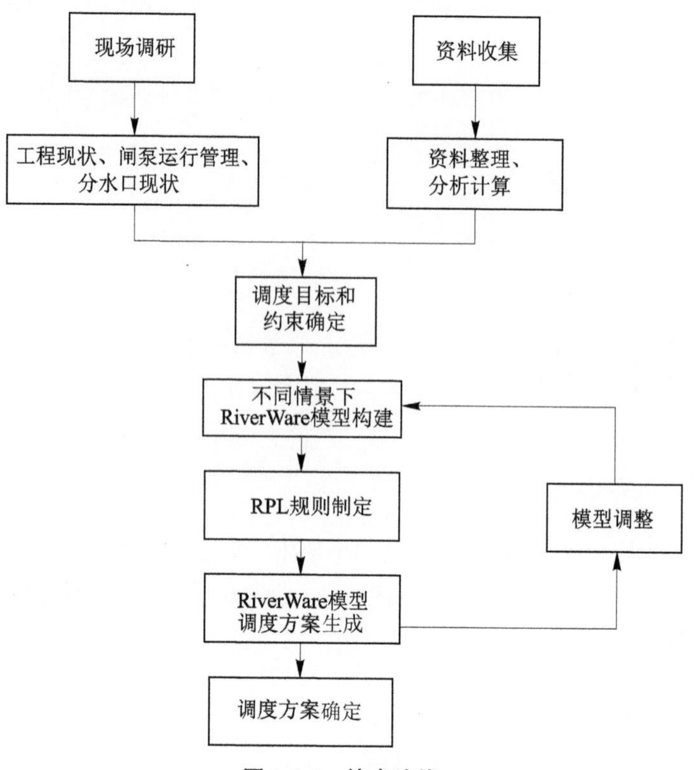
现场调研
资料收集
工程现状、闸泵运行管理、分水口现状
资料整理、分析计算
调度目标和约束确定
不同情景下RiverWare模型构建
RPL规则制定
模型调整
RiverWare模型调度方案生成
调度方案确定

图 1-4-1　技术路线

第 2 章　RiverWare 软件概况

RiverWare 是由美国垦务局、田纳西河流域管理局和科罗拉多大学水资源水环境决策支持系统研究中心开发的，通用于流域水资源规划与管理、水资源优化配置和调度的一种综合性的决策支持系统，广泛应用于流域的水资源规划和管理，通过模拟和优化实现规划和调度目标。

2.1　软件模块简介

引进的 RiverWare 软件主要包括对象模块、水量计算模块、优化模块、模拟模块、水质模块等。

2.1.1　对象模块

对象模块主要提供建模对象库。RiverWare 构建模型时，根据流域特征、水工建筑物及工况等，从建模对象库中选择相应的对象，链接建模对象形成流域系统的拓扑关系。这些对象包含驱动模拟的数据和物理过程算法。常用建模对象如图 2-1-1 所示。

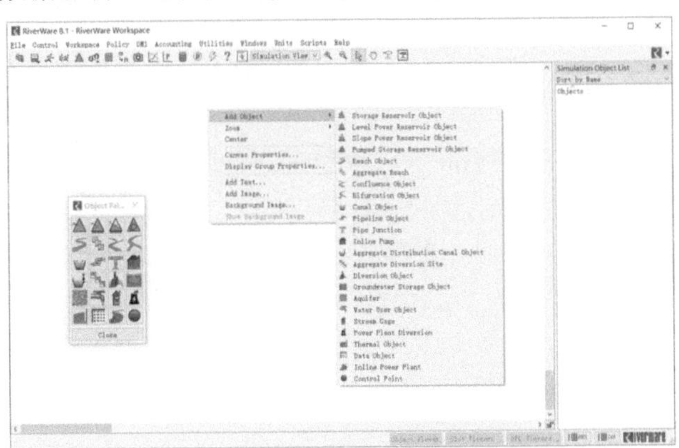

图 2-1-1　RiverWare 建模对象

(1)水库(Storage Resevoir)：有泄洪道，无水力发电设施的水库。计算物质平衡，包括蒸发、降水和河岸调蓄量、释放、有计量溢流、无计量溢流以及沉泥沙淤积。

(2)水平式发电水库(Level Power Resevoir)：有水力发电厂(涡轮释放)和溢洪道的水库。计算水库蓄水过程、涡轮释放、发电水电以及尾水高程。

(3)倾斜式水库(Slope Power Resevoir)：有水力发电设施及溢洪道的水库。存储是水平存储和楔形存储的结合。计算蓄水、动力水库过程以及楔形蓄水水库储水量与水位高程。

(4)抽水蓄能水库(Pumped Storage Resevoir)：在电力系统负荷低谷时将水从下水库抽到上水库储存，在负荷高峰时将上水库储存的水放到下水库进行发电。计算储能过程与抽水功率和能量。

(5)河段(Reach)：输水河段。确定流量并计算损益情况。

(6)聚合河段(Aggregate Reach)：包含一个或多个河段的聚合对象。

(7)汇合(Confluence):两个入流和单个出流的交汇处。计算河流交汇处的水量平衡。

(8)分叉(Bifurcation):单个入流和两个出流的交汇处。计算河流分流水量。

(9)渠道(Canal):在两个水库之间通过重力输送水的双向输水渠道。

(10)管道(Pipeline):对两个对象之间的管道水流建模。

(11)管道接口(PipeJunction):本对象对有压流进行分流(类似分叉)或汇流(类似汇合),在较大压力流量下使用。

(12)管道泵(Inline Pump):用于模拟增压泵站的对象。计算抽水/发电功率、能量和涡轮/泵流量。

(13)总配水渠道(Aggregate Distribution Canal):至少包含1个分配水渠的渠道。

(14)分水口(Diversion):从水库或河段引水的对象。可引水量根据水面高程、抽水参数或可用水量而定。

(15)用水户(Water User)):从河段或水库引水、消耗水,然后将多余的流量返回系统的对象。

(16)地下水储存(Groundwater Storage):一种地下蓄水池,接收用水户的排水或河段渗漏,然后重新回到系统。

(17)含水层(Aquifer):较深的、完全饱和的、通常封闭的地下水系统。

(18)水文站(Stream Gage):河流站点,提供模型所需要的流量数据。

(19)电厂引水(Power Plant Diversion):一种模拟电厂用水转移和消耗的对象,通常用于冷却。

(20)热量对象(Thermal):模拟热力系统经济性和水电换热价值的对象。

(21)数据对象(Data):用户自定义插槽和数据的对象。

(22)内联电厂(Inline Power Plant):一种用于在一段没有存储的河段上模拟电力生产(河段电力生产)的对象。

(23)控制点(Control Point):一种用于调节上游水库的对象,使控制点的河道容量不受影响。

2.1.2 水量计算模块

根据水量平衡建立水量的储存、流动和转移路径的信息,并通过流域追踪水的归属问题。水量计算模块如下:

(1)信息可在全局或在每个功能上查看和配置。

(2)将水的物理过程模拟和水权水量分开,用户用模拟的水量对水权账户进行定义(Separation of "physical" and "paper" water, the user defines reconciliation of paper accounts with modeled water quantities.)。

(3)代表水权、应计项目、结转和交换。

(4)可以解决账户的"事后"问题,也可以对账户数据进行评估,以便在操作规则中使用来驱动仿真。

2.1.3 优化模块

优化模块主要包括线性规划和多目标规划的优化求解器(Optimization)。RiverWare的多目标规划是基于优先线性目标规划(Preemptive Linear Goal Programming),解决水资源管理面临的多个发生冲突的目标问题。优先线性目标规划其约束条件和目标以不同的优先次序表示。用户用一组优先级目标来表达约束条件或目标函数,从最高优先级开始,一个线性规划在每个优先级中求解。通过这种方式,随着解决方案在优先级上的进展,它缩小了解决方案的空间或消除了解决方案的自由度。为避免不可接受的解决方案,每个目标的满足度自动均匀地分布于所有调度对象和所有时间步长。用户可以通过约束编辑器,根据实际需求打开或关闭目标或重新安排优先级。RiverWare 提供的多目标规划求解不需要传统多目标优化的"惩罚矩阵"或"目标权重"就可以求解。

(1)管理多个目标。

RiverWare 能管理多个目标,主要包括供水、防洪、通航、娱乐、鱼类和野生动物栖息地保护及发电等。水资源管理部门可根据管理需求制定优先级进行多目标管理。

(2)RiverWare 自动优化。

当进行优化时,RiverWare 会根据所构造的模型自动生成水量平衡、拓扑连接和上下界等物理约束。通过约束编辑器输入优先策略对象和约束,按优先级顺序实现目标,并将解决方案返回对象,将决策变量的最优值显示在插槽中。

2.1.4 模拟模块

RiverWare 的模拟模块包括模拟(Simulation)和基于规则模拟(Rule-based simulation)两种求解器。主要以水量平衡方程作为理论基础。模拟算法在一次运行中可解决上游、下游或任何(确定的)组合的问题。输入/输出数据组合灵活,允许各种组合,例如存储、水位、流量等作为输入驱动模拟的数据。模拟计算时能依照管理需要,解决方案可以向前或向后推进,以便满足未来的存储目标,或者解决上游放水的问题,以满足下游未来的需水。同时面向对象的建模方法容易找到模型中不确定的地方,而且在每个时间步长都提供解决方案进度的详细信息,从而便于分析与运行。

基于规则的模拟是 RiverWare 基本模拟特性的扩展,其中用于解决欠确定模型。在这种模拟中,一个欠确定的模型由用户指定的规则提供额外的信息,这些规则代表流域的操作策略。一个基于规则的仿真模型没有包含足够的输入来解决所有的对象。相反,它依赖于规则来提供完全解决模型所需的额外信息。规则通过在模型中设置槽值来提供此信息。规则提供的信息与输入数据一起产生一个精确指定的模型。

基于规则的模拟允许指定优先的"if-then"操作策略语句来驱动模拟,而不是输入数据值。用户能方便地用语法导向编辑器提供的语言编写规则。通过使用预定义或用户自定义函数库,可以清晰、简洁地表示复杂策略。当模拟模型需要额外的数据时,这些规则被解释与执行。RiverWare 基于规则的模拟最大的特点是将策略表示为动态数据,可以在编译代码之外查看和修改这些数据。

(1)定制的函数库简化了规则编写。

(2)运行前自动测试正确的语法规则。

(3)图形规则编辑器允许轻松切换规则优先级和打开/关闭单个规则或规则集。

(4)用户添加到规则中的注释和诊断消息有助于分析模型运行。

2.1.5 水质模块

该模块主要是针对河流、河段、流域等的水质模拟,主要模拟的指标有温度、溶解氧和溶解性固体等。主要包括：

(1)模拟水质和水量过程。

(2)模拟温度、溶解性固体和溶解氧在水库与河段中的分布。

(3)选择简单的井混储层模型或双层储层模型。

(4)选择多种有分散及无分散的水质路由方法。

2.1.6 其他模块

2.1.6.1 数据管理

RiverWare 的数据管理接口(DMI)程序提供了最灵活的与其他应用程序、分析工具、其他机构及其他系统用户的信息分享。

它允许用户自定义、自动加载和导出数据,并为特定的应用程序设置运行。通过执行 RiverWare 的图形用户界面调用的定制外部程序,DMI 提供了最佳的便利和灵活性。DMI 还允许用户进行如下操作：

(1)加载来自任何外源输入,包括实时或关系数据库、其他模型和 ASCII 文件的输出。

(2)将数据导出到电子表格、分析工具、数据库、正式计划表、其他模型、电子邮件等。

(3)延长或重新定义开始和结束运行时间。

(4)在 RiverWare 的 DMI 图形用户界面中,自动加载初始条件、水文预测和特殊操作限制,以实现近乎实时的操作。

2.1.6.2 多重运行管理

设置多个模型,在同时或连续的时间范围内运行,并更改数据输入或策略(规则集或约束集)。索引顺序选项自动排列规划研究的历史流入数据。

2.1.6.3 高级诊断

通过指定对象、插槽、时间步长、方法和控制器上的可选信息,改进对模型运行的分析。这些信息与 RiverWare 的警告和错误消息一起,提供准确的问题诊断。

2.1.6.4 子流域

定义并命名模型中的任意特征组为子流域,可用于表达式、策略和 DMIS 的调用。将此特性与 DMIS 一起使用,允许多个操作者将不同的子流域调度为变量。在 RiverWare 的图形表达式编辑器中构建表达式。

2.1.6.5 快照管理器

RiverWare 的快照管理器为每个模型运行自动保存所选插槽的输入/输出值。更改方案,再次运行,并保留选定的结果进行比较。数据保存在快照数据对象上,并通过快照管理器接口创建和修改数据。

2.1.6.6 输出选项

绘图管理器允许从连续的模型运行中绘制变量(不限制绘图的数量)。查看并打印图表或导出 ASCII 文件或电子表格可读的文件中的数据。

2.1.6.7 批处理模式

RiverWare 的批处理模式程序允许用户通过它的 RiverWare 命令语言(RCL)运行、输入数据并查看批处理模式的结果。

2.1.6.8　电子表格视图

RiverWare 的系统控制表(SCT)为用户提供了模型中所有时间序列数据的自定义电子表格格式视图。把它看作是一个打开的窗口,一次就可以看到流域所有特征的数据。此外,可以配置多个 SCTS 以获取模型的不同视图,并通过鼠标单击就可以轻松地从一个视图切换到另一个视图。

从 SCT 可以进行如下操作:

(1)按任何顺序查看模型中的任何时间序列数据。

(2)更改数据的输入/输出状态。

(3)以时间聚合形式查看数据。

(4)更改数据值。

(5)设置特殊操作标志。

(6)执行模型运行。

2.2　RPL 开发语言简介

许多水资源规划管理软件,它们将复杂的规则集成到了代码中,并把它们与物理过程模型的代码混合在一起,这种设计提升了模型的可操作性,但是只能适用于某一个流域或者一个固定的水文过程,没有普适性。这导致常规建模工具一般仅允许指定简单的规则,无法满足不同工程的实际需要。

RiverWare 建模系统在开发时就采用了另一个思路,将物理过程模型和应用规则分开。RPL(RiverWare Policy Language)是 RiverWare 建模系统的开发语言。

RiverWare 允许在通用的建模框架中搭建另外一套复杂的规则,而搭建这个规则就需要 RPL 语言了,建模者可以使用它来定制不同的规则。规则语句在运行时进行编译,并且规则与仿真模型交互以驱动程序来解决实际的工程问题。

RPL 要想实现这些目标,就必须达到以下要求:

(1)必须足够丰富,可以表达最复杂的规则。①支持数学运算,四则运算、幂运算等;②逻辑操作,与、或、大于小于等;③条件判断和循环语句;④调用函数,定义函数;⑤迭代,列表,集合等。

(2)必须是一种解释性型编程语言,解释型编程语言编写的程序不进行预先编译,以文本方式存储程序代码。

(3)必须能够与 RiverWare 进行交互,主要在于能够读取和设置模型中的插槽,插槽是软件中对象的特征值,如流量,水位,水库高程表等。

在 RPL 语言的开发中,最先使用的是 Tcl(Tool Command Language 工具命令语言)。Tcl 是满足上述要求的完整解释型编程语言(开发了一个接口,以允许 Tcl 访问模型值,时间步长等)。通过对 Tcl 的试用,总结了优缺点,开发了对用户更加友好的语言即现在的 RPL 语言。它的优点包括:

①语言易于理解,以便感兴趣的用户可以相对容易地了解逻辑并理解规则;

②语言相对易于制定编写,许多编写规范同其他解释型语言一致,因此建模者不必学习新的复杂编程语言;

③建模者不必调试拼写和类似的语法问题,即提供了语法的编辑器以确保创建的代码都是有效的表达式;

④语言的编译和应用程序的执行要足够快,以达到可接受的运行时长。

RPL 的主要设计理念之一是它在很大程度上是一种函数式编程语言。它的目标指向一种理想的语言,该语言同时具有命令性和函数式编程语言的某些元素。例如,作为规则语言的 RPL 最终目的是在模型中设置插槽以驱动模型。因此,有必要使用赋值语句,特别是对槽的赋值语句。当模型中的插槽保持规则的系统状态时,类似于内存中的值,为了保持规则分配的意义清晰,所有的分配都是在规则的顶层函数中完成的。每个槽位都是一个表达式或函数计算的结果,低层函数中没有槽位分配的规则。

RPL 的基本形式:

Object.slot[timestep] = <expression>

该表达式可以包含复杂的规则,也可以像单个函数一样调用。

制定的规则需要查看模型的当前状态,因此该语言能够从内存中读取插槽的值。这并不会降低规则的引用透明性(函数的返回值只依赖于其输入值),因为当规则执行时,模型中的槽值永远不会改变。与规则相关的数据,例如水库调度图和最小流量值,会被保存在模型的自定义槽中。

除分配插槽外,还可以通过评估功能和表达式来专门执行策略计算,从而使语言实现既具有能够遵循规则的特点又不会影响插槽值。为了帮助经常引用相同变量的策略,WITH 表达式允许在表达式内使用局部变量。此功能可帮助用户编写比以前更有效、更简单的策略。

除对插槽的赋值外,规则计算仅通过计算函数和表达式来执行,这样做的好处是能够遵循规则进行计算,不会影响其他方面。为了辅助经常引用相同变量的情况,WITH 表达式允许在表达式中使用局部变量。这个特性可以帮助用户编写更高效、更简单的策略。

用户可在 RiverWare 提供的 RPL Palette 面板中选择运算法则、逻辑语句、关联对象、预定义函数等功能,如图 2-2-1 所示。

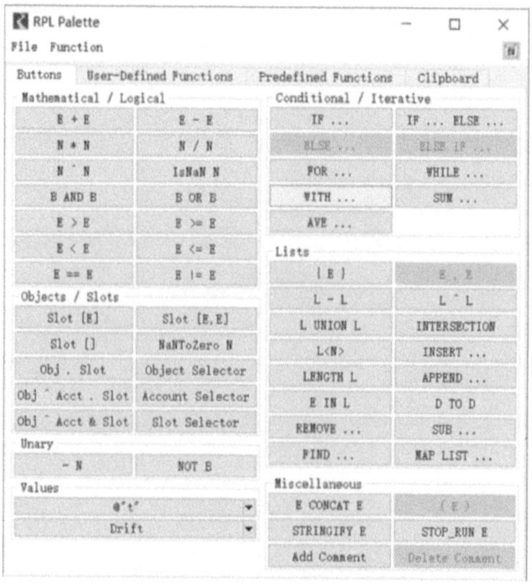

图 2-2-1　RPL Palette 面板

2.3 RiverWare国内外应用实例

(1)田纳西河流域。

未经治理的美国田纳西河流域,森林破坏,水土流失严重,经常暴雨成灾,洪水为患,曾是美国最贫穷落后的地区之一,后经对田纳西河流域内的自然资源进行全面的综合开发和治理,并取得辉煌成就,从而成为流域管理中的一个独特和成功的范例。

田纳西河流域已经在航运、防洪、发电、水质、娱乐和土地利用等6个方面实现了统一开发和管理,传统的管理模式在面对水资源的综合利用和优化调度时,并不能及时给出解决方案。

所以田纳西河流域管理局在模拟和优化模式中使用了RiverWare,以6 h为一时间步长,对40多座水库和水电站进行每日调度。运行考虑包括控制洪水、维持通航深度、保护水生生物群落、为娱乐活动提供适当的水位,并实现水力发电目标。

现在田纳西河干支流上对防洪库容约145亿m^3的40多座水库,进行了统一有效的水库防洪调度系统,流域防洪标准达到百年一遇,同时作为美国最大的电力系统,可以出色地完成水力发电目标。

(2)Colorado河。

美国垦务局已将Colorado河的长期政策、规划模型(Colorado河模拟系统)和中期运营模型(24个月研究)替换为基于RiverWare规则的模拟模型。此模型用于政策谈判(上下游用水冲突问题),以及为整个流域制订月调度计划。

(3)Rio Grande河上游。

包括美国陆军工兵队、美国填海局和美国地质调查局在内的一个跨部门团队已经将RiverWare的基于规则的模拟和水量计算应用于Rio Grande河上游的每日水上作业模型(urgwom)。该模型追踪本地水和San Juan-Chama跨流域引水,以履行契约交付、国际条约义务、印度水权以及私人权利和合同。

(4)San Juan流域。

美国垦务局和美国地质勘探局联合开发了Arizona州、Colorado州和New Mexico州的San Juan流域的运行模式。该模型由满足供水需求、防洪、目标蓄水量和水库蓄水标准的经营政策驱动,同时也是濒危驼背鲨和科罗拉多小龙虾的改良栖息地。

(5)乌鲁木齐河。

利用RiverWare分析了乌鲁木齐河流域(乌鲁木齐河流域内,北抵乌拉泊水库,南连天山喀拉乌成山北坡)地表水和地下水相互作用关系、作物耗水量变化趋势与河道水位流量关系。

第3章 RiverWare在引黄济青工程中的应用研究

根据引黄济青工程的调度目标，利用RiverWare进行引黄济青工程模型构建，基于RPL语言制定调度规则，确定调度方案，并与2019—2020年度的实际调水量和“胶东调水工程水资源优化调度关键技术研究”报告中的规划指标调度模型(GHM)和调配水量调度模型(TPM)确定的调度方案进行比较，验证RiverWare确定的调度方案的合理性。

3.1 引黄济青工程

胶东地区是山东省经济最发达的地区，随着社会经济的快速发展和城市化进程的加快，水资源供需矛盾更加突出。山东省胶东调水工程是缓解或解决胶东地区水资源供需矛盾的有效途径，是山东省骨干水网的重要组成部分，是胶东地区用水安全的重要保障。

山东省胶东调水工程是南水北调东线工程的重要组成部分，是山东省“T”字形骨干水网的重要组成部分，由引黄济青工程和胶东地区引黄调水工程组成。模型构建选取引黄济青工程。

引黄济青工程是山东省大型跨流域、远距离调水工程，是国家“七五”期间重点工程，1989年11月25日正式建成通水。该工程从滨州市博兴县打渔张引黄闸引黄河水，途经滨州、东营、潍坊至青岛棘洪滩水库，全长290 km。工程开辟输水明渠250多km，穿越大小河流36条，各类建筑物450余座，设4级提水泵站，大型调蓄水库和沉沙池各1座。工程设计向青岛日供水30万t，年供水量1.095亿m^3，在优先满足青岛用水前提下，可向沿途城市供水6 400万m^3。引黄济青工程为潍坊、青岛两市的社会经济发展提供了强有力的保障。

根据工程运行情况，模型构建选取引黄济青工程常用的11个分水口进行调度。各分水口的名称、桩号、设计流量及供水区域如表3-1-1所示。

表3-1-1 引黄济青工程主要分水口信息

地市	分水口		设计流量/(m^3/s)	桩号	县(市、区)	供水区域
	序号	名称				
潍坊	1	双王城水库分水闸	8.6	69+394.3	寿光	双王城水库
	2	清水湖	9	77+875		寿光北部，羊口
	3	官庄沟前分水闸(右)	2	92+274.3		联盟化工
	4	新丹河后分水闸(右)	1.5	100+876.1		龙泽水库
	5	丹河前分水闸(左)	2	103+798.1		大地盐化
	6	西分干分水闸	5	112+241	寒亭	白浪河
	7	引黄济淮分水闸(右)	20.5	151+748	昌邑	峡山水库，方家屯
	8	潍河滩地分水闸(右)	10	155+811		昌邑
	9	胶莱河前分水闸(右)	3	178+870	高密	高密
青岛	10	桥西头沟分水闸(右)	3	252+359	即墨	即墨
	11	棘洪滩水库	23	252+818	棘洪滩	棘洪滩水库

由于模拟渠道较长、水工建筑物及分水口多、断面情况复杂，为了保证模拟精度同时提高运算效率，在构建模型时，需要根据工程实际进行合理的系统概化，工程网络概化时将水源交汇及分水口处概化为节点，以流量控制节点的水量平衡。引黄济青工程网络概化图如图 3-1-1 所示。

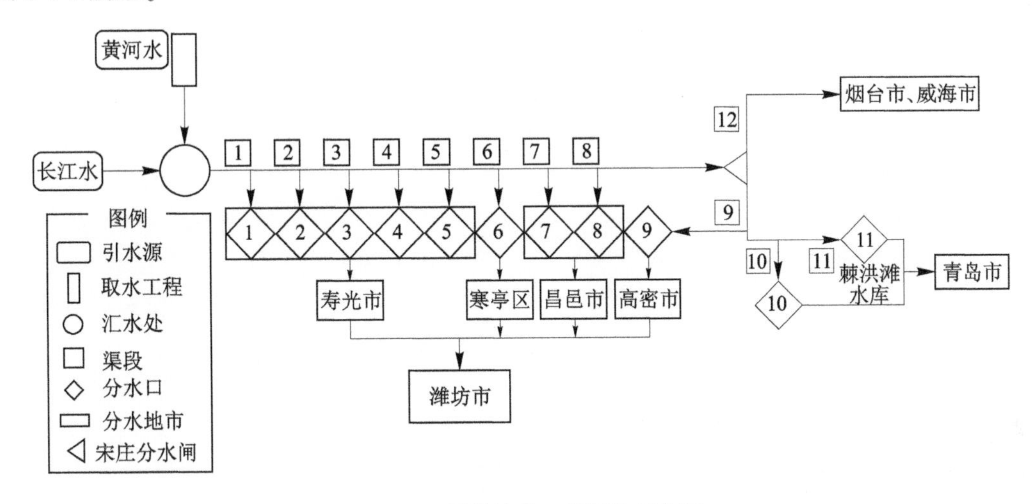

图 3-1-1　引黄济青工程网络概化图

3.2　调度模型目标和规则

3.2.1　调度目标

在水质满足要求的情况下，按照不同的来水条件及工程条件，将引黄水、引江水以最优方案调送至潍坊、青岛两市的各分水口，在此考虑三种调度目标：目标 1，两市缺水量最小；目标 2，调水工程运行费最小；目标 3，两市缺水量和调水工程运行费最小。

实现调度目标首先要确定调度期、调度时段和决策变量。调度期即调度的周期，分为全年调度和非全年调度两种情况。基于胶东调水工程目前实际调度运营情况，本研究调度期为全年调度，起止时间为当年 10 月到翌年 9 月。

调度时段即调度的基本时间单位。综合渠首工程到各分水口输水历时以及历年调度运营情况，确定胶东调水工程的调度时段为月，用 t 表示（$t=10,11,12,1,2,\cdots,9$）。

决策变量：决策变量 $x_{t,i}$ 为第 t 月第 i 分水口的调水量，万 m^3；分水口用 i 表示（$i=1,2,\cdots,11$），潍坊、青岛两市用 j 表示（$j=1,2$）。

（1）目标函数。

①缺水量最小

$$\min f_1 = \sum_{j=1}^{2} W_{n,j} - \sum_{t=10}^{9} \sum_{i=1}^{11} x_{t,i} \tag{3-2-1}$$

②运行费最小

$$\min f_2 = \sum_{t=10}^{9} \sum_{i=1}^{11} K_i x_{t,i} \tag{3-2-2}$$

③缺水量和运行费最小

$$\left.\begin{aligned}\min f_1 &= \sum_{j=1}^{2} W_{n,j} - \sum_{t=10}^{9}\sum_{i=1}^{11} x_{t,i} \\ \min f_2 &= \sum_{t=10}^{9}\sum_{i=1}^{11} K_i x_{t,i}\end{aligned}\right\} \tag{3-2-3}$$

式中：f_1 为调度期内两市总缺水量，万 m^3；f_2 为调度期内调水中心总运行费；万元；$W_{n,j}$ 为各市的需水量，万 m^3；$x_{t,i}$ 为分水口第 t 月第 i 分水口的调水量；K_i 为在第 i 个分水口的计量水价，元/m^3。

（2）调度原则。

①高效输水原则。为提高实际调水效率，调度时以高流量输水并优先考虑输水距离较短的分水口，尽可能以分水口设计流量进行分水，从而达到分水时间最短及损失水量最小，最大程度发挥工程的供水能力。

②调度水量充分利用原则。每个时段调度水量到达输水线路末端时，渠道内全部水量均供给末端分水口，使得调度水量能够充分利用。

调度时基于上述原则，在调度期内将黄河水、长江水从渠首输送至受水区各分水口，从而完成相应的调度目标。

3.2.2　约束规则

（1）外调水量约束。

从渠首给潍坊、青岛两市每个分水口的调度水量不大于规划指标。

潍坊：
$$\sum_{t=10}^{9}\sum_{i=1}^{9} W_{s,t,i} \leqslant W_{h,1}\cdot\beta_0 + W_{c,1} \tag{3-2-4}$$

青岛：
$$\sum_{t=10}^{9}\sum_{i=10}^{12} W_{s,t,i} \leqslant W_{h,2}\cdot\beta_0 + W_{c,2} \tag{3-2-5}$$

式中：$W_{s,t,i}$ 为第 t 月从引黄引江汇水处给第 i 个分水口的分配水量，万 m^3；β_0 为从引黄渠首沉砂池出口闸到引黄引江汇水处的输水效率；$W_{h,j}$ 为潍坊、青岛两市各自的引黄水量指标，万 m^3；$W_{c,j}$ 为潍坊、青岛各自的引江水量指标，万 m^3。

（2）需水量约束。

①地市需水量约束：各分水口分水总量不大于对应地市的需水量。

潍坊：
$$\sum_{t=10}^{9}\sum_{i=1}^{9} x_{t,i} \leqslant W_{n,1} \tag{3-2-6}$$

青岛：
$$\sum_{t=10}^{9}\sum_{i=10}^{11} x_{t,i} \leqslant W_{n,2} \tag{3-2-7}$$

式中：$W_{n,j}$ 为各地市需水量，万 m^3。

②分水口最小需水量约束：各分水口需水量大于其最小需水量。

$$x_{t,i} \geqslant W_{\min,t,i} \tag{3-2-8}$$

式中：$W_{\min,t,i}$ 为第 t 月第 i 个分水口的最小需水量，万 m^3。

（3）分水口设计流量约束。

各分水口分水量不大于分水口的设计流量：

$$x_{t,i} \leqslant W_{\max,i} \tag{3-2-9}$$

式中：$W_{\max,i}$ 为第 i 个分水口的设计分水量，万 m^3。

(4)渠道水量平衡约束。

将渠道以分水口为节点进行分段，根据渠道水量平衡原理，可得：

$$w_{t,i+1} = w_{t,i} \cdot a_{t,i} - x_{t,i} \tag{3-2-10}$$

式中：$w_{t,i}$，$w_{t,i+1}$ 分别为第 t 月第 i 段和第 $i+1$ 段渠道的输入水量，万 m^3；$a_{t,i}$ 为第 t 月第 i 段渠道的输水效率。

(5)渠段过流能力约束。

各渠段过水量不大于渠段设计过流量，即

$$w_{t,i} \leqslant W_{t,i} \tag{3-2-11}$$

式中：$W_{t,i}$ 为第 t 月第 i 段渠道的设计过流量，万 m^3。

由于渠道在宋庄分水闸出现分支，第 9 段渠道的初始水量加上第 12 段渠道的初始水量等于第 8 段渠道初始水量乘以第 8 渠段输水效率减去第 8 个分水口调度水量。其中宋庄分水闸上游渠段的最大设计流量为 29 m^3/s，向宋庄分水闸的最大设计流量(烟台、威海方向的最大分水量)为 22 m^3/s。

$$w_{t,9} + w_{t,12} = w_{t,8} \times a_{t,8} - x_{t,8} \tag{3-2-12}$$

(6)泵站过流能力约束。

各泵站运行时过流流量不大于泵站的最大过流量，不小于泵站的最小过流量：

$$Q_{p\min} \leqslant q_{t,p} \leqslant Q_{p\max} \tag{3-2-13}$$

式中：$Q_{p\max}$ 为第 p 个泵站的设计流量，m^3/s，$Q_{p\min}$ 为第 p 个泵站最小过流量，m^3/s。

(7)调度水量充分利用约束。

每个时段调度水量到达输水线路末端时，渠道内全部水量均供给末端分水口，使得调度水量能够充分利用，当 i 为最后一个分水口时，即

$$x_{t,i} = w_{t,i}\, a_{t,i} \tag{3-2-14}$$

(8)水库兴利调节约束。

由于青岛方向末端分水口是棘洪滩水库的入库口，分水口的分水量直接进入水库，因此需要考虑水库的兴利调节，即

$$V_{t+1} = V_t + x_{t,11} + p_t - q_t - E_t \tag{3-2-15}$$

$$V_{死} \leqslant V_{t+1} \leqslant V_{兴}$$

式中：V_{t+1} 为棘洪滩水库 $t+1$ 时段的库容，万 m^3；V_t 为棘洪滩水库 t 时段的库容，万 m^3；p_t 为棘洪滩水库 t 时段的降雨量，万 m^3；q_t 为棘洪滩水库 t 时段的供水量，万 m^3；E_t 为棘洪滩水库 t 时段的蒸发量，万 m^3；$V_{死}$ 为棘洪滩水库死库容，万 m^3；$V_{兴}$ 为棘洪滩水库兴利库容，万 m^3。

(9)非负约束。即所有变量非负。

3.3　基于 RiverWare 的模型构建

基于三种调度目标，考虑水量调度、调水工程运行费，并且要考虑峡山水库作为战略水源，因此模型构建时要考虑三种情景：①只考虑分水口；②考虑分水口和泵站；③考虑分水

口、泵站和峡山水库。

3.3.1　情景一：只考虑分水口

模型构建只考虑分水口，同时将宋庄分水闸概化为分水口，共 12 个分水口，基于 River-Ware 构建的模型见图 3-3-1。

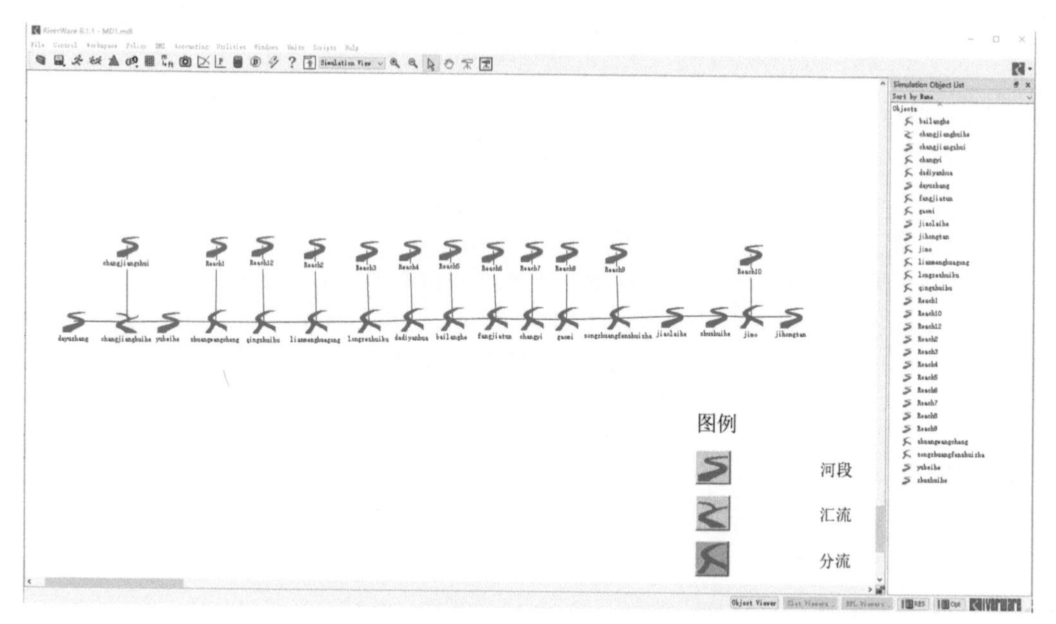

图 3-3-1　情景一的 RiverWare 模型构建

模型演算方法如下：

在运行开始时，此方法将初始时间步（Start Timestep - 1）的分布式流输出的所有列设置为等于初始到达流入（每个元素的流都相同），然后它调用选定的 Depth to Flow 方法来计算每个元素在初始时间步的所有流动参数。

对于运行中的每个时间步长，它首先为第一个元素设置流，如下所示：

$$Q_1^t = \text{Inflow} - \text{Diversion} + \text{Localinflow} \tag{3-3-1}$$

如果不使用分流或本地流入，则将它们设置为零。

然后调用选定的 Depth to Flow 方法，使用计算第一个元素的所有流动参数值 Q_1^t。这些值设置在分布式输出表系列槽的第一列中。

然后，该方法循环遍历河段中所有剩余元素，从上游到下游，在以下步骤中执行有限差分近似。

（1）计算用于流量参数计算的临时流量值。

$$\text{flowRemp} = \frac{Q_i^{t-1} + Q_{i-1}^t}{2} \tag{3-3-2}$$

（2）调用选定的 Depth to Flow 方法以使用临时流量值计算流动参数。这些值在分布式输出表系列槽中设置。返回的主值是波速 c_i^t（波速）。

（3）使用有限差分近似计算给定单元中的流量。该有限差分格式是运动波简化对

St. Venant 方程的隐式后向差分解,具有以下形式:

$$Q_i^t = \frac{Q_i^{t-1} + Q_{i-1}^t\left(\frac{c_i^t \Delta t}{\Delta x}\right)}{1 + \frac{c_i^t \Delta t}{\Delta x}} \tag{3-3-3}$$

(4)计算分布式体积输出,即单元内水的体积,如下所示:

$$V_i^t = V_i^{t-1} + (Q_{i-1}^t - Q_i^t) \times \text{Timestep}$$

在计算最后一个元素的流量后,所有的收益、损失和回流都被添加到最后的元素流量中,得到总的到达流出量。

两个分水口之间的渠道,设置输水效率和水力演算方法,见图 3-3-2。

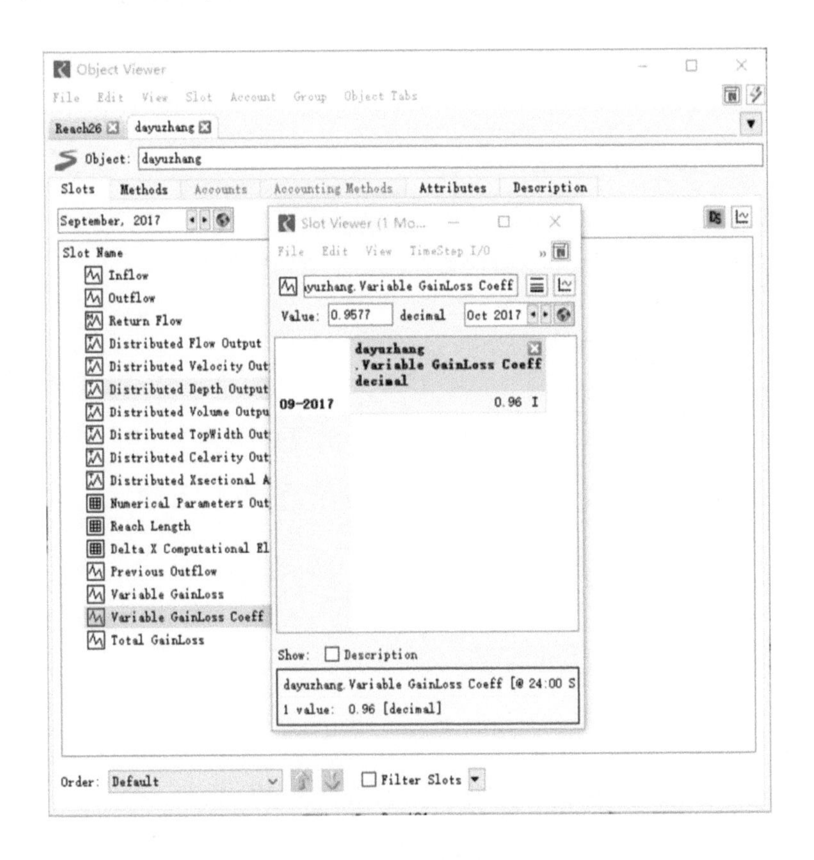

图 3-3-2　情景一分水口设置

3.3.2　情景二:考虑分水口和泵站

在考虑分水口和泵站情况下,模型构建相比情景一增加了泵站节点,考虑宋庄泵站、王耨泵站、亭口泵站和棘洪滩泵站四级。分水口设置同情景一,泵站设置设计最大流量和功率情况。模型构建见图 3-3-3。

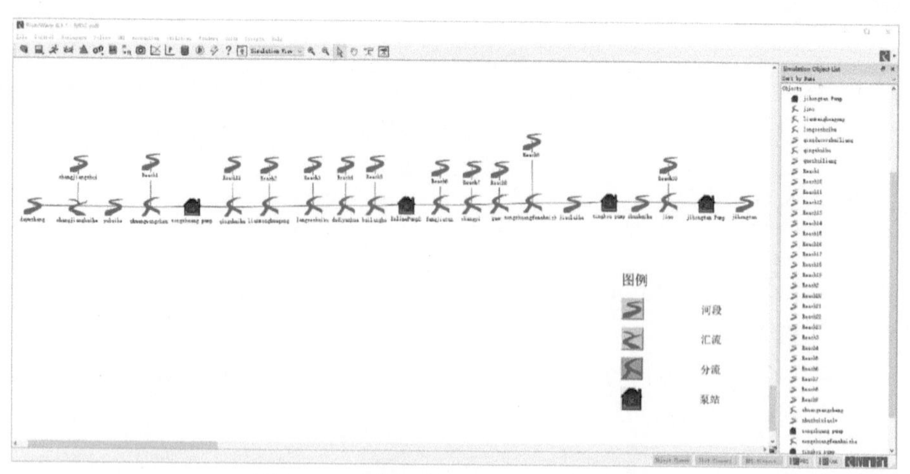

图 3-3-3　情景二的 RiverWare 模型构建

3.3.3　情景三:考虑分水口、泵站和峡山水库

峡山水库作为备用水源地,考虑峡山水库的调蓄能力和供水情况,模型构建时分水口、泵站设置同情景二,峡山水库节点设置调蓄情况。模型构建见图 3-3-4。

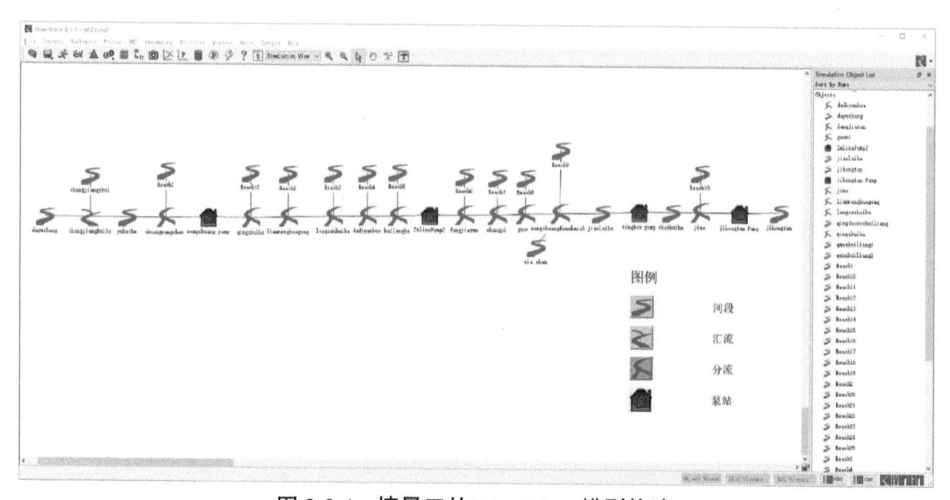

图 3-3-4　情景三的 RiverWare 模型构建

3.4　基于 RPL 语言的规则制定

不同情景下的 RiverWare 模型构建完成后,根据调度模型,对调度目标和约束条件,利用 RPL 语言制定规则。根据 2019—2020 年度潍坊和青岛两市用水需求、两市调水指标、各分水口的最小需水量和设计流量、各渠段输水效率等进行规则的制定。

3.4.1　数据收集与整理

(1)用水需求。

根据山东省调水工程运行维护中心提供的山东省胶东调水工程 2019—2020 年度调水

方案，2019—2020 年度潍坊和青岛两市用水需求分别为 0.982 8 亿 m^3 和 5.169 亿 m^3。

（2）调水指标。

山东省胶东调水工程，现以黄河水、长江水为水源。由《山东省水资源综合利用中长期规划》知，潍坊、青岛两市引黄河水指标分别 30 700 万 m^3、23 350 万 m^3；两市引长江水指标分别为 10 000 万 m^3、13 000 万 m^3。两市总调水指标分别 40 700 万 m^3、36 300 万 m^3，如表 3-4-1 所示。

表 3-4-1　潍坊和青岛两市调水指标　　单位：万 m^3

地市	引黄	引江	总调水
潍坊	30 700	10 000	40 700
青岛	23 350	13 000	36 300

（3）各分水口最小需水量。

根据山东省胶东调水工程日常运行数据，分析 2019—2020 年的配水数据，得出各分水口每月最小需水量，如表 3-4-2 所示。

表 3-4-2　分水口最小需水量　　单位：万 m^3

地市	分水口	月份											
		10	11	12	1	2	3	4	5	6	7	8	9
潍坊	1	0.00	0.00	198.53	0.00	0.00	692.86	750.25	284.44	174.99	0.00	0.00	0.00
	2	0.00	0.00	0.00	0.00	0.00	0.00	0.00	0.00	0.00	0.00	0.00	0.00
	3	0.00	3.89	46.80	58.21	55.10	69.83	63.80	59.91	63.97	64.62	29.70	0.00
	4	0.00	8.20	69.66	68.72	67.08	75.21	69.27	44.61	71.77	96.65	74.27	0.00
	5	0.00	5.99	36.93	17.37	19.05	19.95	13.75	20.63	12.04	0.00	0.00	0.00
	6	0.00	0.00	0.00	0.00	0.00	86.74	118.52	147.40	157.13	143.40	0.00	0.00
	7	0.00	0.00	0.00	0.00	0.00	0.00	0.00	0.00	0.00	0.00	0.00	0.00
	8	0.00	0.00	0.00	0.00	0.00	0.00	0.00	0.00	0.00	0.00	0.00	0.00
	9	0.00	0.00	150.95	0.00	15.20	137.18	172.77	172.66	163.72	175.47	29.43	0.00
青岛	10	0.00	3.29	461.23	235.00	223.00	349.90	327.70	270.50	253.20	408.50	354.60	46.80
	11	0.00	166.40	5 081.46	4 078.66	3 625.28	3 322.69	3 195.93	2 454.29	2 948.88	3 939.24	3 655.80	375.59

（4）渠段、泵站及分水口设计流量。

根据《山东省引黄济青工程技术经济指标资料汇编》《胶东地区引黄调水工程建设管理文件选编》，工程各渠段设计流量和分水口设计流量如表 3-4-3、表 3-4-4 所示。

表 3-4-3　胶东调水工程各渠段指标参数设计值　单位：m^3/s

地市	渠段	渠段设计流量	分水口	分水口设计流量
潍坊	1	37.0	1	8.60
	2	35.5	2	9.00
	3	34.5	3	2.00
	4	33.5	4	1.50
	5	33.0	5	2.00
	6	32.5	6	5.00
	7	29.5	7	20.50
	8	29.0	8	10.00
	9	27.5	9	3.00
青岛	10	23.5	10	3.00
	11	23.0	11	23.00

表 3-4-4　胶东调水工程各泵站指标参数设计值　单位：m^3/s

地市	渠段	泵站最大过流量	泵站最小过流量(运行时)
潍坊	宋庄泵站	32.0	5.0
	王耨泵站	31.1	4.0
青岛	亭口泵站	29.2	5.0
	棘洪滩泵站	28.0	2.8

(5)输水效率。

根据引黄济青上节制闸的校核流量、设计流量及实际调度的流量划分不同的流量，进行上节制闸至各段输水效率分析。利用 Mike11 分析计算不同流量情况下上节制闸至各渠段的输水效率，如表 3-4-5 所示。由表 3-4-5 知，输水效率随着输水渠道长度的增加，输水效率降低；同渠段随着流量的增加，输水效率增加。

(6)胶东调水工程各分水口输水计量水价。

根据《山东省物价局关于引黄济青工程和胶东调水工程引黄河水长江水供水价格的通知》(鲁价格一发〔2016〕94 号)，计量水价由输水总成本扣除基本水价成本部分后计提规定的税金构成。由于长江水和黄河水在汇合处混合进行统一调度，因此本研究采用的计量水价是按两市调度的黄河水、长江水水量的计量水价(鲁价格一发〔2016〕94 号)进行加权平均计算的，如表 3-4-6 所示。

表 3-4-5　不同流量下上节制闸至各渠段输水效率

地市	渠段	引黄济青上节制闸处的调水量/(m^3/s)					
		$q>40$	$36<q\leqslant40$	$33<q\leqslant36$	$30<q\leqslant33$	$25<q\leqslant30$	$q\leqslant25$
潍坊	1	0.971 3	0.970 1	0.966 8	0.963 5	0.957 7	0.951 9
	2	0.966 7	0.965 3	0.961 5	0.957 6	0.950 9	0.944 2
	3	0.958 8	0.957 1	0.952 4	0.947 7	0.939 5	0.931 2
	4	0.954 2	0.952 2	0.947 0	0.941 8	0.932 7	0.923 6
	5	0.952 6	0.950 6	0.945 2	0.939 8	0.930 4	0.921 0
	6	0.948 0	0.945 9	0.940 0	0.934 1	0.923 9	0.913 6
	7	0.927 1	0.924 1	0.915 9	0.907 7	0.893 7	0.879 6
	8	0.924 9	0.921 8	0.913 5	0.905 1	0.890 7	0.876 2
	9	0.912 9	0.909 4	0.899 8	0.890 1	0.873 6	0.857 0
青岛	10	0.875 7	0.870 7	0.857 4	0.844 0	0.821 4	0.798 7
	11	0.875 5	0.870 5	0.857 1	0.843 7	0.821 0	0.798 3

表 3-4-6　胶东调水工程各分水口输水计量水价　单位:元/m^3

地市	分水口	计量水价		采用的计量水价
		黄河水	长江水	
潍坊	双王城水库	0.265	1.059	0.67
	潍北平原	0.296	1.175	0.74
	峡山水库	0.392	1.313	0.86
青岛	青岛	0.667	2.107	1.03

3.4.2　情景一规则制定

只考虑分水口情境下,调度目标 1 为两市缺水量最小。利用 RPL 编写调度目标,见图 3-4-1。水量平衡约束、渠道过流能力约束、分水口最大流量约束、最小需水量约束和外调水量等各约束条件利用 RPL 编写制定约束规则。部分规则的制定见图 3-4-2~图 3-4-7。

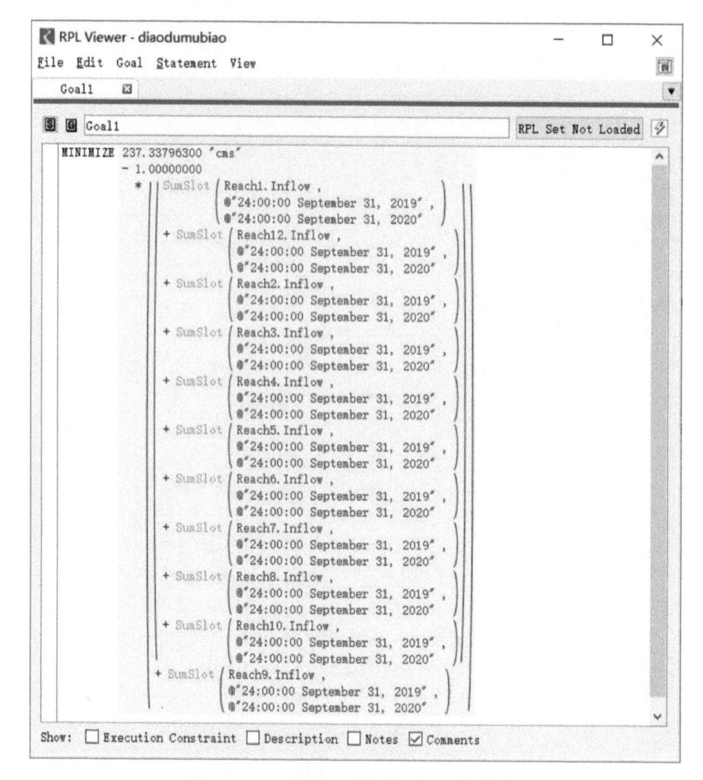

图 3-4-1　目标 1 两市缺水量最小

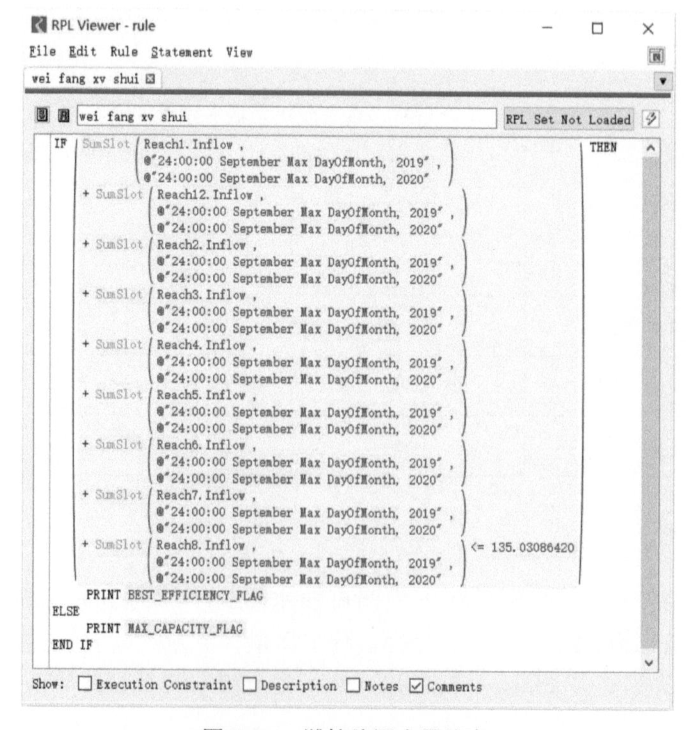

图 3-4-2　潍坊外调水量约束

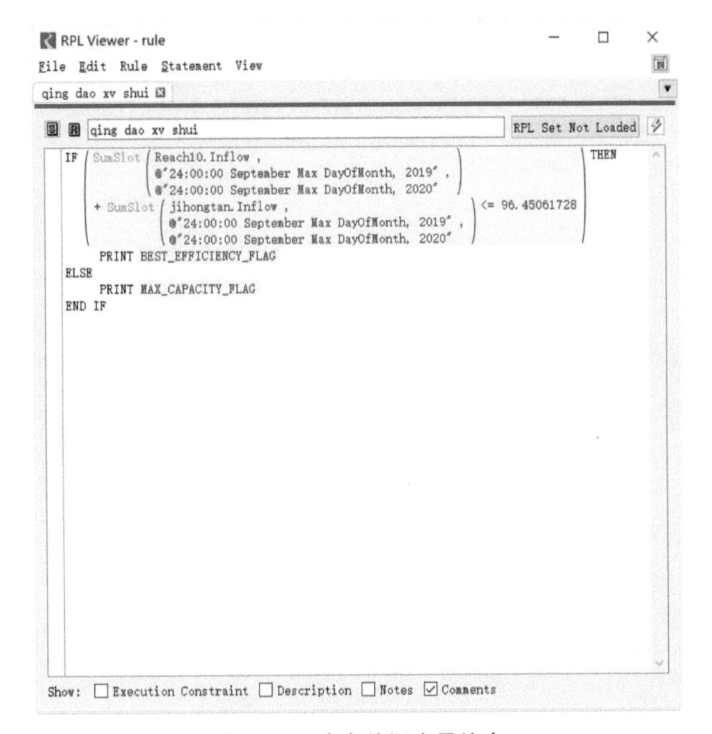

图 3-4-3　青岛外调水量约束

图 3-4-4　10 月各分水口最小需水量约束

图 3-4-5　分水口设计情况约束

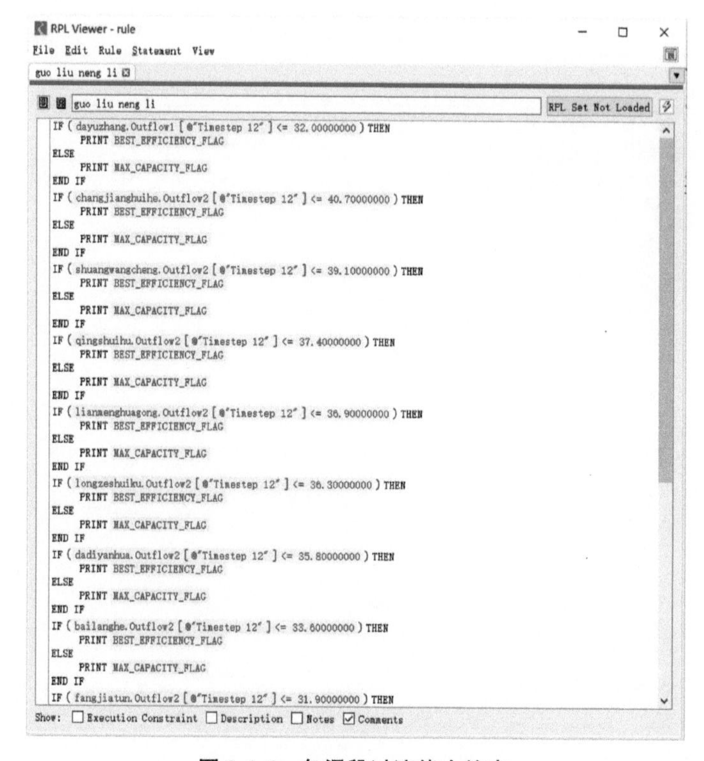

图 3-4-6　各渠段过流能力约束

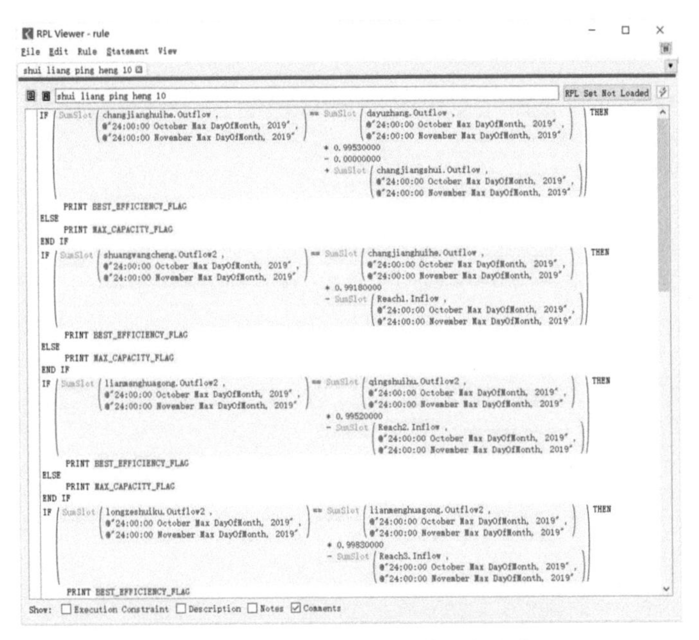

图 3-4-7　10 月各渠段水量平衡约束

3.4.3　情景二规则制定

考虑分水口和泵站情境下，调度目标 1 两市缺水量最小；目标 2 调水工程运行费最小；目标 3 两市缺水量和调水工程运行费最小。利用 RPL 编写调度目标，见图 3-4-8 ~ 图 3-4-10，泵站约束见图 3-4-11。

水量平衡约束、过流能力约束、分水口最大流量约束、最小需水量约束和外调水量等约束相同的部分见 3.4.2 节。

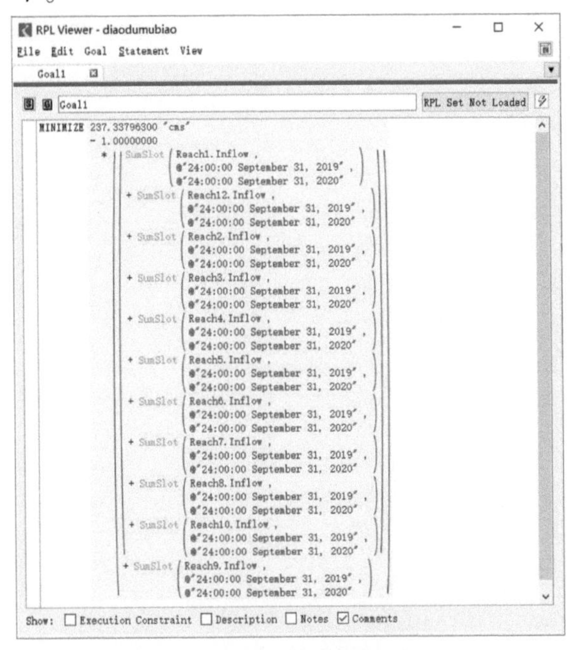

图 3-4-8　目标 1 两市缺水量最小

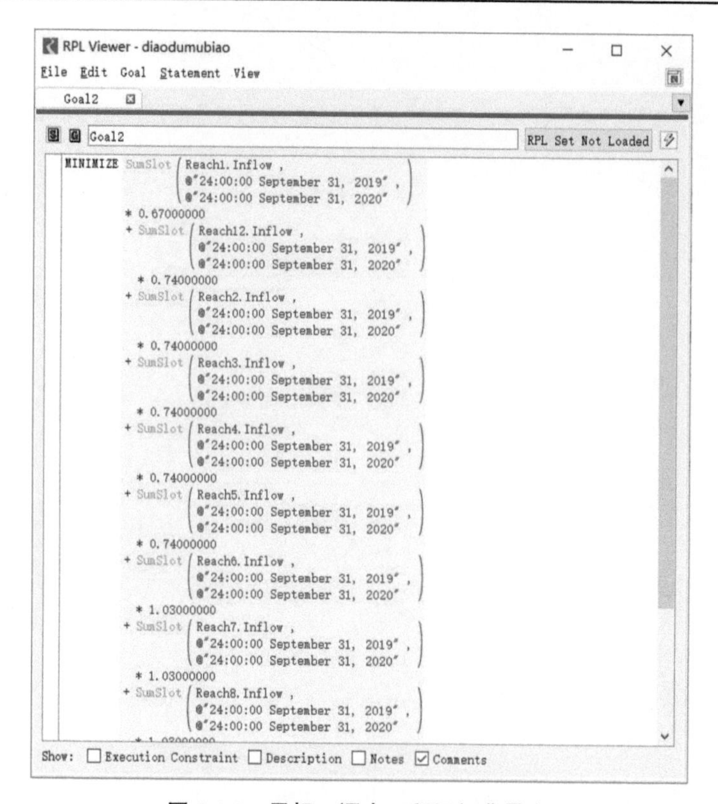

图3-4-9　目标2调水工程运行费最小

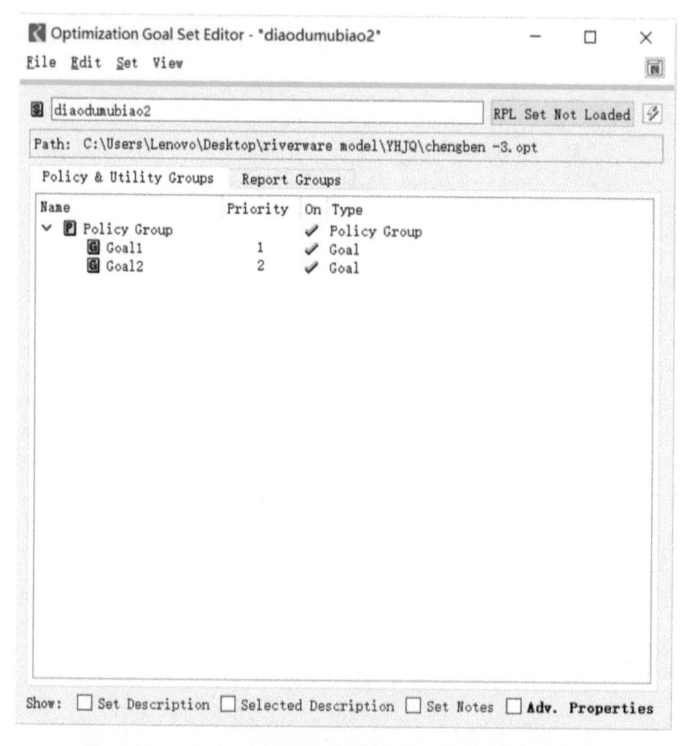

图3-4-10　目标3两市缺水量和调水工程运行费最小

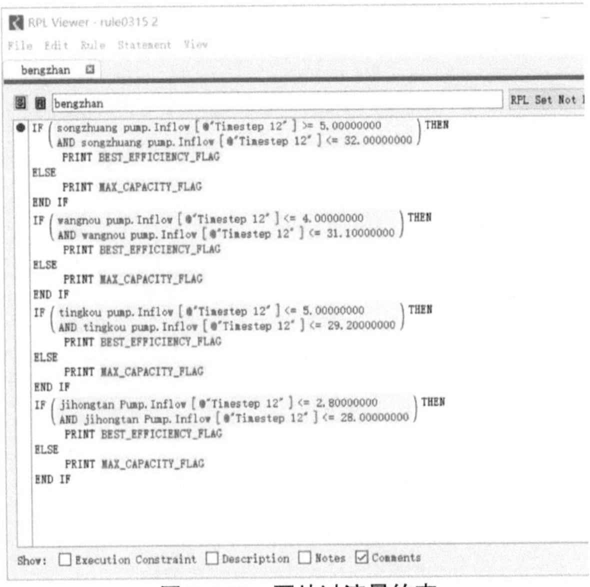

图 3-4-11　泵站过流量约束

3.4.4　情景三规则制定

考虑分水口、泵站和峡山水库情境下，调度目标 1 两市缺水量最小；目标 2 调水工程运行费最小；目标 3 两市缺水量和调水工程运行费最小。利用 RPL 编写调度目标，见图 3-4-12～图 3-4-14。

水量平衡约束、过流能力约束、分水口最大流量约束、最小需水量约束和外调水量等约束相同的部分见 3.4.2 节。

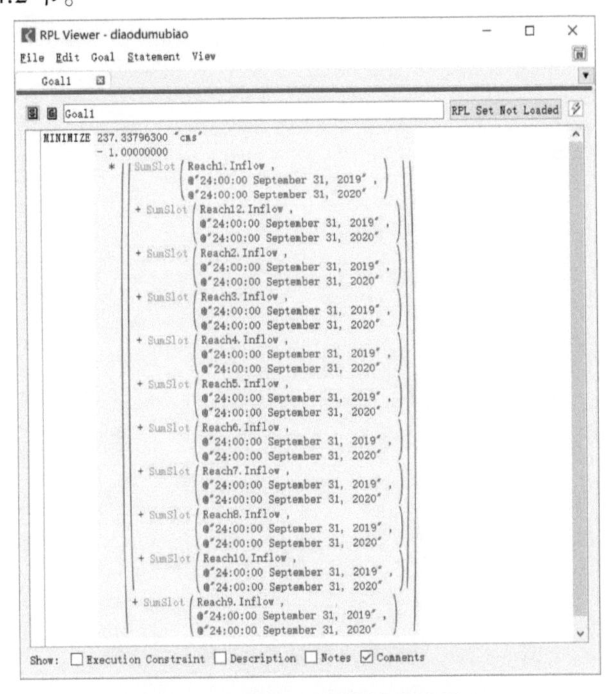

图 3-4-12　目标 1 两市缺水量最小

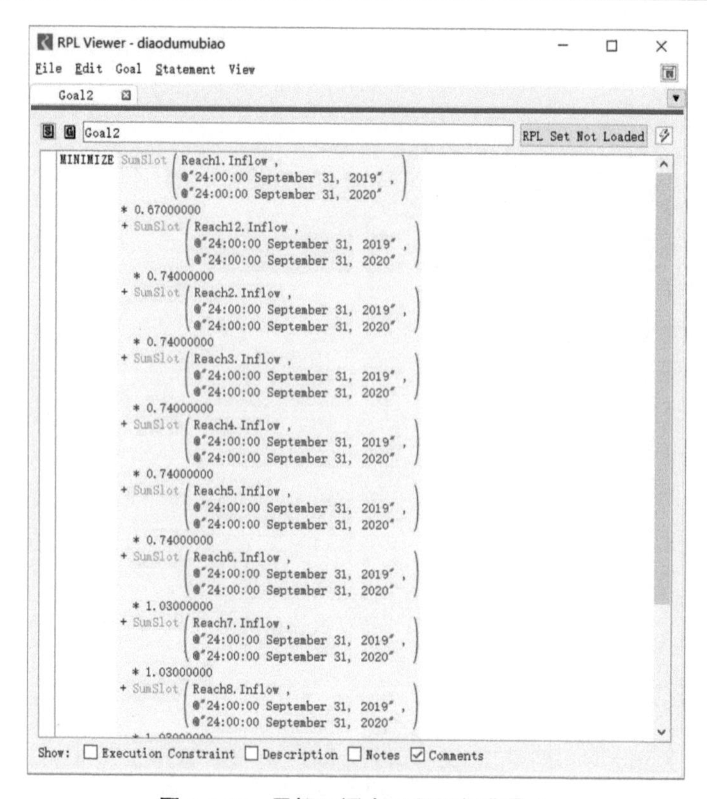

图 3-4-13　目标 2 调水工程运行费最小

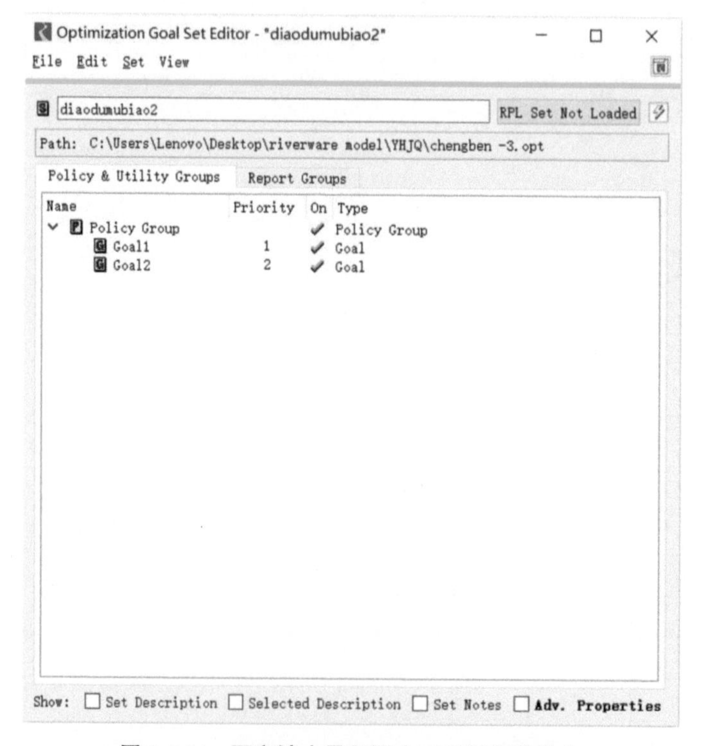

图 3-4-14　两市缺水量和调水工程运行费最小

3.5　RiverWare 模型的调度方案

根据构建的各种情景下的 RiverWare 模型，利用 RPL 语言制定的规则，进行调水方案的确定。主要有三种方案：

(1)基于 2019—2020 年度青岛和潍坊两市实际需水量及调水指标数据，应用 RiverWare 模型确定的调度方案。

(2)基于“胶东调水工程水资源优化调度关键技术研究”中规划指标调度模型(GHM)所用的分水指标、不同规划年缺水量、各分水口最小需水量[18-19]，利用 RiverWare 模型进行调度，确定调度方案。

根据“胶东调水工程水资源优化调度关键技术研究”研究报告中提出的规划年 2020 年和 2030 年不同来水条件下的缺水量见表 3-5-1 和表 3-5-2，各分水口最小需水量见表 3-5-3，分水指标见表 3-5-4。

表 3-5-1　考虑当地水源和非常规水源时 2020 年供需平衡结果

地市	缺水量/亿 m³		缺水率/%	
	P=75%	*P*=95%	*P*=75%	*P*=95%
潍坊	5.7	6.4	30.00	33.74
青岛	6.9	7.5	41.81	45.46

表 3-5-2　考虑当地水源和非常规水源时 2030 年供需平衡结果

地市	缺水量/亿 m³		缺水率/%	
	P=75%	*P*=95%	*P*=75%	*P*=95%
潍坊	7.5	8.2	30.57	33.47
青岛	5.2	5.8	25.24	28.17

表 3-5-3　各分水口最小需水量　　单位：万 m³

地市	分水口	月份											
		10	11	12	1	2	3	4	5	6	7	8	9
潍坊	1	0.00	0.00	0.00	0.00	0.00	13.90	0.00	240.07	0.00	65.96	46.51	0.00
	2	32.39	0.00	0.00	0.00	0.00	0.00	0.00	0.00	0.00	6.27	52.99	70.43
	3	14.12	0.00	4.43	8.68	7.63	8.31	8.03	5.20	8.04	6.27	26.34	19.62
	4	39.79	44.84	69.18	17.37	10.43	0.00	47.63	29.46	39.96	39.08	47.04	36.06
	5	16.09	7.59	16.40	17.37	16.69	23.40	21.73	14.22	25.97	11.10	23.14	22.03
	6	238.68	26.55	0.00	242.85	213.43	163.90	223.58	210.28	221.81	266.42	309.54	306.61
	7	850.04	691.57	613.75	615.58	902.86	991.34	881.99	446.91	845.30	814.39	869.86	829.04
	8	31.68	50.63	0.00	0.00	0.00	0.00	51.58	62.72	67.09	70.51	67.77	40.59
	9	157.51	154.12	159.61	129.00	147.84	151.43	78.37	73.92	133.73	117.34	158.37	158.40
青岛	10	246.00	226.00	126.00	200.00	275.00	258.00	240.00	226.00	307.70	326.06	313.00	284.00
	11	1 112.29	1 349.15	1 078.66	1 391.33	1 222.52	1 991.93	1 973.25	1 486.76	1 235.81	1 325.21	1 747.98	1 584.18

表 3-5-4　规划指标调度模型(GHM)分水指标

地市	外调水量规划指标/亿 m^3
	总量
潍坊	4.07
青岛	3.63

(3)基于“胶东调水工程水资源优化调度关键技术研究”项目中调配水量调度模型(TPM)所用的分水指标、不同规划年缺水量和各分水口最小需水量[18-19],利用 RiverWare 模型进行调度,确定调度方案。

TPM 模型所用的分水指标见表 3-5-5,缺水量和各分水口最小需水量见表 3-5-1~表 3-5-3。

表 3-5-5　TPM 模型(TPM)分水指标

地市	外调水量规划指标/亿 m^3
	总量
潍坊	2.23
青岛	4.71

3.5.1 基于 2019—2020 年度实际调水数据确定的调度方案

(1)情景一调度方案。

情景一没有考虑泵站,只是针对分水口进行调度,因此调度目标只考虑了两市缺水最小,其调度方案见表 3-5-6 和图 3-5-1。

表 3-5-6　两市缺水量最小调度方案　　单位:m^3/s

地市	分水口	月份											
		10	11	12	1	2	3	4	5	6	7	8	9
潍坊	1	0.00	0.00	4.08	1.66	2.67	2.59	4.92	1.06	0.68	4.24	0.00	0.00
	2	0.00	0.00	0.00	0.00	0.00	0.00	0.00	0.00	0.00	0.00	0.00	0.00
	3	0.00	0.02	0.17	0.22	0.22	0.26	0.25	0.22	0.25	0.24	0.11	0.00
	4	0.00	0.03	0.26	0.26	0.27	0.28	0.27	0.17	0.28	0.36	0.28	0.00
	5	0.00	0.02	0.14	0.06	0.08	0.07	0.05	0.08	0.05	0.00	0.00	0.00
	6	0.00	0.00	0.00	0.00	0.00	0.32	0.46	0.55	0.61	0.54	0.00	0.00
	7	0.00	0.00	0.00	0.00	0.00	0.00	0.00	0.00	0.00	0.00	0.00	0.00
	8	0.00	0.00	0.00	0.00	0.00	0.00	0.00	0.00	0.00	0.00	0.00	0.00
	9	0.00	0.00	0.56	1.69	2.57	0.51	0.67	0.64	0.63	0.66	0.11	0.00
青岛	10	0.00	0.01	1.72	2.34	1.41	1.31	1.26	1.01	0.98	1.53	1.32	0.18
	11	0.00	0.64	18.97	15.23	14.47	12.41	12.33	9.16	11.38	14.71	13.65	1.45

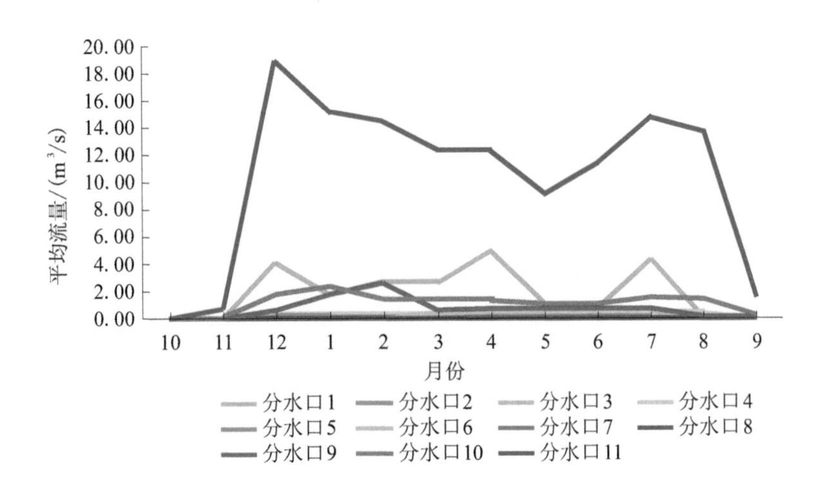

图 3-5-1　情景一两市缺水量最小调度结果

(2)情景二调度方案。

情景二既考虑了分水口又考虑了泵站,因此调度目标分两市缺水量最小、调水工程运行费最小和多目标(两市缺水量和调水工程运行费最小)三种情况。其调度方案分别见表 3-5-7~表 3-5-9 和图 3-5-2~图 3-5-4。

表 3-5-7　两市缺水量最小调度方案　单位:m³/s

地市	分水口	月份											
		10	11	12	1	2	3	4	5	6	7	8	9
潍坊	1	0.00	0.00	4.08	1.66	2.67	2.59	4.92	1.06	0.68	4.24	0.00	0.00
	2	0.00	0.00	0.00	0.00	0.00	0.00	0.00	0.00	0.00	0.00	0.00	0.00
	3	0.00	0.02	0.17	0.22	0.22	0.26	0.25	0.22	0.25	0.24	0.11	0.00
	4	0.00	0.03	0.26	0.26	0.27	0.28	0.27	0.17	0.28	0.36	0.28	0.00
	5	0.00	0.02	0.14	0.06	0.08	0.07	0.05	0.08	0.05	0.00	0.00	0.00
	6	0.00	0.00	0.00	0.00	0.00	0.32	0.46	0.55	0.61	0.54	0.00	0.00
	7	0.00	0.00	0.00	0.00	0.00	0.00	0.00	0.00	0.00	0.00	0.00	0.00
	8	0.00	0.00	0.00	0.00	0.00	0.00	0.00	0.00	0.00	0.00	0.00	0.00
	9	0.00	0.00	0.56	1.69	2.57	0.51	0.67	0.64	0.63	0.66	0.11	0.00
青岛	10	0.00	0.01	1.72	2.34	1.41	1.31	1.26	1.01	0.98	1.53	1.32	0.18
	11	0.00	0.64	18.97	15.23	14.47	12.41	12.33	9.16	11.38	14.71	13.65	1.45

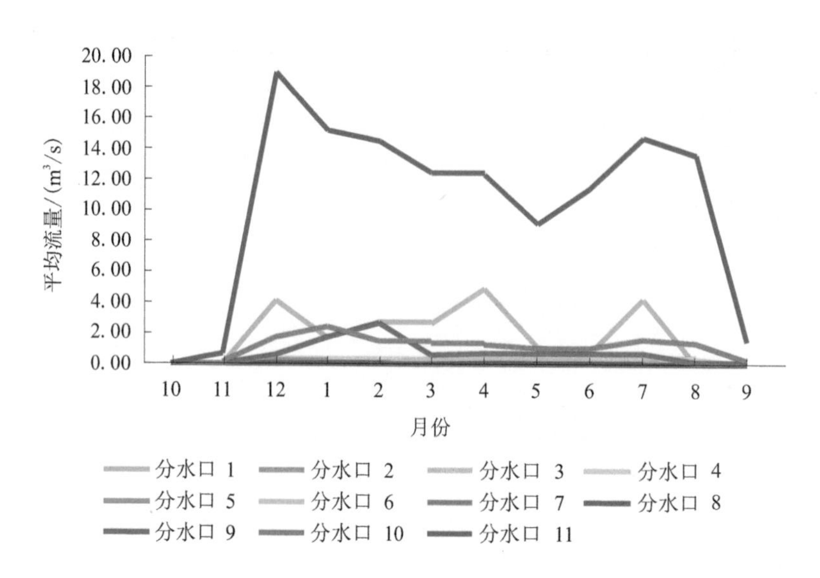

图 3-5-2　情景二两市缺水量最小调度结果

表 3-5-8　调水工程运行费最小调度方案　　单位:m^3/s

地市	分水口	月份											
		10	11	12	1	2	3	4	5	6	7	8	9
潍坊	1	0.00	0.00	1.26	0.53	0.49	2.59	2.89	1.53	0.68	0.00	0.00	0.00
	2	0.00	0.00	0.00	0.00	0.00	0.00	0.00	0.00	0.00	0.00	0.00	0.00
	3	0.00	0.02	0.17	0.22	0.22	0.26	0.25	0.22	0.25	0.24	0.11	0.00
	4	0.00	0.03	0.26	0.26	0.27	0.28	0.27	0.17	0.28	0.36	0.28	0.00
	5	0.00	0.02	0.14	0.06	0.08	0.07	0.05	0.08	0.05	0.00	0.00	0.00
	6	0.00	0.00	0.00	0.00	0.00	0.33	0.46	0.55	0.61	0.54	0.00	0.00
	7	0.00	0.00	0.00	0.00	0.00	0.00	0.00	0.00	0.00	0.00	0.00	0.00
	8	0.00	0.00	0.00	0.00	0.00	0.00	0.00	0.00	0.00	0.00	0.00	0.00
	9	0.00	0.00	0.56	0.00	0.06	0.51	0.67	0.64	0.63	0.66	0.11	0.00
青岛	10	0.00	0.01	1.72	0.88	0.89	1.31	1.26	1.01	0.98	1.53	1.32	0.18
	11	0.00	0.64	18.97	15.25	14.47	12.61	12.38	9.16	11.38	14.71	13.65	1.45

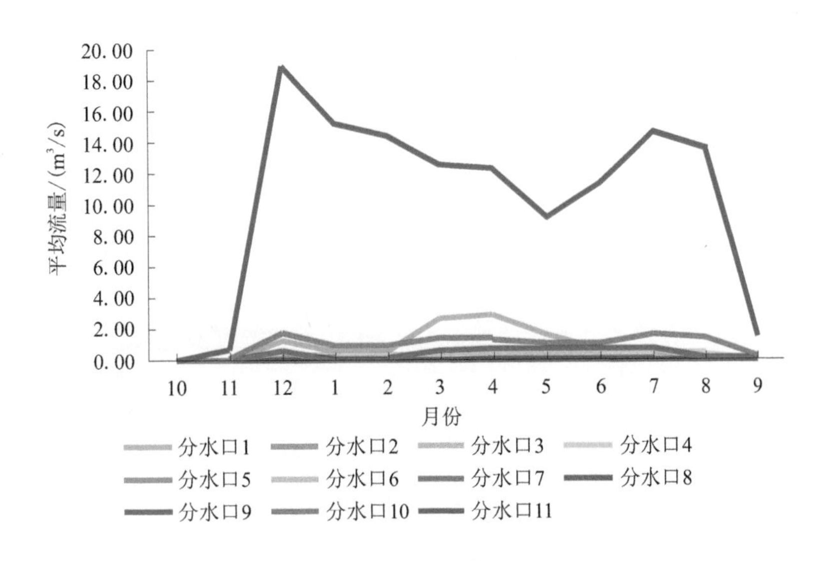

图 3-5-3　情景二调水工程运行费最小调度结果

表 3-5-9　潍坊、青岛两市缺水量和调水工程运行费最小调度方案　单位：m^3/s

地市	分水口	月份											
		10	11	12	1	2	3	4	5	6	7	8	9
潍坊	1	0.00	0.00	0.74	0.00	0.00	2.59	2.89	1.06	0.68	0.00	0.00	0.00
	2	0.00	0.00	0.00	0.00	0.00	0.00	0.00	0.00	0.00	0.00	0.00	0.00
	3	0.00	0.02	0.17	0.22	0.22	0.26	0.25	0.22	0.25	0.24	0.11	0.00
	4	0.00	0.03	0.26	0.26	0.27	0.28	0.27	0.17	0.28	0.36	0.28	0.00
	5	0.00	0.02	0.14	0.06	0.08	0.07	0.05	0.08	0.05	0.00	0.00	0.00
	6	0.00	0.00	0.00	0.00	0.00	0.32	0.46	0.55	0.61	0.54	0.00	0.00
	7	0.00	0.00	0.00	0.00	0.00	0.00	0.00	0.00	0.00	0.00	0.00	0.00
	8	0.00	0.00	0.00	0.00	0.00	0.00	0.00	0.00	0.00	0.00	0.00	0.00
	9	0.00	0.00	0.56	1.69	2.57	0.51	0.67	0.64	0.63	0.66	0.11	0.00
青岛	10	0.00	0.01	1.72	2.34	1.41	1.31	1.26	1.01	0.98	1.53	1.32	0.18
	11	0.00	0.64	18.97	15.23	14.47	12.41	12.33	9.16	11.38	14.71	13.65	1.45

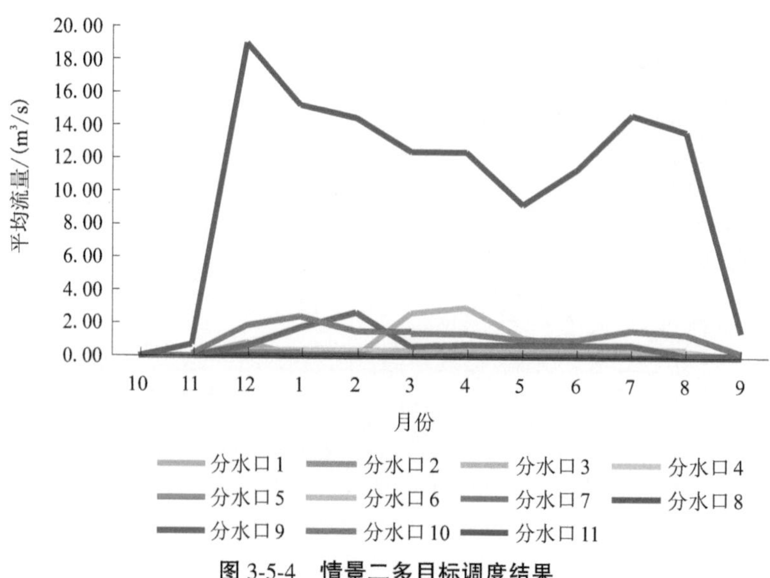

图 3-5-4　情景二多目标调度结果

(3)情景三调度方案。

情景三是既考虑了分水口、泵站,又考虑了峡山水库作为备用水源地,调度目标分两市缺水量最小、调水工程调度运行费最小和多目标(两市缺水量和调水工程运行费最小)三种情况考虑。其调度方案分别见表 3-5-10~表 3-5-12 和图 3-5-5~图 3-5-7。

表 3-5-10　两市缺水量最小调度方案　　单位:m³/s

地市	分水口	月份											
		10	11	12	1	2	3	4	5	6	7	8	9
潍坊	1	0.00	0.00	4.08	1.66	0.97	2.59	2.89	1.06	0.68	2.54	0.00	0.00
	2	0.00	0.00	0.00	0.00	0.00	0.00	0.00	0.00	0.00	0.00	0.00	0.00
	3	0.00	0.02	0.17	0.22	0.22	0.26	0.25	0.22	0.25	0.24	0.11	0.00
	4	0.00	0.03	0.26	0.26	0.27	0.28	0.27	0.17	0.28	0.36	0.28	0.00
	5	0.00	0.02	0.14	0.06	0.08	0.07	0.05	0.08	0.05	0.00	0.00	0.00
	6	0.00	0.00	0.00	0.00	0.00	0.32	0.46	0.55	0.61	0.54	0.00	0.00
	7	0.00	0.00	0.00	0.00	0.00	0.00	0.00	0.00	0.00	0.00	0.00	0.00
	8	0.00	0.00	0.00	0.00	0.00	0.00	0.00	0.00	0.00	0.00	0.00	0.00
	9	0.00	0.00	0.56	1.69	2.57	0.51	0.67	0.64	0.63	0.66	0.11	0.00
青岛	10	0.00	0.01	1.72	2.34	1.41	1.31	1.26	1.01	0.98	1.53	1.32	0.18
	11	0.00	0.64	18.97	15.23	14.47	12.41	12.33	9.16	11.38	14.71	13.65	1.45

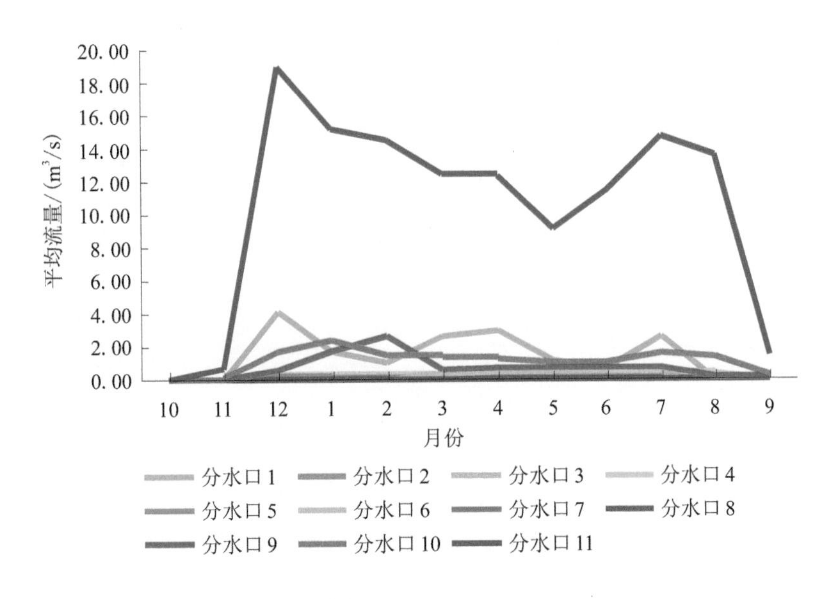

图 3-5-5　情景三的两市缺水量最小调度结果

表 3-5-11　调水工程运行费最小的调度方案　单位:m^3/s

地市	分水口	10	11	12	1	2	3	4	5	6	7	8	9
潍坊	1	0.00	0.00	0.74	0.00	0.00	2.59	2.89	1.06	0.68	0.00	0.00	0.00
	2	0.00	0.00	0.00	0.00	0.00	0.00	0.00	0.00	0.00	0.00	0.00	0.00
	3	0.00	0.02	0.17	0.22	0.22	0.26	0.25	0.22	0.25	0.24	0.11	0.00
	4	0.00	0.03	0.26	0.26	0.27	0.28	0.27	0.17	0.28	0.36	0.28	0.00
	5	0.00	0.02	0.14	0.06	0.08	0.07	0.05	0.08	0.05	0.00	0.00	0.00
	6	0.00	0.00	0.00	0.00	0.00	0.32	0.46	0.55	0.61	0.54	0.00	0.00
	7	0.00	0.00	0.00	0.00	0.00	0.00	0.00	0.00	0.00	0.00	0.00	0.00
	8	0.00	0.00	0.00	0.00	0.00	0.00	0.00	0.00	0.00	0.00	0.00	0.00
	9	0.00	0.00	0.56	0.00	0.06	0.51	0.67	0.64	0.63	0.66	0.11	0.00
青岛	10	0.00	0.01	1.72	0.88	0.89	1.31	1.26	1.01	0.98	1.53	1.32	0.18
	11	0.00	0.64	18.97	15.23	14.47	12.41	12.33	9.16	11.38	14.71	13.65	1.45

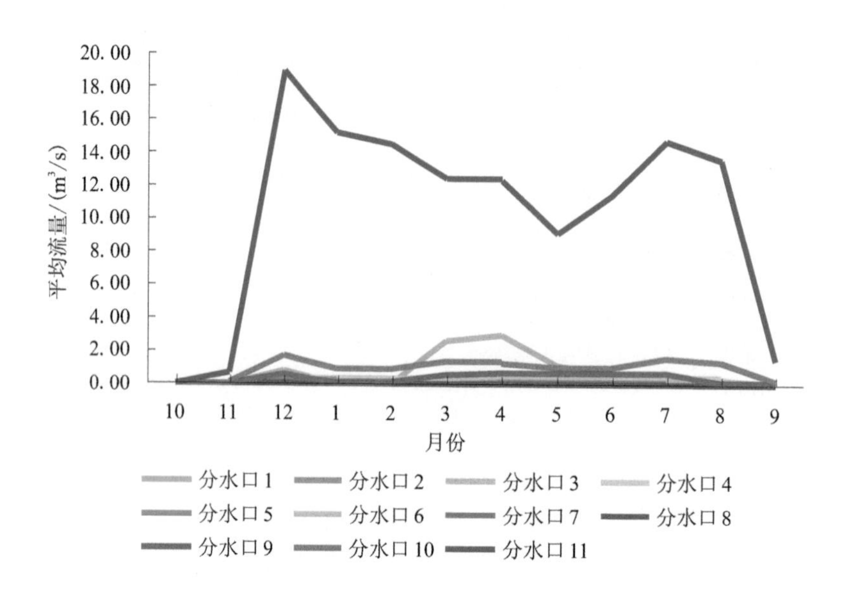

图 3-5-6　情景三的调水工程运行费最小调度结果

表 3-5-12　潍坊、青岛两市缺水量和调水工程运行费最小调度方案　　单位：m^3/s

地市	分水口	月份											
		10	11	12	1	2	3	4	5	6	7	8	9
潍坊	1	0.00	0.00	0.74	0.00	0.00	2.59	2.89	1.06	0.68	0.00	0.00	0.00
	2	0.00	0.00	0.00	0.00	0.00	0.00	0.00	0.00	0.00	0.00	0.00	0.00
	3	0.00	0.02	0.17	0.22	0.22	0.26	0.25	0.22	0.25	0.24	0.11	0.00
	4	0.00	0.03	0.26	0.26	0.27	0.28	0.27	0.17	0.28	0.36	0.28	0.00
	5	0.00	0.02	0.14	0.06	0.08	0.07	0.05	0.08	0.05	0.00	0.00	0.00
	6	0.00	0.00	0.00	0.00	0.00	0.32	0.46	0.55	0.61	0.54	0.00	0.00
	7	0.00	0.00	0.00	0.00	0.00	0.00	0.00	0.00	0.00	0.00	0.00	0.00
	8	0.00	0.00	0.00	0.00	0.00	0.00	0.00	0.00	0.00	0.00	0.00	0.00
	9	0.00	0.00	0.56	1.69	2.57	0.51	0.67	0.64	0.63	0.66	0.11	0.00
青岛	10	0.00	0.01	1.72	0.88	0.89	1.31	3.00	1.28	0.98	1.53	1.32	0.18
	11	0.00	0.64	18.97	15.23	14.47	12.41	12.33	9.16	11.38	14.71	13.65	1.45

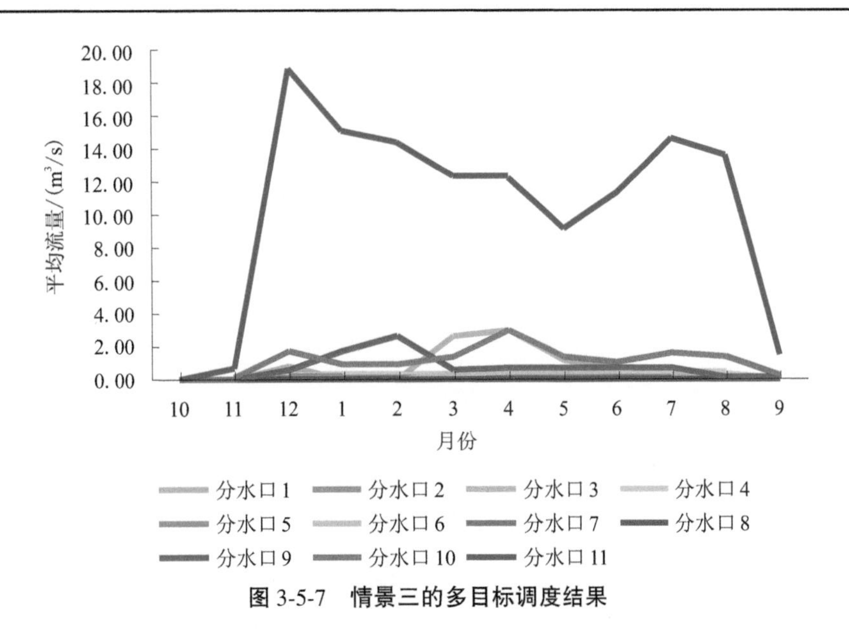

图3-5-7　情景三的多目标调度结果

3.5.2　基于GHM模型数据确定的调度方案

3.5.2.1　规划年2020年$p=75\%$时的调度方案

(1)情景一调度方案。

情景一没有考虑泵站,只是针对分水口进行调度,因此调度目标只考虑了缺水量最小的情况,其调度方案见表3-5-13和图3-5-8。

表3-5-13　两市缺水量最小调度方案　单位:m^3/s

地市	分水口	月份											
		10	11	12	1	2	3	4	5	6	7	8	9
潍坊	1	6.29	6.48	6.33	6.51	6.75	6.56	6.38	6.49	6.40	6.44	6.11	6.11
	2	0.12	0.00	0.00	0.00	0.00	0.00	0.00	0.00	0.00	0.02	0.20	0.27
	3	0.05	0.00	0.02	0.03	0.03	0.03	0.03	0.02	0.03	0.02	0.10	0.08
	4	0.15	0.17	0.27	0.07	0.04	0.00	0.18	0.11	0.15	0.15	0.18	0.14
	5	0.06	0.03	0.06	0.07	0.06	0.09	0.08	0.05	0.10	0.04	0.09	0.08
	6	3.84	1.67	2.49	1.67	2.29	2.59	0.86	0.81	4.13	3.44	2.96	2.99
	7	3.17	1.64	2.39	3.38	3.49	3.70	3.40	1.67	3.26	3.04	3.25	3.20
	8	0.12	0.20	0.00	0.00	0.00	0.00	0.20	0.23	0.26	0.26	0.25	0.16
	9	0.59	0.59	0.60	0.48	0.59	0.57	0.30	0.28	0.52	0.44	0.59	0.61
青岛	10	0.95	3.00	3.00	3.00	2.80	1.00	0.93	0.87	1.19	1.26	1.21	1.10
	11	4.29	5.21	4.16	7.99	4.72	7.68	7.61	5.74	4.77	5.11	6.74	6.11

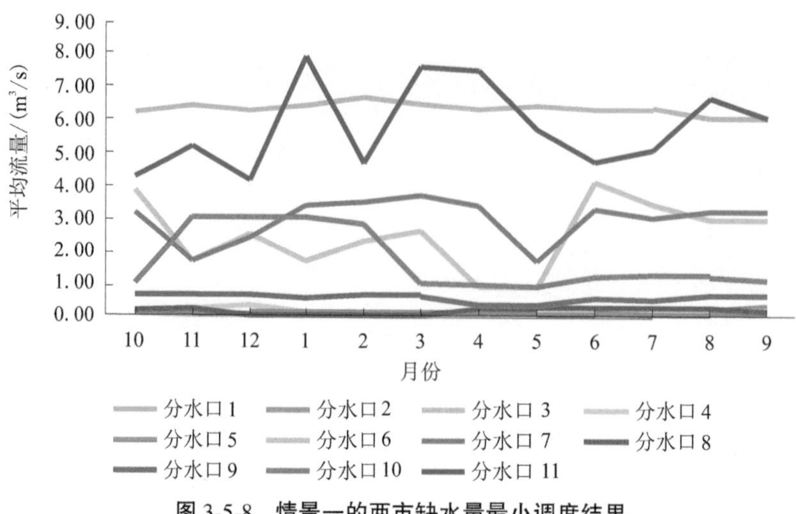

图 3-5-8 情景一的两市缺水量最小调度结果

(2)情景二调度方案。

情景二既考虑了分水口又考虑了泵站,因此调度目标分两市缺水量最小、调水工程运行费最小和多目标(两市缺水量和调水工程运行费最小)三种情况考虑。其调度方案分别见表 3-5-14~表 3-5-16 和图 3-5-9~图 3-5-11。

表 3-5-14 两市缺水量最小调度方案 单位:m^3/s

地市	分水口	月份											
		10	11	12	1	2	3	4	5	6	7	8	9
潍坊	1	6.79	6.97	6.83	7.00	7.04	7.05	6.88	6.98	6.89	6.93	6.61	6.62
	2	0.12	0.00	0.00	0.00	0.00	0.00	0.00	0.00	0.00	0.02	0.20	0.27
	3	0.05	0.00	0.02	0.03	0.03	0.03	0.03	0.02	0.03	0.02	0.10	0.08
	4	0.15	0.17	0.27	0.07	0.04	0.00	0.18	0.11	0.15	0.15	0.18	0.14
	5	0.06	0.03	0.06	0.07	0.06	0.09	0.08	0.05	0.10	0.04	0.09	0.08
	6	1.88	1.88	1.88	1.88	1.88	1.88	0.86	0.81	1.88	1.88	1.88	1.88
	7	3.17	4.64	2.39	3.38	3.49	3.70	3.40	1.67	3.26	3.04	3.25	3.20
	8	0.12	0.20	0.00	0.00	0.00	0.00	0.20	0.23	0.26	0.26	0.25	0.16
	9	0.59	0.59	0.60	0.48	0.59	0.57	0.30	0.28	0.52	0.44	0.59	0.61
青岛	10	0.95	3.00	3.00	3.00	2.80	1.00	0.93	0.87	1.19	1.26	1.21	1.10
	11	4.29	5.21	4.16	6.55	4.72	7.68	7.61	5.74	4.77	5.11	6.74	6.11

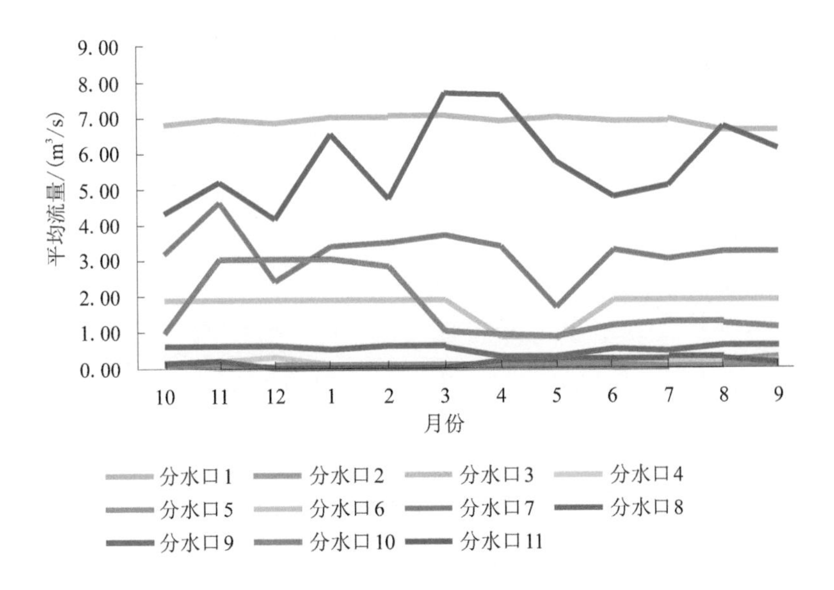

图 3-5-9 情景二的两市缺水量最小的调度结果

表 3-5-15 调水工程运行费最小调度方案 单位:m³/s

地市	分水口	月份											
		10	11	12	1	2	3	4	5	6	7	8	9
潍坊	1	8.02	8.22	8.07	8.25	8.03	8.30	8.12	8.23	8.13	8.18	7.84	7.85
	2	0.12	0.00	0.00	0.00	0.00	0.00	0.00	0.00	0.00	0.02	0.20	0.27
	3	0.05	0.00	0.02	0.03	0.03	0.03	0.03	0.02	0.03	0.02	0.10	0.08
	4	0.15	0.17	0.27	0.07	0.04	0.00	0.18	0.11	0.15	0.15	0.18	0.14
	5	0.06	0.03	0.06	0.07	0.06	0.09	0.08	0.05	0.10	0.04	0.09	0.08
	6	0.92	0.10	0.00	0.94	0.82	0.63	0.86	0.81	0.86	1.03	1.19	1.18
	7	3.28	2.67	2.37	2.37	3.48	3.82	3.40	1.72	3.26	3.14	3.36	3.20
	8	0.12	0.20	0.00	0.00	0.00	0.00	0.20	0.24	0.26	0.27	0.26	0.16
	9	0.61	0.59	0.62	0.50	0.57	0.58	0.30	0.29	0.52	0.45	0.61	0.61
青岛	10	0.95	3.00	3.00	3.00	2.80	1.00	0.93	0.87	1.19	1.26	1.21	1.10
	11	4.29	6.56	5.50	5.37	4.72	7.68	7.61	5.74	4.77	5.11	6.74	6.11

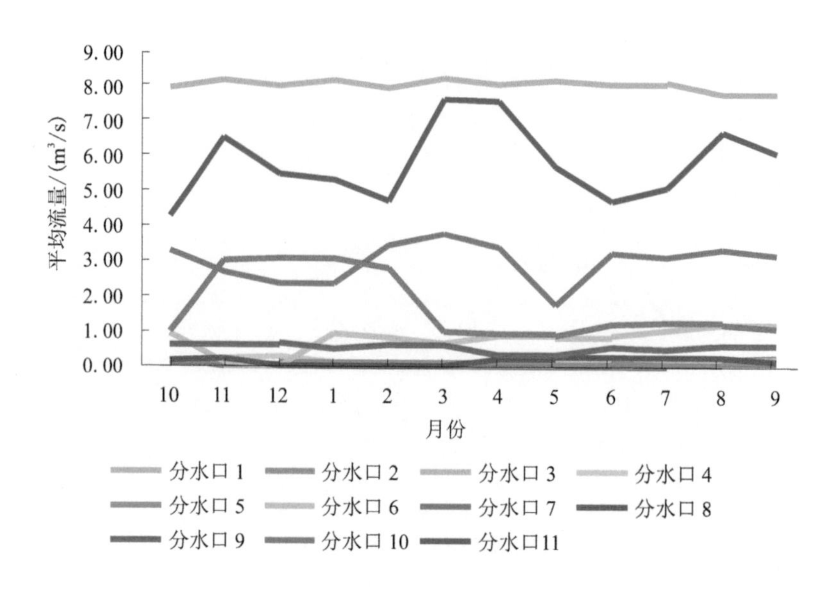

图 3-5-10　情景二的调水工程运行费用最小调度结果

表 3-5-16　两市缺水量和调水工程运行费最小调度方案　　单位：m^3/s

地市	分水口	月份											
		10	11	12	1	2	3	4	5	6	7	8	9
潍坊	1	7.10	7.29	7.15	7.33	7.36	7.37	7.20	7.31	7.21	7.25	6.92	6.93
	2	0.12	0.00	0.00	0.00	0.00	0.00	0.00	0.00	0.00	0.02	0.20	0.27
	3	0.05	0.00	0.02	0.03	0.03	0.03	0.03	0.02	0.03	0.02	0.10	0.08
	4	0.15	0.17	0.27	0.07	0.04	0.00	0.18	0.11	0.15	0.15	0.18	0.14
	5	0.06	0.03	0.06	0.07	0.06	0.09	0.08	0.05	0.10	0.04	0.09	0.08
	6	1.88	1.88	1.88	1.88	1.88	1.88	0.86	0.81	1.88	1.88	1.88	1.88
	7	3.17	2.67	2.29	2.30	3.60	3.70	3.40	1.67	3.26	3.04	3.25	3.20
	8	0.12	0.20	0.00	0.00	0.00	0.00	0.20	0.23	0.26	0.26	0.25	0.16
	9	0.59	0.59	0.60	0.48	0.59	0.57	0.30	0.28	0.52	0.44	0.59	0.61
青岛	10	0.95	3.00	3.00	3.00	2.80	1.00	0.93	0.87	1.19	1.26	1.21	1.10
	11	4.29	5.21	4.16	6.55	4.72	7.68	7.61	5.74	4.77	5.11	6.74	6.11

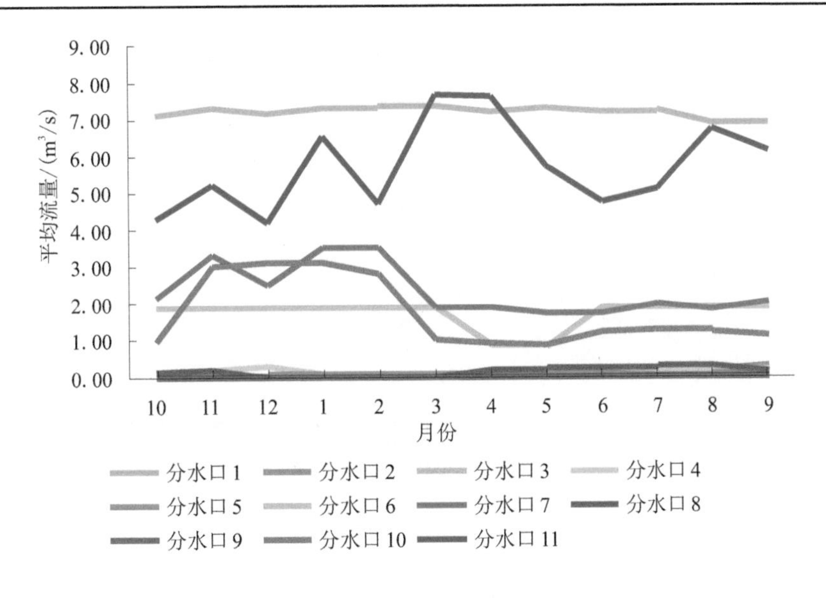

图3-5-11　情景二的多目标调度结果

(3)情景三调度方案。

情景三是既考虑了分水口、泵站,又考虑了峡山水库作为备用水源地,调度目标分两市缺水量最小、调水工程运行费最小和多目标(两市缺水量和调水工程运行费最小)三种情况考虑。其调度方案分别见表3-5-17~表3-5-19和图3-5-12~图3-5-14。

表3-5-17　两市缺水量最小调度方案　单位:m³/s

地市	分水口	月份											
		10	11	12	1	2	3	4	5	6	7	8	9
潍坊	1	7.10	7.29	7.15	7.33	7.36	7.37	7.24	7.13	7.21	7.25	6.92	6.93
	2	0.12	0.00	0.00	0.00	0.00	0.00	0.00	0.00	0.00	0.02	0.20	0.27
	3	0.05	0.00	0.02	0.03	0.03	0.03	0.03	0.02	0.03	0.02	0.10	0.08
	4	0.15	0.17	0.27	0.07	0.04	0.00	0.18	0.11	0.15	0.15	0.18	0.14
	5	0.06	0.03	0.06	0.07	0.06	0.09	0.08	0.05	0.10	0.04	0.09	0.08
	6	1.88	0.09	0.00	0.83	1.88	1.88	0.86	0.81	1.88	1.88	1.88	1.88
	7	3.28	4.64	2.47	3.50	5.28	3.82	3.40	1.72	3.26	3.14	3.36	3.20
	8	0.12	0.20	0.00	0.00	0.00	0.00	0.20	0.24	0.26	0.27	0.26	0.16
	9	0.61	0.59	0.62	0.50	0.57	0.58	0.30	0.29	0.52	0.45	0.61	0.61
青岛	10	0.95	3.00	3.00	2.61	2.80	1.00	1.08	1.03	1.19	1.26	1.21	1.10
	11	4.29	5.21	4.16	7.94	4.72	7.68	8.38	8.96	4.77	5.11	6.74	6.11

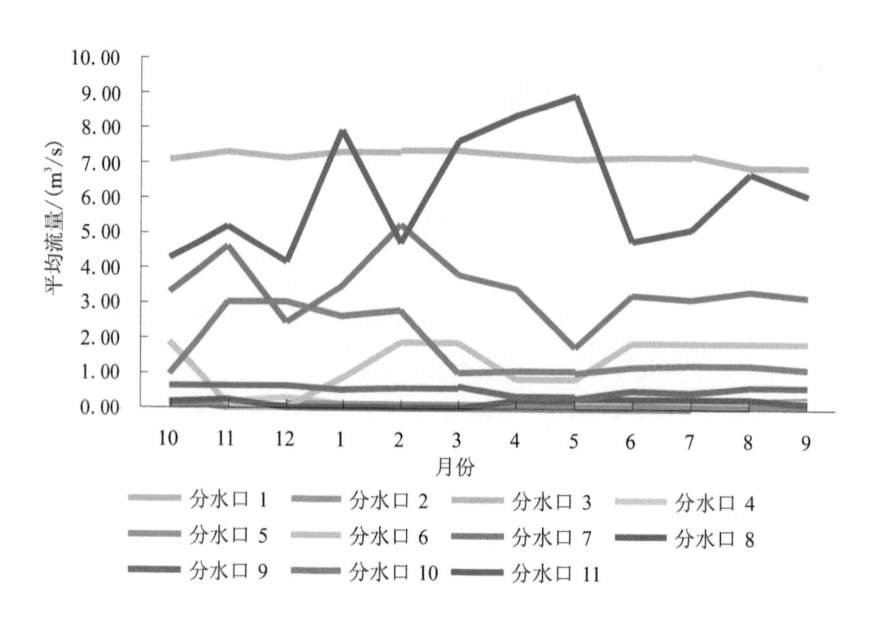

图 3-5-12　情景三的两市缺水量最小调度结果

表 3-5-18　调水工程运行费最小调度方案　　单位：m³/s

地市	分水口	月份											
		10	11	12	1	2	3	4	5	6	7	8	9
潍坊	1	8.60	8.60	8.60	8.60	8.60	8.60	5.60	6.61	8.60	8.60	8.60	8.60
	2	0.12	0.00	0.00	0.00	0.00	0.00	0.00	0.00	0.00	0.02	0.20	0.27
	3	0.05	0.00	0.02	0.03	0.03	0.03	0.03	0.02	0.03	0.02	0.10	0.08
	4	0.15	0.17	0.26	0.06	0.04	0.00	0.18	0.11	0.15	0.15	0.18	0.14
	5	0.06	0.03	0.06	0.06	0.07	0.09	0.08	0.05	0.10	0.04	0.09	0.08
	6	0.89	0.10	0.00	0.91	0.85	0.61	0.86	0.79	0.86	0.99	1.16	1.18
	7	3.17	2.67	2.29	2.30	3.60	3.70	3.40	1.67	3.26	3.04	3.25	3.20
	8	0.12	0.20	0.00	0.00	0.00	0.00	0.20	0.23	0.26	0.26	0.25	0.16
	9	0.59	0.59	0.60	0.48	0.59	0.57	0.30	0.28	0.52	0.44	0.59	0.61
青岛	10	0.95	3.00	3.00	2.41	2.80	1.00	0.93	0.87	1.19	1.26	1.21	1.10
	11	4.29	5.21	4.16	5.37	4.72	7.68	7.61	5.74	4.77	5.11	6.74	6.11

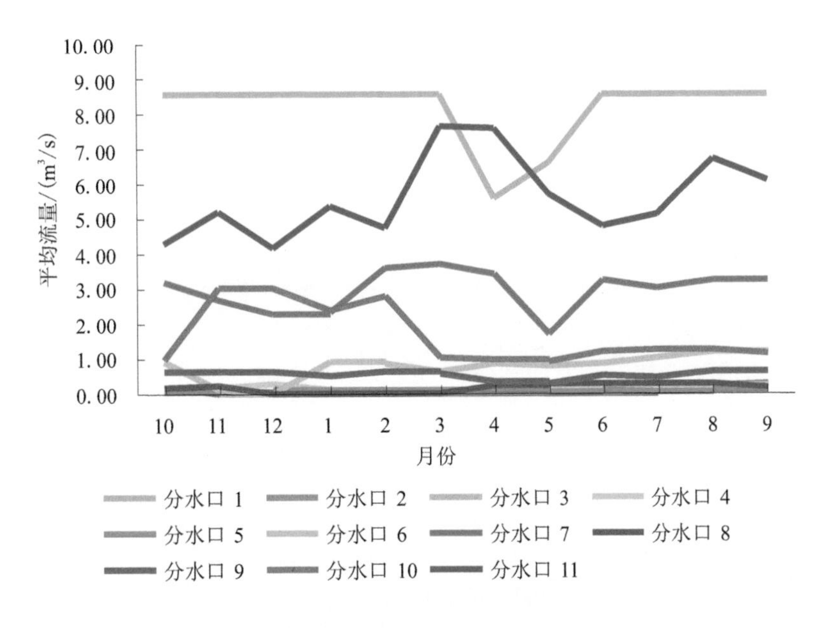

图3-5-13　情景三的调水工程运行费最小调度结果

表3-5-19　两市缺水量和调水工程运行费最小调度方案　单位：m^3/s

地市	分水口	月份											
		10	11	12	1	2	3	4	5	6	7	8	9
潍坊	1	8.53	8.26	8.53	8.53	7.71	8.26	5.55	0.89	8.26	8.53	8.53	8.26
	2	0.71	1.06	0.63	0.81	1.70	0.86	0.00	0.00	0.98	0.76	0.61	0.96
	3	0.05	0.00	0.02	0.03	0.03	0.03	0.03	0.02	0.03	0.02	0.10	0.08
	4	0.15	0.17	0.27	0.07	0.04	0.00	0.18	0.11	0.15	0.15	0.18	0.14
	5	0.06	0.03	0.06	0.07	0.06	0.09	0.08	0.05	0.10	0.04	0.09	0.08
	6	0.92	0.10	0.00	0.94	0.82	0.63	0.86	0.81	0.86	1.03	1.19	1.18
	7	3.17	2.67	2.29	2.30	3.60	3.70	3.40	1.67	3.26	3.04	3.25	3.20
	8	0.12	0.20	0.00	0.00	0.00	0.00	0.20	0.23	0.26	0.26	0.25	0.16
	9	0.59	0.59	0.60	0.48	0.59	0.57	0.30	0.28	0.52	0.44	0.59	0.61
青岛	10	0.95	2.68	2.68	2.68	2.68	1.00	0.93	0.87	1.19	1.26	1.21	1.10
	11	4.29	12.20	4.16	6.74	4.72	7.68	8.38	8.96	4.77	5.11	6.74	6.11

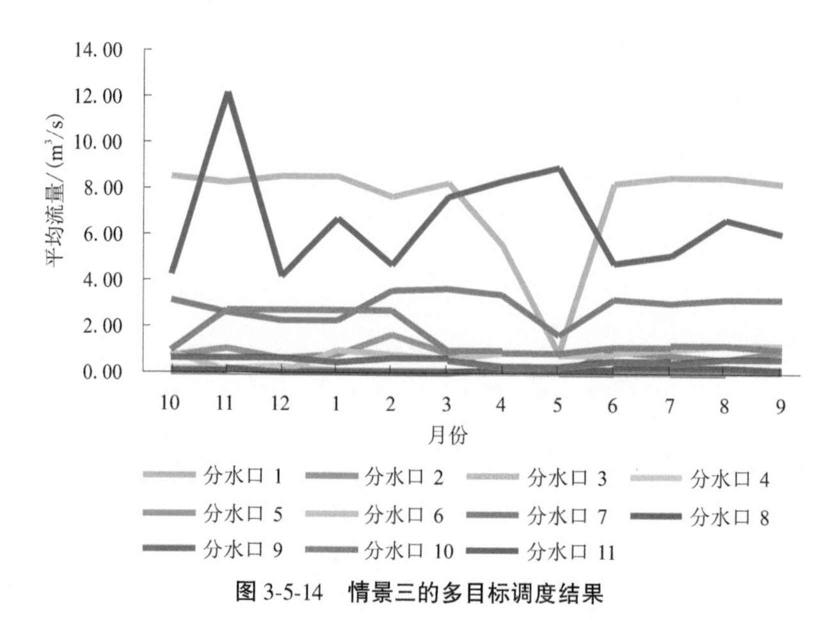

图 3-5-14　情景三的多目标调度结果

3.5.2.2　规划年 2020 年 $p=95\%$ 时的调度方案

(1)情景一调度方案。

情景一没有考虑泵站,只是针对分水口进行调度,因此调度目标只考虑了两市缺水量最小,其调度方案见表 3-5-20 和图 3-5-15。

表 3-5-20　两市缺水量最小调度方案　　单位:m³/s

地市	分水口	月份											
		10	11	12	1	2	3	4	5	6	7	8	9
潍坊	1	7.10	7.29	7.15	7.33	7.36	7.37	7.20	7.31	7.21	7.25	6.92	6.93
	2	0.12	0.00	0.00	0.00	0.00	0.00	0.00	0.00	0.00	0.02	0.20	0.27
	3	0.05	0.00	0.02	0.03	0.03	0.03	0.03	0.02	0.03	0.02	0.10	0.08
	4	0.15	0.17	0.27	0.07	0.04	0.00	0.18	0.11	0.15	0.15	0.18	0.14
	5	0.06	0.03	0.06	0.07	0.06	0.09	0.08	0.05	0.10	0.04	0.09	0.08
	6	1.88	1.88	1.88	1.88	1.88	1.88	0.86	0.81	1.88	1.88	1.88	1.88
	7	3.17	2.67	2.29	2.30	3.60	3.70	3.40	1.67	3.26	3.04	3.25	3.20
	8	0.12	0.20	0.00	0.00	0.00	0.00	0.20	0.23	0.26	0.26	0.25	0.16
	9	0.59	0.59	0.60	0.48	0.59	0.57	0.30	0.28	0.52	0.44	0.59	0.61
青岛	10	0.95	3.00	3.00	3.00	2.80	1.00	0.93	0.87	1.19	1.26	1.21	1.10
	11	4.29	5.21	4.16	6.55	4.72	7.68	7.61	5.74	4.77	5.11	6.74	6.11

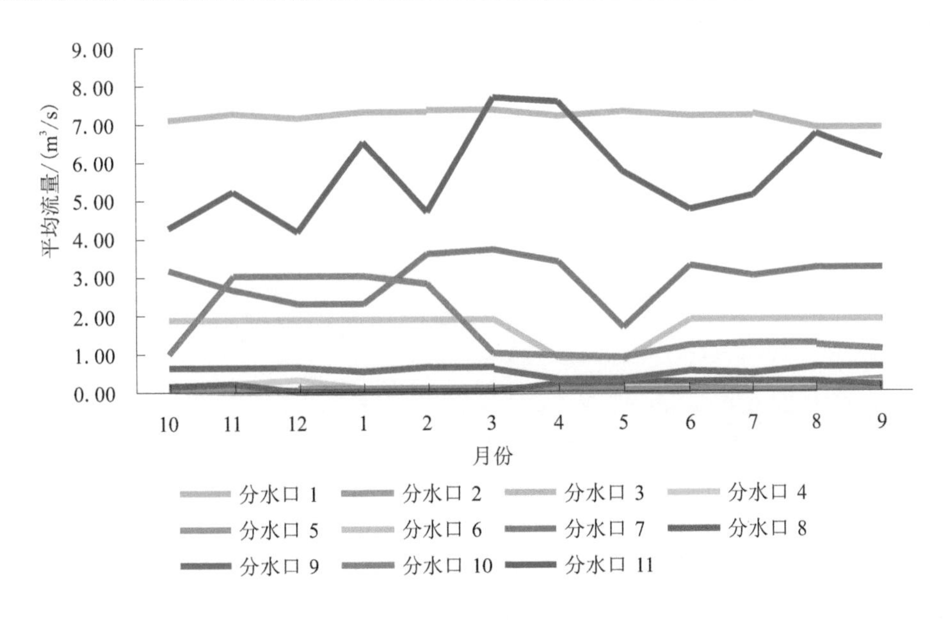

图 3-5-15　情景一的两市缺水量最小调度结果

(2)情景二调度方案。

情景二既考虑了分水口又考虑了泵站,因此调度目标分两市缺水量最小、调水工程运行费最小和多目标(两市缺水量最小和调水工程运行费最小)三种情况考虑。其调度方案分别见表 3-5-21～表 3-5-23 和图 3-5-16～图 3-5-18。

表 3-5-21　两市缺水量最小调度方案　　单位:m^3/s

地市	分水口	月份											
		10	11	12	1	2	3	4	5	6	7	8	9
潍坊	1	7.67	7.85	7.71	7.88	7.67	7.93	7.76	7.86	7.77	7.81	7.49	7.50
	2	0.12	0.00	0.00	0.00	0.26	0.00	0.00	0.00	0.00	0.02	0.20	0.27
	3	0.05	0.00	0.02	0.03	0.03	0.03	0.03	0.02	0.03	0.02	0.10	0.08
	4	0.15	0.17	0.27	0.07	0.04	0.00	0.18	0.11	0.15	0.15	0.18	0.14
	5	0.06	0.03	0.06	0.07	0.06	0.09	0.08	0.05	0.10	0.04	0.09	0.08
	6	0.92	2.11	1.42	2.11	0.82	0.63	0.86	0.81	0.86	1.03	1.19	1.18
	7	3.17	2.67	2.29	2.30	3.60	3.70	3.40	1.67	3.26	3.04	3.25	3.20
	8	0.12	0.20	0.00	0.00	0.00	0.00	0.20	0.23	0.26	0.26	0.25	0.16
	9	0.59	0.59	0.60	0.48	0.59	0.57	0.30	0.28	0.52	0.44	0.59	0.61
青岛	10	0.95	3.00	3.00	2.58	2.80	1.00	0.93	0.87	1.19	1.26	1.21	1.10
	11	4.29	5.21	4.16	5.37	4.72	7.68	7.61	5.74	4.77	5.11	6.74	6.11

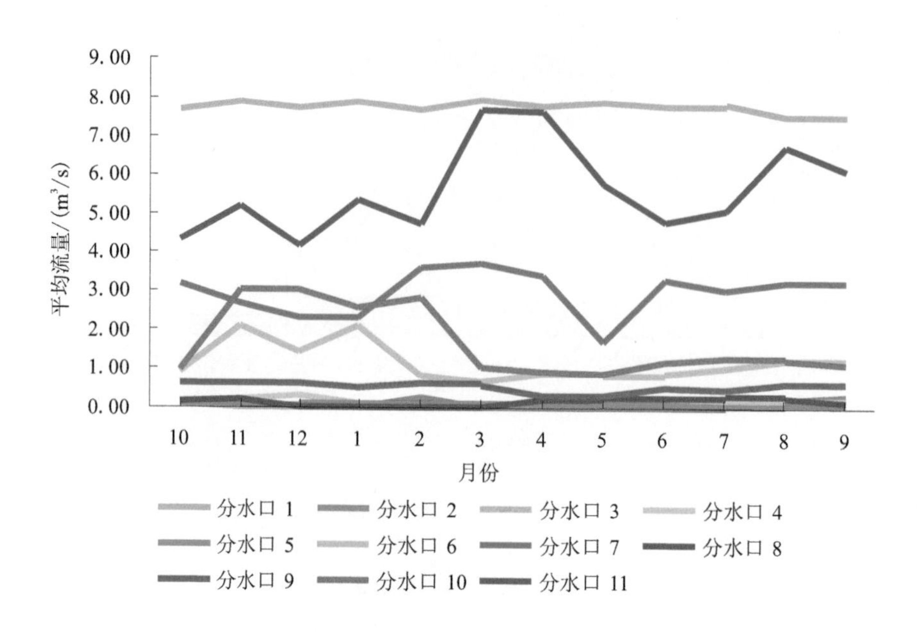

图 3-5-16　情景二的缺水量最小调度结果

表 3-5-22　调水工程运行费最小调度方案　　单位:m^3/s

地市	分水口	月份											
		10	11	12	1	2	3	4	5	6	7	8	9
潍坊	1	8.02	8.22	8.07	8.25	8.03	8.30	8.12	8.23	8.13	8.18	7.84	7.85
	2	0.12	0.00	0.00	0.00	0.00	0.00	0.00	0.00	0.00	0.02	0.20	0.27
	3	0.05	0.00	0.02	0.03	0.03	0.03	0.03	0.02	0.03	0.02	0.10	0.08
	4	0.15	0.17	0.27	0.07	0.04	0.00	0.18	0.11	0.15	0.15	0.18	0.14
	5	0.06	0.03	0.06	0.07	0.06	0.09	0.08	0.05	0.10	0.04	0.09	0.08
	6	0.92	0.10	0.00	0.94	0.82	0.63	0.86	0.81	0.86	1.03	1.19	1.18
	7	3.28	2.67	2.37	2.37	3.48	3.82	3.40	1.72	3.26	3.14	3.36	3.20
	8	0.12	0.20	0.00	0.00	0.00	0.00	0.20	0.24	0.26	0.27	0.26	0.16
	9	0.61	0.59	0.62	0.50	0.57	0.58	0.30	0.29	0.52	0.45	0.61	0.61
青岛	10	0.95	3.00	3.00	3.00	2.80	1.00	0.93	0.87	1.19	1.26	1.21	1.10
	11	4.29	6.56	5.50	5.37	4.72	7.68	7.61	5.74	4.77	5.11	6.74	6.11

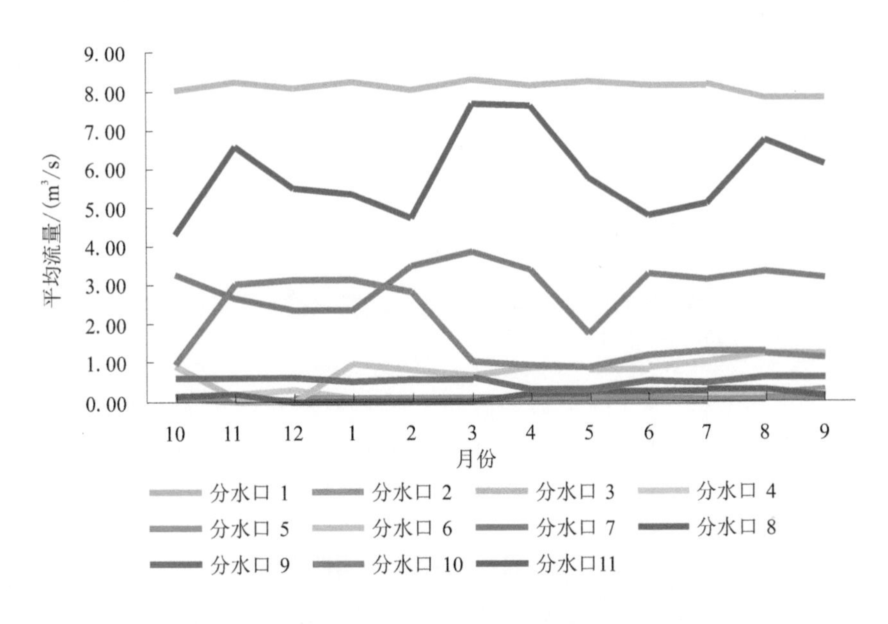

图 3-5-17　情景二的调水工程运行费最小调度结果

表 3-5-23　潍坊、青岛两市缺水量和调水工程运行费最小调度方案　单位:m^3/s

地市	分水口	月份											
		10	11	12	1	2	3	4	5	6	7	8	9
潍坊	1	7.10	7.29	7.15	7.33	7.36	7.37	7.20	7.31	7.21	7.25	6.92	6.93
	2	0.12	0.00	0.00	0.00	0.00	0.00	0.00	0.00	0.00	0.02	0.20	0.27
	3	0.05	0.00	0.02	0.03	0.03	0.03	0.03	0.02	0.03	0.02	0.10	0.08
	4	0.15	0.17	0.27	0.07	0.04	0.00	0.18	0.11	0.15	0.15	0.18	0.14
	5	0.06	0.03	0.06	0.07	0.06	0.09	0.08	0.05	0.10	0.04	0.09	0.08
	6	1.88	1.88	1.88	1.88	1.88	1.88	0.86	0.81	1.88	1.88	1.88	1.88
	7	3.17	2.67	2.29	2.30	3.60	3.70	3.40	1.67	3.26	3.04	3.25	3.20
	8	0.12	0.20	0.00	0.00	0.00	0.00	0.20	0.23	0.26	0.26	0.25	0.16
	9	0.59	0.59	0.60	0.48	0.59	0.57	0.30	0.28	0.52	0.44	0.59	0.61
青岛	10	0.95	3.00	3.00	3.00	2.80	1.00	0.93	0.87	1.19	1.26	1.21	1.10
	11	4.29	5.21	4.16	6.55	4.72	7.68	7.61	5.74	4.77	5.11	6.74	6.11

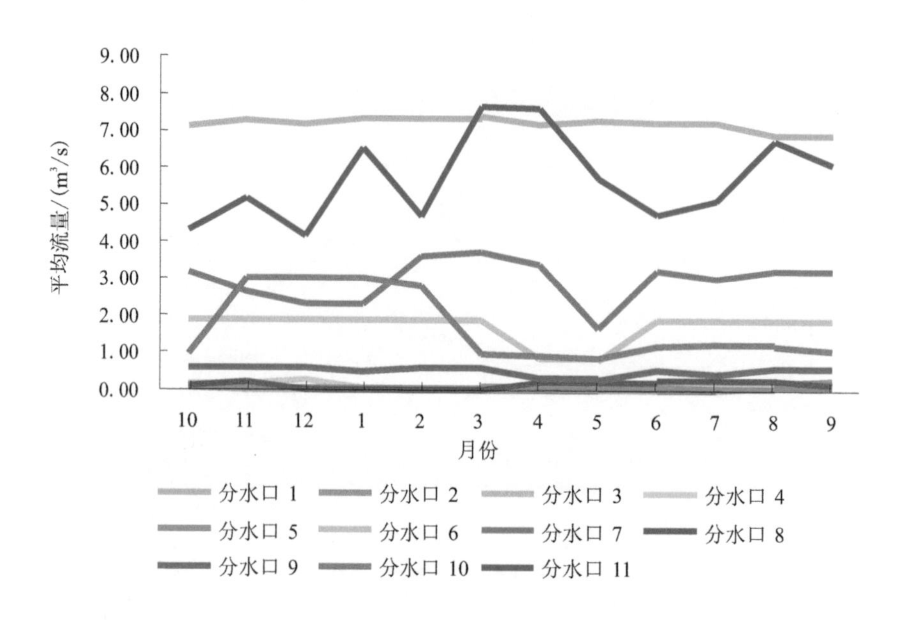

图 3-5-18　情景二的多目标调度结果

(3)情景三调度方案。

情景三是既考虑了分水口、泵站,又考虑了峡山水库作为备用水源地,调度目标分两市缺水量最小、调水工程运行费最小和多目标(两市缺水量和调水工程运行费最小)三种情况考虑。其调度方案分别见表3-5-24~表3-5-26和图3-5-19~图3-5-21。

表 3-5-24　两市缺水量最小调度方案　单位:m^3/s

地市	分水口	月份											
		10	11	12	1	2	3	4	5	6	7	8	9
潍坊	1	8.02	8.22	8.07	8.25	8.03	8.30	8.16	8.03	8.13	8.18	7.84	7.85
	2	0.12	0.00	0.00	0.00	0.26	0.00	0.00	0.00	0.00	0.02	0.20	0.27
	3	0.05	0.00	0.02	0.03	0.03	0.03	0.03	0.02	0.03	0.02	0.10	0.08
	4	0.15	0.17	0.27	0.07	0.04	0.00	0.18	0.11	0.15	0.15	0.18	0.14
	5	0.06	0.03	0.06	0.07	0.06	0.09	0.08	0.05	0.10	0.04	0.09	0.08
	6	0.92	0.10	0.00	0.94	0.82	0.63	0.86	0.81	0.86	1.03	1.19	1.18
	7	3.28	2.67	2.37	2.37	3.48	3.82	3.40	1.72	3.26	3.14	3.36	3.20
	8	0.12	0.20	0.00	0.00	0.00	0.00	0.20	0.24	0.26	0.27	0.26	0.16
	9	0.61	0.59	0.62	0.50	0.57	0.58	0.30	0.29	0.52	0.45	0.61	0.61
青岛	10	0.95	3.00	3.00	3.00	2.80	1.00	1.08	1.03	1.19	1.26	1.21	1.10
	11	4.29	5.21	4.16	6.51	4.72	7.68	8.38	8.96	4.77	5.11	6.74	6.11

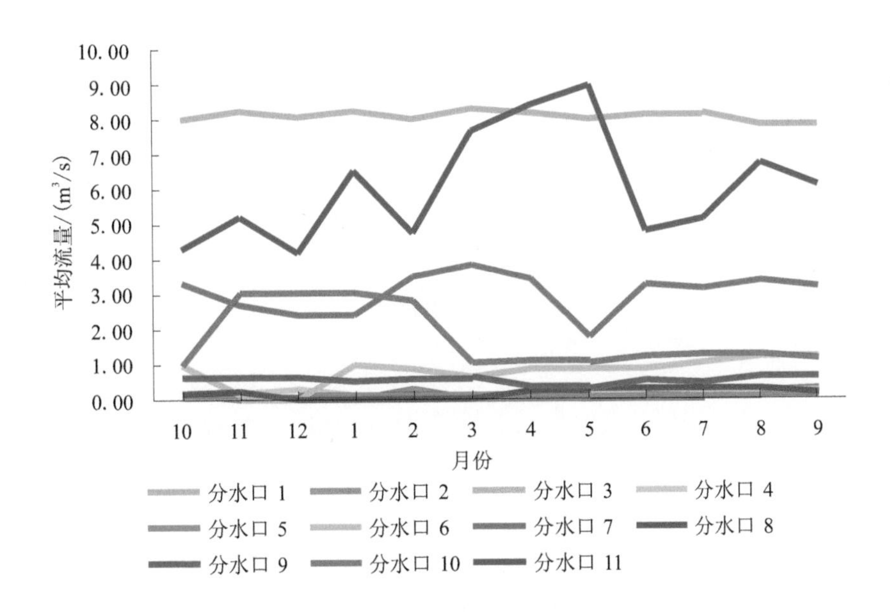

图 3-5-19　情景三的两市缺水量最小调度结果

表 3-5-25　调水工程运行费最小调度方案　单位：m^3/s

地市	分水口	月份											
		10	11	12	1	2	3	4	5	6	7	8	9
潍坊	1	8.60	8.60	8.60	8.60	8.60	8.60	5.60	6.61	8.60	8.60	8.60	8.60
	2	0.12	0.00	0.00	0.00	0.00	0.00	0.00	0.00	0.00	0.02	0.20	0.27
	3	0.05	0.00	0.02	0.03	0.03	0.03	0.03	0.02	0.03	0.02	0.10	0.08
	4	0.15	0.17	0.26	0.06	0.04	0.00	0.18	0.11	0.15	0.15	0.18	0.14
	5	0.06	0.03	0.06	0.06	0.07	0.09	0.08	0.05	0.10	0.04	0.09	0.08
	6	0.89	0.10	0.00	0.91	0.85	0.61	0.86	0.79	0.86	0.99	1.16	1.18
	7	3.17	2.67	2.29	2.30	3.60	3.70	3.40	1.67	3.26	3.04	3.25	3.20
	8	0.12	0.20	0.00	0.00	0.00	0.00	0.20	0.23	0.26	0.26	0.25	0.16
	9	0.59	0.59	0.60	0.48	0.59	0.57	0.30	0.28	0.52	0.44	0.59	0.61
青岛	10	0.95	3.00	3.00	2.41	2.80	1.00	0.93	0.87	1.19	1.26	1.21	1.10
	11	4.29	5.21	4.16	5.37	4.72	7.68	7.61	5.74	4.77	5.11	6.74	6.11

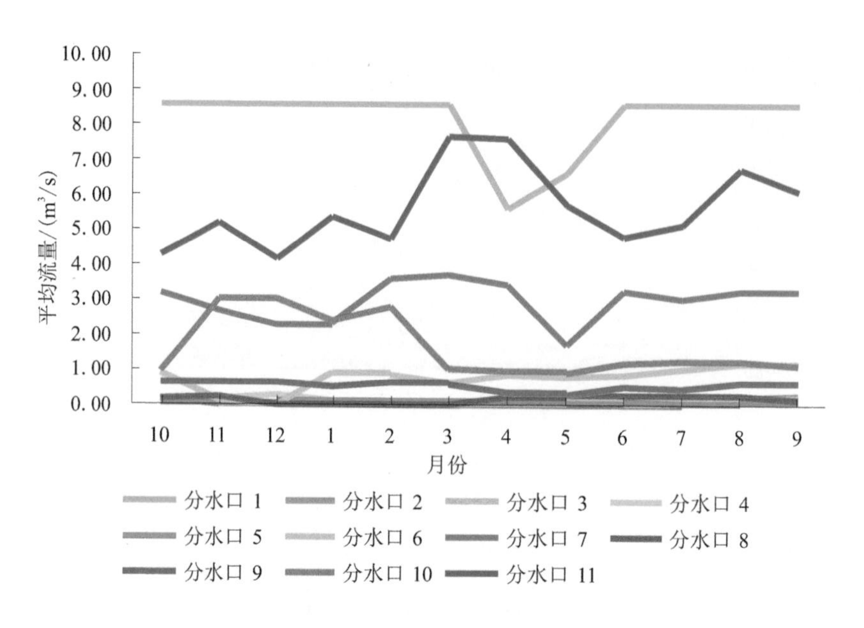

图3-5-20 情景三的调水工程运行费最小调度结果

表3-5-26 潍坊、青岛两市缺水量和调水工程运行费最小调度方案 单位:m³/s

地市	分水口	月份											
		10	11	12	1	2	3	4	5	6	7	8	9
潍坊	1	8.53	8.26	8.53	8.53	7.71	8.26	5.55	0.89	8.26	8.53	8.53	8.26
	2	0.71	1.06	0.63	0.81	1.70	0.86	0.00	0.00	0.98	0.76	0.61	0.96
	3	0.05	0.00	0.02	0.03	0.03	0.03	0.03	0.02	0.03	0.02	0.10	0.08
	4	0.15	0.17	0.27	0.07	0.04	0.00	0.18	0.11	0.15	0.15	0.18	0.14
	5	0.06	0.03	0.06	0.07	0.06	0.09	0.08	0.05	0.10	0.04	0.09	0.08
	6	0.92	0.10	0.00	0.94	0.82	0.63	0.86	0.81	0.86	1.03	1.19	1.18
	7	3.17	2.67	2.29	2.30	3.60	3.70	3.40	1.67	3.26	3.04	3.25	3.20
	8	0.12	0.20	0.00	0.00	0.00	0.00	0.20	0.23	0.26	0.26	0.25	0.16
	9	0.59	0.59	0.60	0.48	0.59	0.57	0.30	0.28	0.52	0.44	0.59	0.61
青岛	10	0.95	2.68	2.68	2.68	2.68	1.00	0.93	0.87	1.19	1.26	1.21	1.10
	11	4.29	12.20	4.16	6.74	4.72	7.68	8.38	8.96	4.77	5.11	6.74	6.11

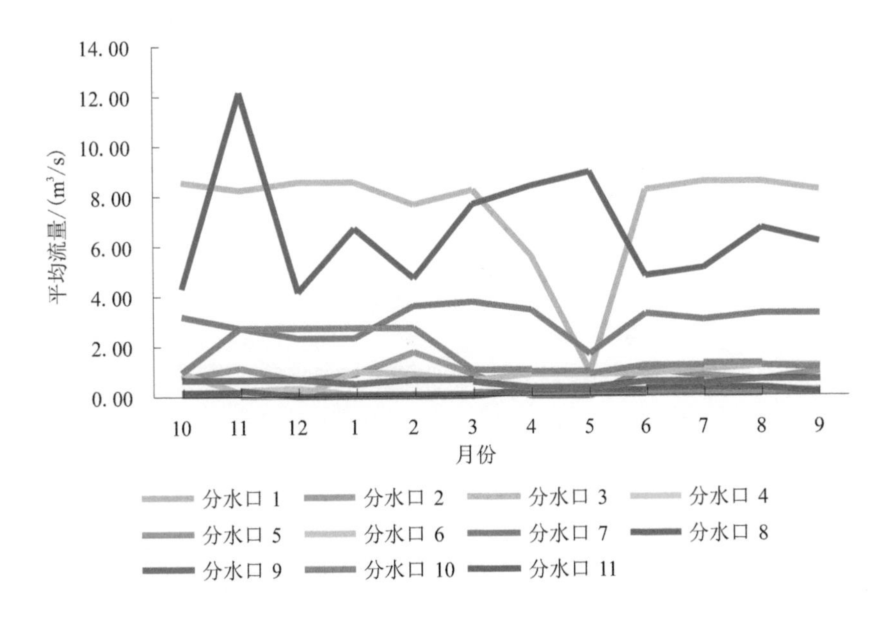

图3-5-21　情景三的多目标调度结果

3.5.2.3　规划年2030年$p=75\%$时调度方案

(1)情景一调度方案。

情景一没有考虑泵站,只是针对分水口进行调度,因此调度目标只考虑了两市缺水量最小的情况,其调度方案见表3-5-27和图3-5-22。

表3-5-27　两市缺水量最小调度方案　单位:m³/s

地市	分水口	月份											
		10	11	12	1	2	3	4	5	6	7	8	9
潍坊	1	7.87	7.64	7.87	7.89	7.36	7.90	5.13	0.82	7.63	7.89	7.84	7.59
	2	0.71	0.00	0.00	0.00	0.00	0.00	0.00	0.00	0.00	0.76	0.61	0.96
	3	0.05	0.00	0.02	0.03	0.03	0.03	0.03	0.02	0.03	0.02	0.10	0.08
	4	0.15	0.17	0.27	0.07	0.04	0.00	0.18	0.11	0.15	0.15	0.18	0.14
	5	0.06	0.03	0.06	0.07	0.06	0.09	0.08	0.05	0.10	0.04	0.09	0.08
	6	1.88	0.09	0.00	0.83	1.88	1.88	0.86	0.81	1.88	1.88	1.88	1.88
	7	3.17	2.67	2.29	2.30	3.60	3.70	3.40	1.67	3.26	3.04	3.25	3.20
	8	0.12	0.20	0.00	0.00	0.00	0.00	0.20	0.23	0.26	0.26	0.25	0.16
	9	0.59	0.59	0.60	0.48	0.59	0.57	0.30	0.28	0.52	0.44	0.59	0.61
青岛	10	0.95	2.68	2.59	3.12	2.68	1.00	0.93	0.87	1.19	1.26	1.21	1.10
	11	4.29	12.20	4.16	8.22	4.72	7.68	7.61	5.74	4.77	5.11	6.74	6.11

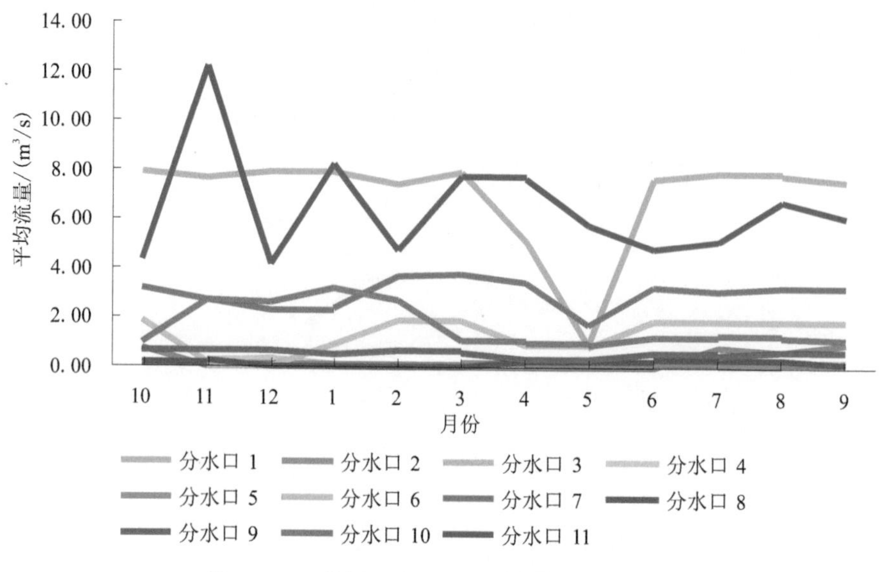

图 3-5-22　情景一的两市缺水量最小调度结果

(2)情景二调度方案。

情景二既考虑了分水口又考虑了泵站,因此调度目标分两市缺水量最小、调水工程运行费最小和多目标(两市缺水量和调水工程运行费最小)三种情况考虑。其调度方案分别见表 3-5-28～表 3-5-30 和图 3-5-23～图 3-5-25。

表 3-5-28　两市缺水量最小调度方案　　单位:m³/s

地市	分水口	月份											
		10	11	12	1	2	3	4	5	6	7	8	9
潍坊	1	8.49	8.22	8.49	8.49	7.67	8.49	5.53	0.89	8.22	8.49	8.49	8.22
	2	0.71	0.00	0.00	0.00	1.70	0.00	0.00	0.00	0.00	0.76	0.61	0.96
	3	0.05	0.00	0.02	0.03	0.03	0.03	0.03	0.02	0.03	0.02	0.10	0.08
	4	0.15	0.17	0.27	0.07	0.04	0.00	0.18	0.11	0.15	0.15	0.18	0.14
	5	0.06	0.03	0.06	0.07	0.06	0.09	0.08	0.05	0.10	0.04	0.09	0.08
	6	0.92	0.10	0.00	0.94	0.82	0.63	0.86	0.81	0.86	1.03	1.19	1.18
	7	3.17	2.67	2.29	2.30	3.60	3.70	3.40	1.67	3.26	3.04	3.25	3.20
	8	0.12	0.20	0.00	0.00	0.00	0.00	0.20	0.23	0.26	0.26	0.25	0.16
	9	0.59	0.59	0.60	0.48	0.59	0.57	0.30	0.28	0.52	0.44	0.59	0.61
青岛	10	0.95	2.68	2.59	2.68	2.68	1.00	0.93	0.87	1.19	1.26	1.21	1.10
	11	4.29	12.20	4.16	6.74	4.72	7.68	7.61	5.74	4.77	5.11	6.74	6.11

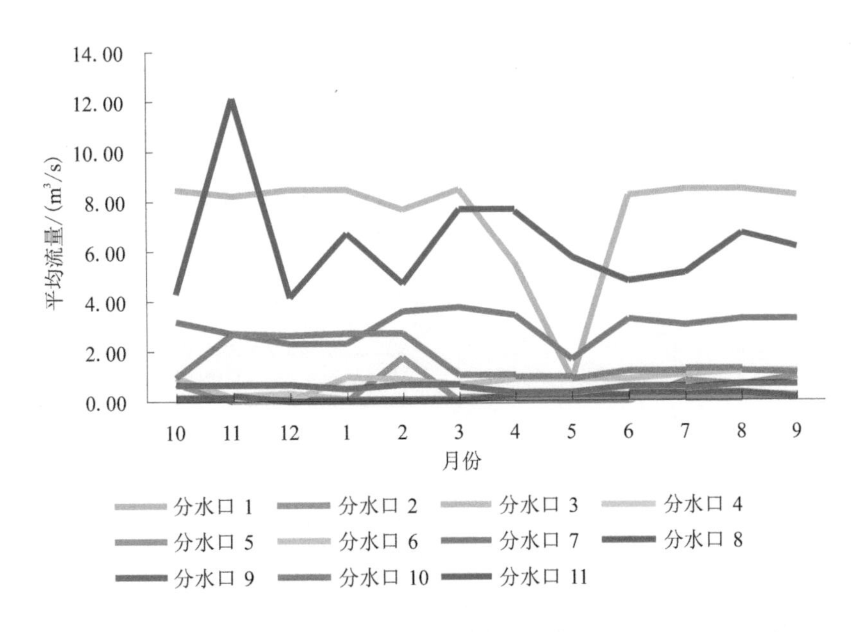

图 3-5-23　情景二的两市缺水量最小调度结果

表 3-5-29　调水工程运行费最小调度方案　　单位:m^3/s

地市	分水口	月份											
		10	11	12	1	2	3	4	5	6	7	8	9
潍坊	1	8.02	8.22	8.07	8.25	8.03	8.30	8.12	8.23	8.13	8.18	7.84	7.85
	2	0.12	0.00	0.00	0.00	0.00	0.00	0.00	0.00	0.00	0.02	0.20	0.27
	3	0.05	0.00	0.02	0.03	0.03	0.03	0.03	0.02	0.03	0.02	0.10	0.08
	4	0.15	0.17	0.27	0.07	0.04	0.00	0.18	0.11	0.15	0.15	0.18	0.14
	5	0.06	0.03	0.06	0.07	0.06	0.09	0.08	0.05	0.10	0.04	0.09	0.08
	6	0.92	0.10	0.00	0.94	0.82	0.63	0.86	0.81	0.86	1.03	1.19	1.18
	7	3.28	2.67	2.37	2.37	3.48	3.82	3.40	1.72	3.26	3.14	3.36	3.20
	8	0.12	0.20	0.00	0.00	0.00	0.00	0.20	0.24	0.26	0.27	0.26	0.16
	9	0.61	0.59	0.62	0.50	0.57	0.58	0.30	0.29	0.52	0.45	0.61	0.61
青岛	10	0.95	3.00	3.00	3.00	2.80	1.00	0.93	0.87	1.19	1.26	1.21	1.10
	11	4.29	6.56	5.50	5.37	4.72	7.68	7.61	5.74	4.77	5.11	6.74	6.11

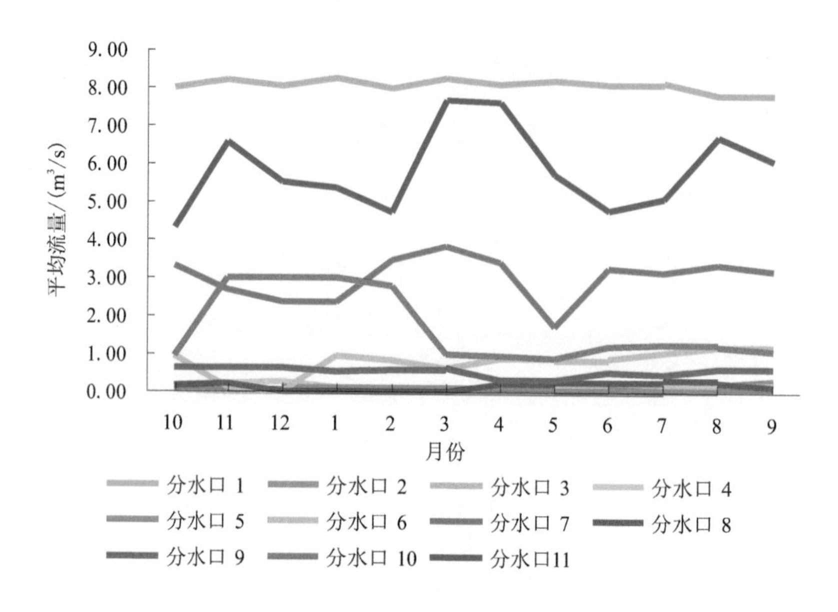

图3-5-24　情景二的调水工程运行费最小调度结果

表3-5-30　两市缺水量和调水工程运行费最小调度方案　　单位:m³/s

地市	分水口	月份											
		10	11	12	1	2	3	4	5	6	7	8	9
潍坊	1	7.10	7.29	7.15	7.33	7.36	7.37	7.20	7.31	7.21	7.25	6.92	6.93
	2	0.12	0.00	0.00	0.00	0.00	0.00	0.00	0.00	0.00	0.02	0.20	0.27
	3	0.05	0.00	0.02	0.03	0.03	0.03	0.03	0.02	0.03	0.02	0.10	0.08
	4	0.15	0.17	0.27	0.07	0.04	0.00	0.18	0.11	0.15	0.15	0.18	0.14
	5	0.06	0.03	0.06	0.07	0.06	0.09	0.08	0.05	0.10	0.04	0.09	0.08
	6	1.88	1.88	1.88	1.88	1.88	1.88	0.86	0.81	1.88	1.88	1.88	1.88
	7	3.17	2.67	2.29	2.30	3.60	3.70	3.40	1.67	3.26	3.04	3.25	3.20
	8	0.12	0.20	0.00	0.00	0.00	0.00	0.20	0.23	0.26	0.26	0.25	0.16
	9	0.59	0.59	0.60	0.48	0.59	0.57	0.30	0.28	0.52	0.44	0.59	0.61
青岛	10	0.95	3.00	3.00	3.00	2.80	1.00	0.93	0.87	1.19	1.26	1.21	1.10
	11	4.29	5.21	4.16	6.55	4.72	7.68	7.61	5.74	4.77	5.11	6.74	6.11

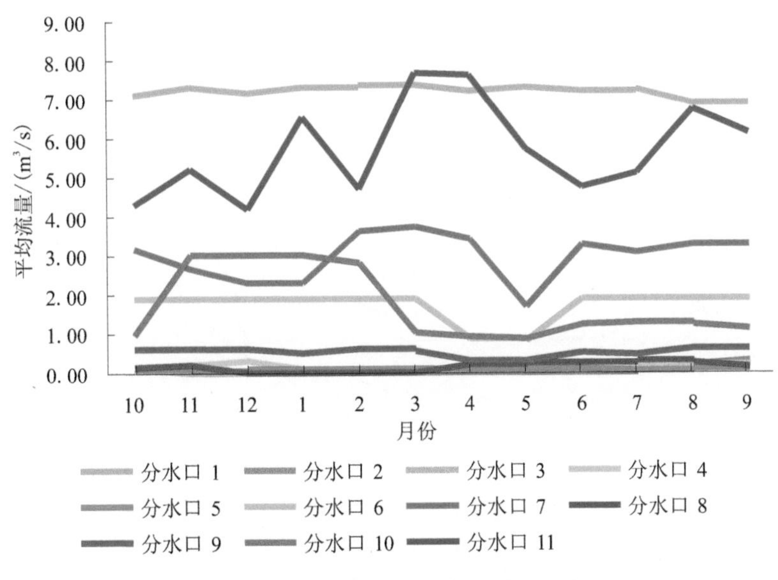

图 3-5-25　情景二的多目标调度结果

(3)情景三调度方案。

情景三是既考虑了分水口、泵站,又考虑了峡山水库作为备用水源地,调度目标分两市缺水量最小、调水工程运行费最小和多目标(两市缺水量和调水工程运行费最小)三种情况考虑。其调度方案分别见表 3-5-31~表 3-5-33 和图 3-5-26~图 3-5-28。

表 3-5-31　两市缺水量最小调度方案　单位:m^3/s

地市	分水口	月份											
		10	11	12	1	2	3	4	5	6	7	8	9
潍坊	1	8.59	8.60	8.59	8.59	8.03	8.59	5.82	0.90	8.60	8.59	8.59	8.60
	2	0.71	0.00	0.00	0.00	1.70	0.00	0.00	0.00	0.00	0.76	0.61	0.96
	3	0.05	0.00	0.02	0.03	0.03	0.03	0.03	0.02	0.03	0.02	0.10	0.08
	4	0.15	0.17	0.27	0.07	0.04	0.00	0.18	0.11	0.15	0.15	0.18	0.14
	5	0.06	0.03	0.06	0.07	0.06	0.09	0.08	0.05	0.10	0.04	0.09	0.08
	6	0.92	0.00	0.00	0.42	0.82	0.63	0.86	0.81	0.86	1.03	1.19	1.18
	7	3.28	2.67	2.37	2.37	3.48	3.82	3.40	1.72	3.26	3.14	3.36	3.20
	8	0.12	0.20	0.00	0.00	0.00	0.00	0.20	0.24	0.26	0.27	0.26	0.16
	9	0.61	0.59	0.62	0.50	0.57	0.58	0.30	0.29	0.52	0.45	0.61	0.61
青岛	10	0.95	2.68	2.59	3.12	2.68	1.00	1.08	1.03	1.19	1.26	1.21	1.10
	11	4.29	12.20	4.16	8.17	4.72	7.68	8.38	8.96	4.77	5.11	6.74	6.11

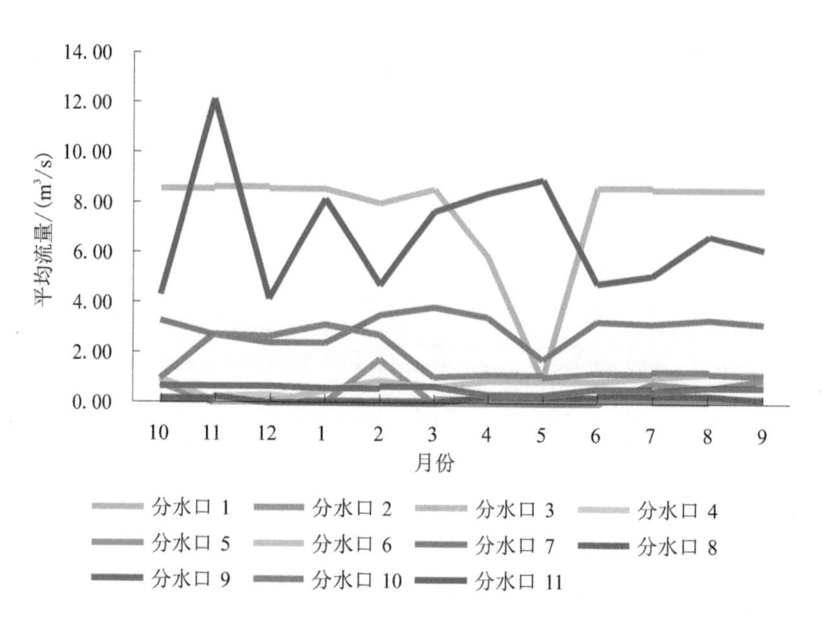

图 3-5-26　情景三的两市缺水量最小调度结果

表 3-5-32　调水工程运行费最小调度方案　　单位：m^3/s

地市	分水口	月份											
		10	11	12	1	2	3	4	5	6	7	8	9
潍坊	1	8.60	8.60	8.60	8.60	8.60	8.60	5.60	6.61	8.60	8.60	8.60	8.60
	2	0.12	0.00	0.00	0.00	0.00	0.00	0.00	0.00	0.00	0.02	0.20	0.27
	3	0.05	0.00	0.02	0.03	0.03	0.03	0.03	0.02	0.03	0.02	0.10	0.08
	4	0.15	0.17	0.26	0.06	0.04	0.00	0.18	0.11	0.15	0.15	0.18	0.14
	5	0.06	0.03	0.06	0.06	0.07	0.09	0.08	0.05	0.10	0.04	0.09	0.08
	6	0.89	0.10	0.00	0.91	0.85	0.61	0.86	0.79	0.86	0.99	1.16	1.18
	7	3.17	2.67	2.29	2.30	3.60	3.70	3.40	1.67	3.26	3.04	3.25	3.20
	8	0.12	0.20	0.00	0.00	0.00	0.00	0.20	0.23	0.26	0.26	0.25	0.16
	9	0.59	0.59	0.60	0.48	0.59	0.57	0.30	0.28	0.52	0.44	0.59	0.61
青岛	10	0.95	3.00	3.00	2.41	2.80	1.00	0.93	0.87	1.19	1.26	1.21	1.10
	11	4.29	5.21	4.16	5.37	4.72	7.68	7.61	5.74	4.77	5.11	6.74	6.11

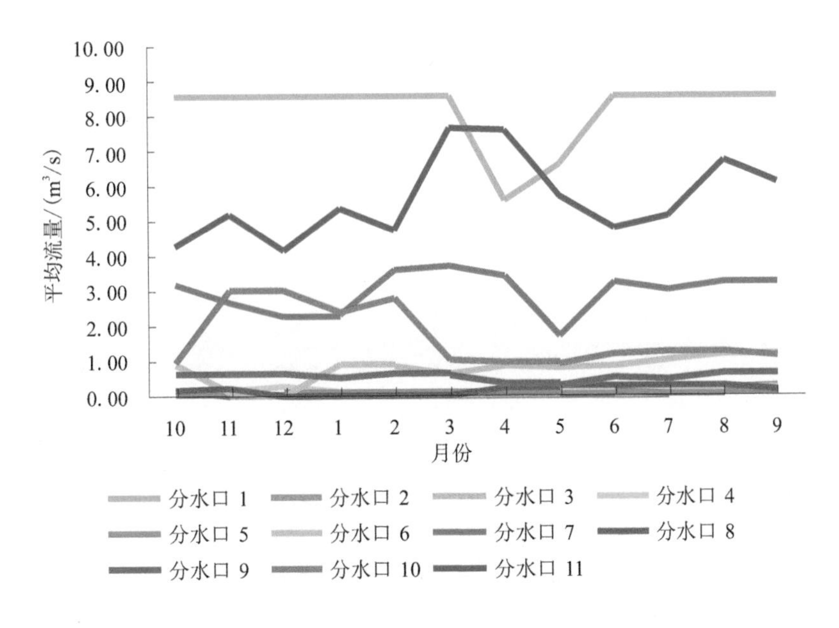

图 3-5-27　情景三的调水工程运行费最小调度结果

表 3-5-33　两市缺水量和调水工程运行费最小调度方案　单位：m^3/s

地市	分水口	月份											
		10	11	12	1	2	3	4	5	6	7	8	9
潍坊	1	8.53	8.26	8.53	8.53	7.71	8.26	5.55	0.89	8.26	8.53	8.53	8.26
	2	0.71	1.06	0.63	0.81	1.70	0.86	0.00	0.00	0.98	0.76	0.61	0.96
	3	0.05	0.00	0.02	0.03	0.03	0.03	0.03	0.02	0.03	0.02	0.10	0.08
	4	0.15	0.17	0.27	0.07	0.04	0.00	0.18	0.11	0.15	0.15	0.18	0.14
	5	0.06	0.03	0.06	0.07	0.06	0.09	0.08	0.05	0.10	0.04	0.09	0.08
	6	0.92	0.10	0.00	0.94	0.82	0.63	0.86	0.81	0.86	1.03	1.19	1.18
	7	3.17	2.67	2.29	2.30	3.60	3.70	3.40	1.67	3.26	3.04	3.25	3.20
	8	0.12	0.20	0.00	0.00	0.00	0.00	0.20	0.23	0.26	0.26	0.25	0.16
	9	0.59	0.59	0.60	0.48	0.59	0.57	0.30	0.28	0.52	0.44	0.59	0.61
青岛	10	0.95	2.68	2.68	2.68	2.68	1.00	0.93	0.87	1.19	1.26	1.21	1.10
	11	4.29	12.20	4.16	6.74	4.72	7.68	8.38	8.96	4.77	5.11	6.74	6.11

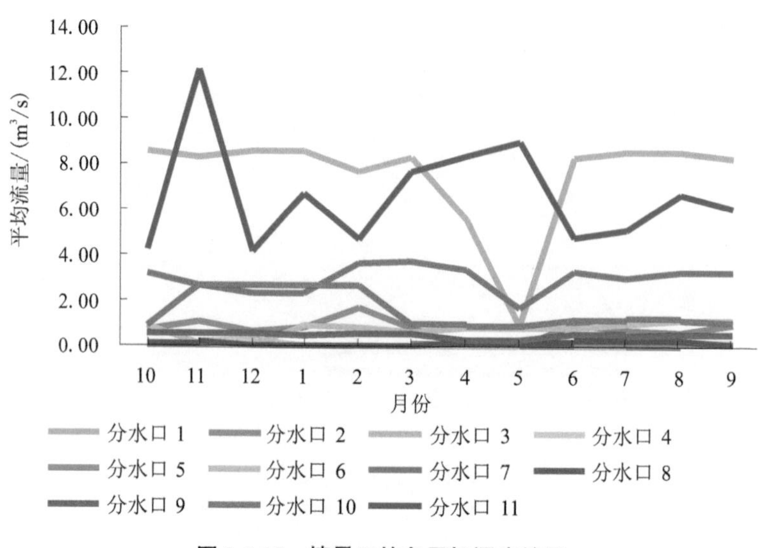

图 3-5-28　情景三的多目标调度结果

3.5.2.4　规划年 2030 年 $p=95\%$ 时的调度方案

(1)情景一调度方案。

情景一没有考虑泵站,只是针对分水口进行调度,因此调度目标只考虑了两市缺水量最小的情况,其调度方案见表 3-5-34 和图 3-5-29。

表 3-5-34　两市缺水量最小调度方案　　单位:m³/s

地市	分水口	月份											
		10	11	12	1	2	3	4	5	6	7	8	9
潍坊	1	7.87	7.29	7.15	7.33	7.36	7.37	7.20	7.31	7.21	7.25	6.92	6.93
	2	1.63	0.00	0.00	0.00	0.00	0.00	0.00	0.00	0.00	1.68	1.53	0.33
	3	0.05	0.00	0.02	0.03	0.03	0.03	0.03	0.02	0.03	0.02	0.10	0.08
	4	0.15	0.17	0.27	0.07	0.04	0.00	0.18	0.11	0.15	0.15	0.18	0.14
	5	0.06	0.03	0.06	0.07	0.06	0.09	0.08	0.05	0.10	0.04	0.09	0.08
	6	1.88	0.09	0.00	0.83	1.88	1.88	0.86	0.81	1.88	1.88	1.88	1.88
	7	3.17	2.67	2.29	2.30	3.60	3.70	3.40	1.67	3.26	3.04	3.25	3.20
	8	0.12	0.20	0.00	0.00	0.00	0.00	0.20	0.23	0.26	0.26	0.25	0.16
	9	0.59	0.59	0.60	0.48	0.59	0.57	0.30	0.28	0.52	0.44	0.59	0.61
青岛	10	0.95	2.99	2.89	3.48	2.80	1.00	0.93	0.87	1.19	1.26	1.21	1.10
	11	4.29	5.21	4.16	12.93	4.72	7.68	7.61	5.74	4.77	5.11	6.74	6.11

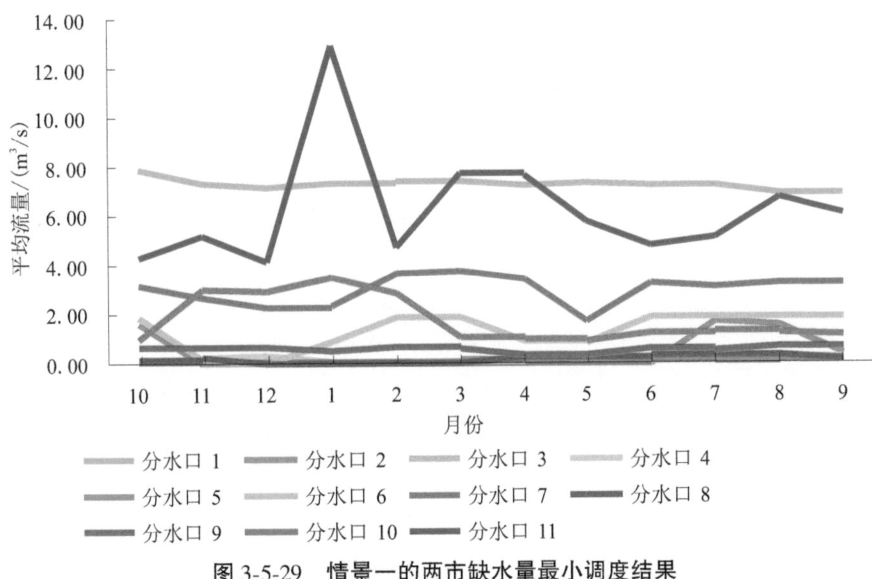

图 3-5-29　情景一的两市缺水量最小调度结果

(2)情景二调度方案。

情景二既考虑了分水口又考虑了泵站,因此调度目标分两市缺水量最小、调水工程运行费最小和多目标(两市缺水量和调水工程运行费最小)三种情况考虑。其调度方案分别见表 3-5-35~表 3-5-37 和图 3-5-30~图 3-5-32。

表 3-5-35　两市缺水量最小调度方案　单位:m^3/s

地市	分水口	月份											
		10	11	12	1	2	3	4	5	6	7	8	9
潍坊	1	8.49	8.22	8.49	8.49	7.67	8.49	3.01	3.89	8.22	8.49	8.49	8.22
	2	1.63	0.00	0.00	0.00	2.62	0.00	0.00	0.00	0.00	1.68	1.53	0.33
	3	0.05	0.00	0.02	0.03	0.03	0.03	0.03	0.02	0.03	0.02	0.10	0.08
	4	0.15	0.17	0.27	0.07	0.04	0.00	0.18	0.11	0.15	0.15	0.18	0.14
	5	0.06	0.03	0.06	0.07	0.06	0.09	0.08	0.05	0.10	0.04	0.09	0.08
	6	0.92	0.10	0.00	0.94	0.82	0.63	0.86	0.81	0.86	1.03	1.19	1.18
	7	3.17	2.67	2.29	2.30	3.60	3.70	3.40	1.67	3.26	3.04	3.25	3.20
	8	0.12	0.20	0.00	0.00	0.00	0.00	0.20	0.23	0.26	0.26	0.25	0.16
	9	0.59	0.59	0.60	0.48	0.59	0.57	0.30	0.28	0.52	0.44	0.59	0.61
青岛	10	0.95	2.99	2.89	2.99	2.80	1.00	0.93	0.87	1.19	1.26	1.21	1.10
	11	4.29	5.21	4.16	10.60	4.72	7.68	7.61	5.74	4.77	5.11	6.74	6.11

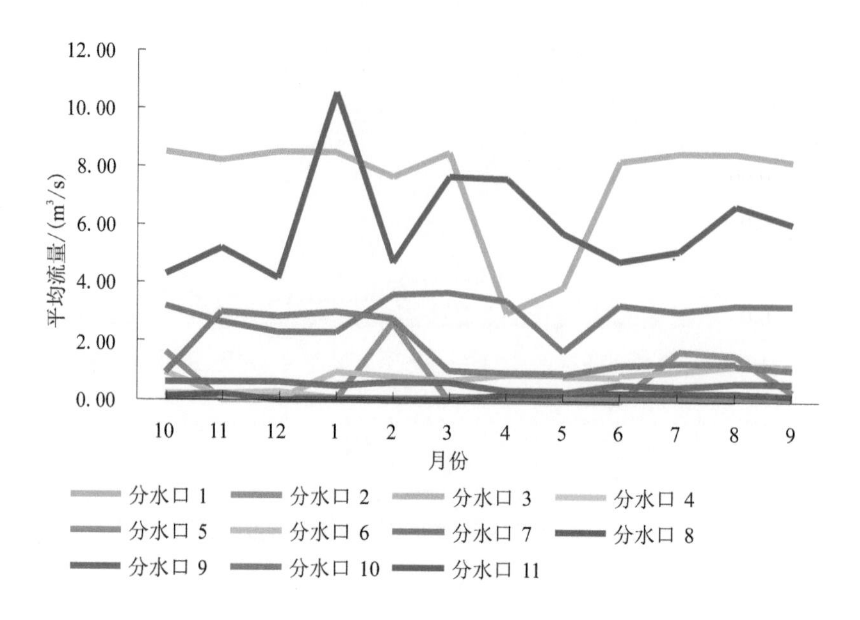

图 3-5-30　情景二的两市缺水量最小调度结果

表 3-5-36　调水工程运行费最小调度方案　　单位：m^3/s

地市	分水口	月份											
		10	11	12	1	2	3	4	5	6	7	8	9
潍坊	1	8.02	8.22	8.07	8.25	8.03	8.30	8.12	8.23	8.13	8.18	7.84	7.85
	2	0.12	0.00	0.00	0.00	0.00	0.00	0.00	0.00	0.00	0.02	0.20	0.27
	3	0.05	0.00	0.02	0.03	0.03	0.03	0.03	0.02	0.03	0.02	0.10	0.08
	4	0.15	0.17	0.27	0.07	0.04	0.00	0.18	0.11	0.15	0.15	0.18	0.14
	5	0.06	0.03	0.06	0.07	0.06	0.09	0.08	0.05	0.10	0.04	0.09	0.08
	6	0.92	0.10	0.00	0.94	0.82	0.63	0.86	0.81	0.86	1.03	1.19	1.18
	7	3.28	2.67	2.37	2.37	3.48	3.82	3.40	1.72	3.26	3.14	3.36	3.20
	8	0.12	0.20	0.00	0.00	0.00	0.00	0.20	0.24	0.26	0.27	0.26	0.16
	9	0.61	0.59	0.62	0.50	0.57	0.58	0.30	0.29	0.52	0.45	0.61	0.61
青岛	10	0.95	3.00	3.00	3.00	2.80	1.00	0.93	0.87	1.19	1.26	1.21	1.10
	11	4.29	6.56	5.50	5.37	4.72	7.68	7.61	5.74	4.77	5.11	6.74	6.11

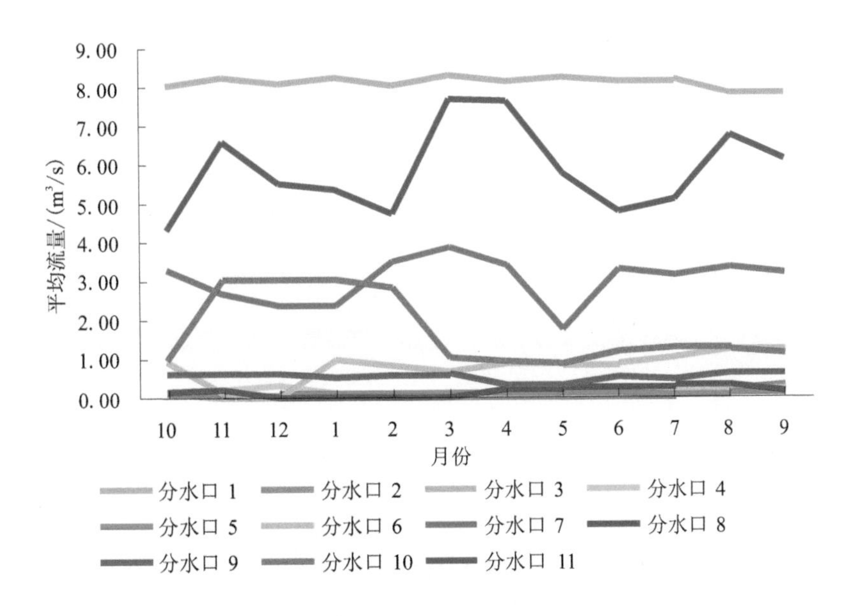

图 3-5-31 情景二的调水工程运行费最小调度结果

表 3-5-37 两市缺水量和调水工程运行费最小调度方案 单位:m^3/s

地市	分水口	月份											
		10	11	12	1	2	3	4	5	6	7	8	9
潍坊	1	7.10	7.29	7.15	7.33	7.36	7.37	7.20	7.31	7.21	7.22	7.27	7.27
	2	0.12	0.00	0.00	0.00	0.00	0.00	0.00	0.00	0.00	0.02	0.20	0.27
	3	0.05	0.00	0.02	0.03	0.03	0.03	0.03	0.02	0.03	0.02	0.10	0.08
	4	0.15	0.17	0.27	0.07	0.04	0.00	0.18	0.11	0.15	0.15	0.18	0.14
	5	0.06	0.03	0.06	0.07	0.06	0.09	0.08	0.05	0.10	0.04	0.09	0.08
	6	1.88	1.88	1.88	1.88	1.88	1.88	0.86	0.81	1.88	1.88	1.88	1.88
	7	3.17	2.67	2.29	2.30	3.60	3.70	3.40	1.67	3.26	3.04	3.25	3.20
	8	0.12	0.20	0.00	0.00	0.00	0.00	0.20	0.23	0.26	0.26	0.25	0.16
	9	0.59	0.59	0.60	0.48	0.59	0.57	0.30	0.28	0.52	0.44	0.59	0.61
青岛	10	0.95	3.00	3.00	3.00	2.80	1.00	0.93	0.87	1.19	1.26	1.21	1.10
	11	4.29	5.21	4.16	6.55	4.72	7.68	7.61	5.74	4.77	5.11	6.74	6.11

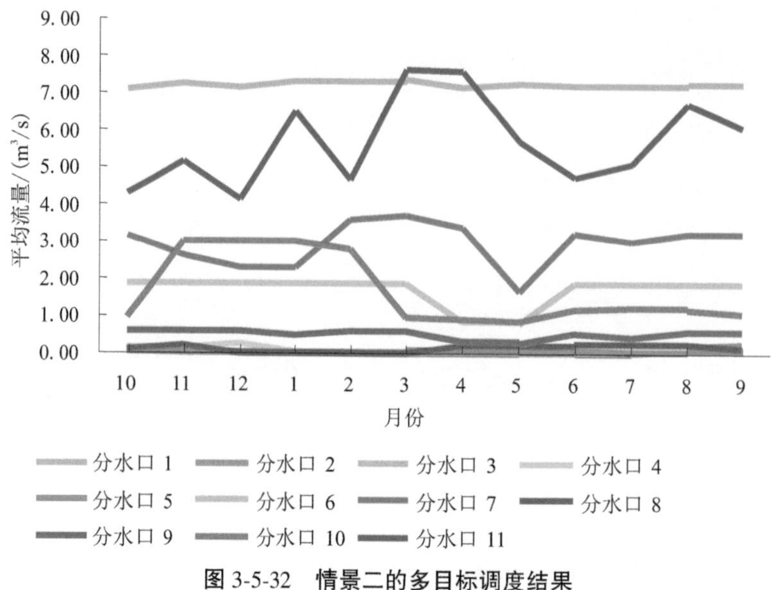

图 3-5-32　情景二的多目标调度结果

(3)情景三调度方案。

情景三是既考虑了分水口、泵站,又考虑了峡山水库作为备用水源地,调度目标分两市缺水量最小、调水工程运行费最小和多目标(两市缺水量和调水工程运行费最小)三种情况考虑。其调度方案分别见表 3-5-38~表 3-5-40 和图 3-5-33~图 3-5-35。

表 3-5-38　两市缺水量最小调度方案　　单位:m^3/s

地市	分水口	月份											
		10	11	12	1	2	3	4	5	6	7	8	9
潍坊	1	8.02	8.22	8.07	8.25	8.03	8.30	8.16	8.03	8.13	8.18	7.84	7.85
	2	0.12	0.00	0.00	0.00	0.26	0.00	0.00	0.00	0.00	0.02	0.20	0.27
	3	0.05	0.00	0.02	0.03	0.03	0.03	0.03	0.02	0.03	0.02	0.10	0.08
	4	0.15	0.17	0.27	0.07	0.04	0.00	0.18	0.11	0.15	0.15	0.18	0.14
	5	0.06	0.03	0.06	0.07	0.06	0.09	0.08	0.05	0.10	0.04	0.09	0.08
	6	0.92	0.10	0.00	0.94	0.82	0.63	0.86	0.81	0.86	1.03	1.19	1.18
	7	3.28	2.67	2.37	2.37	3.48	3.82	3.40	1.72	3.26	3.14	3.36	3.20
	8	0.12	0.20	0.00	0.00	0.00	0.00	0.20	0.24	0.26	0.27	0.26	0.16
	9	0.61	0.59	0.62	0.50	0.57	0.58	0.30	0.29	0.52	0.45	0.61	0.61
青岛	10	0.95	3.00	3.00	3.00	2.80	1.00	1.08	1.03	1.19	1.26	1.21	1.10
	11	4.29	5.21	4.16	6.51	4.72	7.68	8.38	8.96	4.77	5.11	6.74	6.11

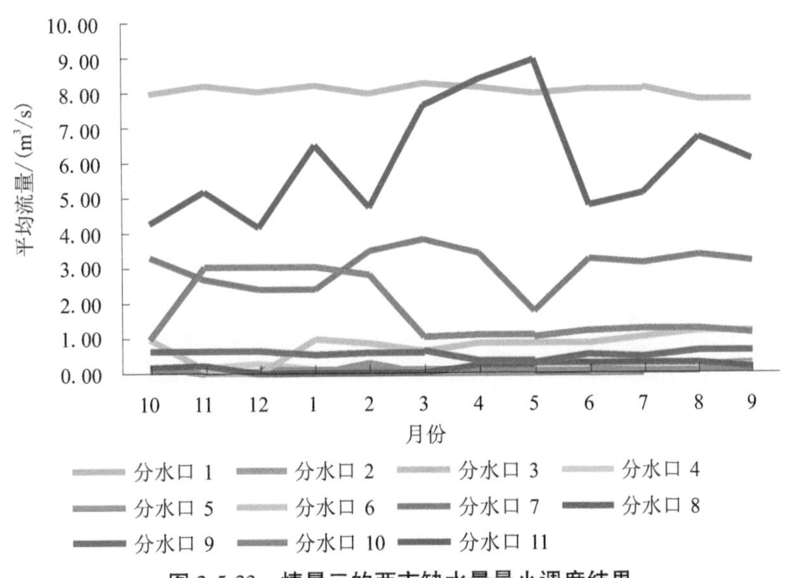

图 3-5-33 情景三的两市缺水量最小调度结果

表 3-5-39 调水工程运行费最小调度方案 单位:m^3/s

地市	分水口	月份											
		10	11	12	1	2	3	4	5	6	7	8	9
潍坊	1	8.60	8.60	8.60	8.60	8.60	8.60	5.60	6.61	8.60	8.60	8.60	8.60
	2	0.12	0.00	0.00	0.00	0.00	0.00	0.00	0.00	0.00	0.02	0.20	0.27
	3	0.05	0.00	0.02	0.03	0.03	0.03	0.03	0.02	0.03	0.02	0.10	0.08
	4	0.15	0.17	0.26	0.06	0.04	0.00	0.18	0.11	0.15	0.15	0.18	0.14
	5	0.06	0.03	0.06	0.06	0.07	0.09	0.08	0.05	0.10	0.04	0.09	0.08
	6	0.89	0.10	0.00	0.91	0.85	0.61	0.86	0.79	0.86	0.99	1.16	1.18
	7	3.17	2.67	2.29	2.30	3.60	3.70	3.40	1.67	3.26	3.04	3.25	3.20
	8	0.12	0.20	0.00	0.00	0.00	0.00	0.20	0.23	0.26	0.26	0.25	0.16
	9	0.59	0.59	0.60	0.48	0.59	0.57	0.30	0.28	0.52	0.44	0.59	0.61
青岛	10	0.95	3.00	3.00	2.41	2.80	1.00	0.93	0.87	1.19	1.26	1.21	1.10
	11	4.29	5.21	4.16	5.37	4.72	7.68	7.61	5.74	4.77	5.11	6.74	6.11

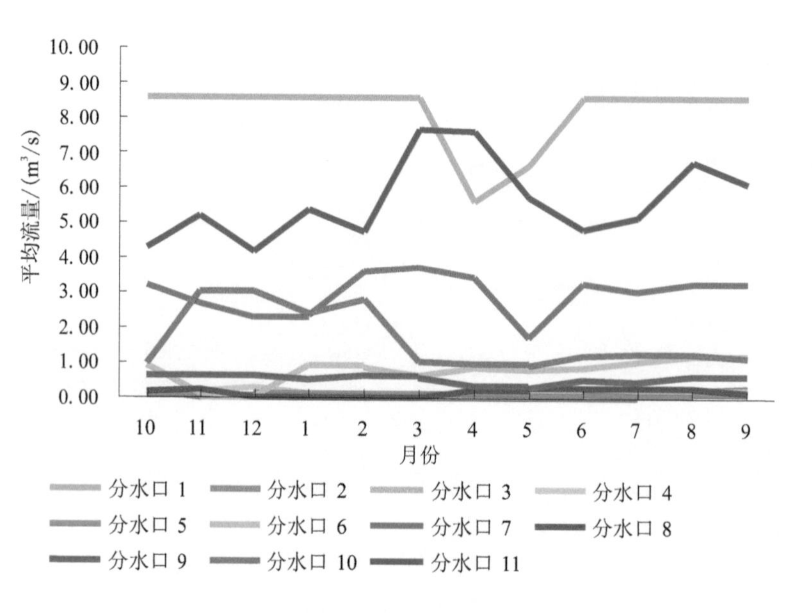

图 3-5-34　情景三的调水工程运行费最小调度结果

表 3-5-40　两市缺水量和调水工程运行费最小调度方案　　单位：m^3/s

地市	分水口	月份											
		10	11	12	1	2	3	4	5	6	7	8	9
潍坊	1	8.53	8.26	8.53	8.53	7.71	8.26	5.55	0.89	8.26	8.53	8.53	8.26
	2	0.71	1.06	0.63	0.81	1.70	0.86	0.00	0.00	0.98	0.76	0.61	0.96
	3	0.05	0.00	0.02	0.03	0.03	0.03	0.03	0.02	0.03	0.02	0.10	0.08
	4	0.15	0.17	0.27	0.07	0.04	0.00	0.18	0.11	0.15	0.15	0.18	0.14
	5	0.06	0.03	0.06	0.07	0.06	0.09	0.08	0.05	0.10	0.04	0.09	0.08
	6	0.92	0.10	0.00	0.94	0.82	0.63	0.86	0.81	0.86	1.03	1.19	1.18
	7	3.17	2.67	2.29	2.30	3.60	3.70	3.40	1.67	3.26	3.04	3.25	3.20
	8	0.12	0.20	0.00	0.00	0.00	0.00	0.20	0.23	0.26	0.26	0.25	0.16
	9	0.59	0.59	0.60	0.48	0.59	0.57	0.30	0.28	0.52	0.44	0.59	0.61
青岛	10	0.95	2.68	2.68	2.68	2.68	1.00	0.93	0.87	1.19	1.26	1.21	1.10
	11	4.29	12.20	4.16	6.74	4.72	7.68	8.38	8.96	4.77	5.11	6.74	6.11

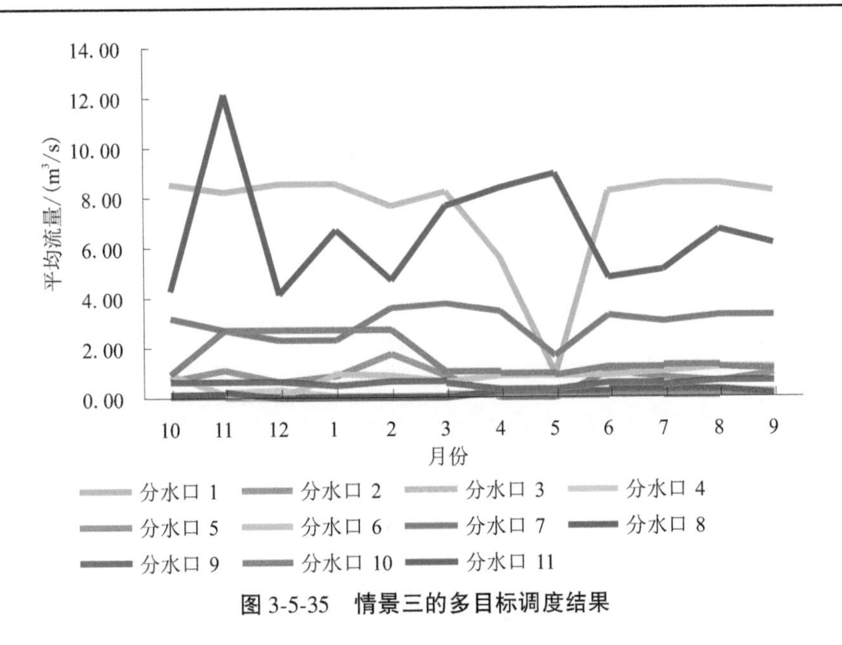

图 3-5-35　情景三的多目标调度结果

3.5.3　基于TPM模型数据确定的调度方案

3.5.3.1　规划年2020年 $p=75\%$ 时的调度方案

(1)情景一调度方案。

情景一没有考虑泵站,只是针对分水口进行调度,因此调度目标只考虑了两市缺水量最小的情况,其调度方案见表3-5-41和图3-5-36。

表 3-5-41　两市缺水量最小调度方案　单位:m³/s

地市	分水口	月份											
		10	11	12	1	2	3	4	5	6	7	8	9
潍坊	1	0.00	5.66	6.03	0.00	6.70	0.05	0.00	0.90	0.00	6.13	1.74	0.00
	2	0.12	0.00	0.00	0.00	0.00	0.00	0.00	0.00	0.00	0.02	0.20	0.27
	3	0.05	0.00	0.02	0.03	0.03	0.03	0.03	0.02	0.03	0.02	0.10	0.08
	4	0.15	0.17	0.26	0.06	0.04	0.00	0.18	0.11	0.15	0.15	0.18	0.14
	5	0.06	0.03	0.06	0.06	0.07	0.09	0.08	0.05	0.10	0.04	0.09	0.08
	6	0.89	0.10	0.00	0.91	0.85	0.61	0.86	0.79	0.86	0.99	1.16	1.18
	7	3.17	2.67	2.29	2.30	3.60	3.70	3.40	1.67	3.26	3.04	3.25	3.20
	8	0.12	0.20	0.00	0.00	0.00	0.00	0.20	0.23	0.26	0.26	0.25	0.16
	9	0.59	0.59	0.60	0.48	0.59	0.57	0.30	0.28	0.52	0.44	0.59	0.61
青岛	10	2.92	3.00	3.00	3.00	2.90	0.96	2.93	0.84	1.19	1.22	1.17	1.10
	11	4.15	14.67	14.11	15.66	9.77	7.44	7.61	5.55	4.77	4.95	6.53	6.11

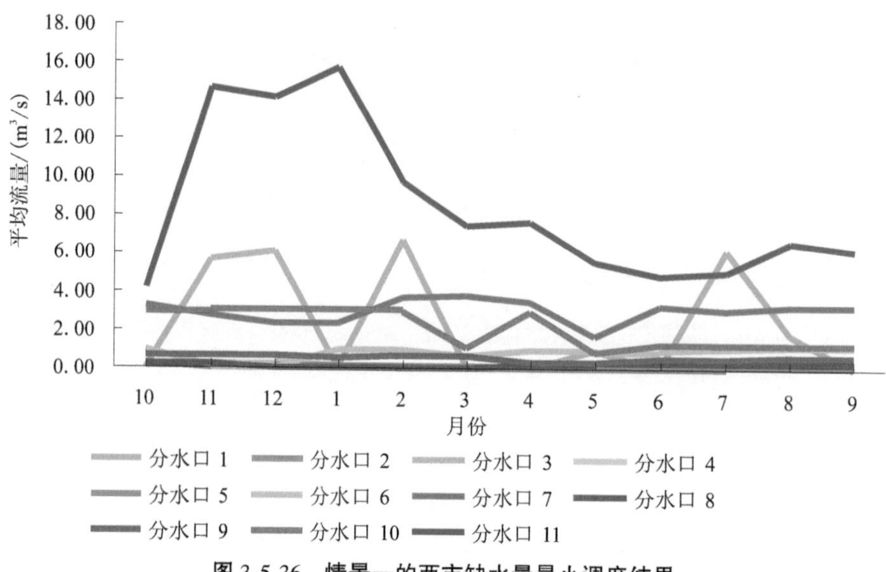

图 3-5-36　情景一的两市缺水量最小调度结果

(2)情景二调度方案。

情景二既考虑了分水口又考虑了泵站,因此调度目标分两市缺水量最小、调水工程运行费最小和多目标(两市缺水量和调水工程运行费最小)三种情况考虑。其调度方案分别见表 3-5-42~表 3-5-44 和图 3-5-37~图 3-5-39。

表 3-5-42　两市缺水量最小调度方案　　单位:m³/s

地市	分水口	月份											
		10	11	12	1	2	3	4	5	6	7	8	9
潍坊	1	0.00	5.66	6.03	0.00	6.70	0.05	0.00	0.90	0.00	6.13	1.74	0.00
	2	0.12	0.00	0.00	0.00	0.00	0.00	0.00	0.00	0.00	0.02	0.20	0.27
	3	0.05	0.00	0.02	0.03	0.03	0.03	0.03	0.02	0.03	0.02	0.10	0.08
	4	0.15	0.17	0.26	0.06	0.04	0.00	0.18	0.11	0.15	0.15	0.18	0.14
	5	0.06	0.03	0.06	0.06	0.07	0.09	0.08	0.05	0.10	0.04	0.09	0.08
	6	0.89	0.10	0.00	0.91	0.85	0.61	0.86	0.79	0.86	0.99	1.16	1.18
	7	3.17	2.67	2.29	2.30	3.60	3.70	3.40	1.67	3.26	3.04	3.25	3.20
	8	0.12	0.20	0.00	0.00	0.00	0.00	0.20	0.23	0.26	0.26	0.25	0.16
	9	0.59	0.59	0.60	0.48	0.59	0.57	0.30	0.28	0.52	0.44	0.59	0.61
青岛	10	2.92	3.00	3.00	3.00	2.90	0.96	2.93	0.84	1.19	1.22	1.17	1.10
	11	4.15	14.67	14.11	15.66	9.77	7.44	7.61	5.55	4.77	4.95	6.53	6.11

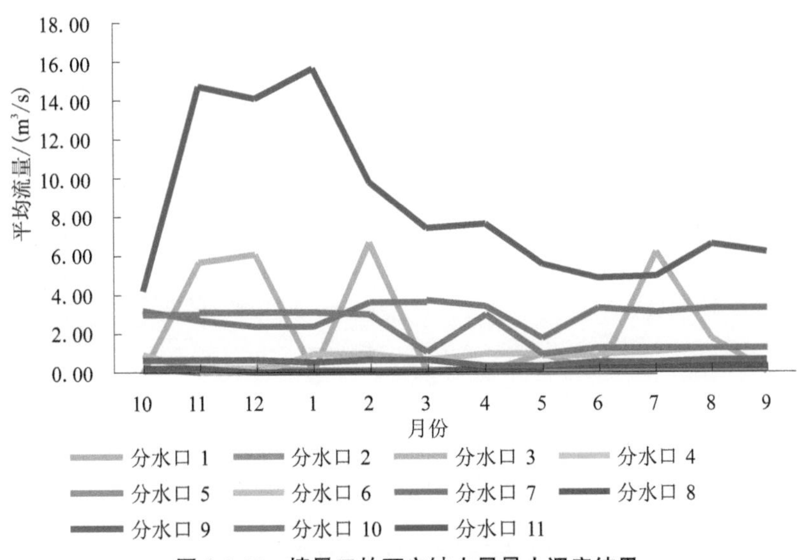

图 3-5-37　情景二的两市缺水量最小调度结果

表 3-5-43　调水工程运行费最小调度方案　单位:m^3/s

地市	分水口	月份											
		10	11	12	1	2	3	4	5	6	7	8	9
潍坊	1	0.00	0.00	0.00	0.00	0.00	0.05	0.00	0.90	0.00	0.25	0.17	0.00
	2	0.12	0.00	0.00	0.00	0.00	0.00	0.00	0.00	0.00	0.02	0.20	0.27
	3	0.05	0.00	0.02	0.03	0.03	0.03	0.03	0.02	0.03	0.02	0.10	0.08
	4	0.15	0.17	0.26	0.06	0.04	0.00	0.18	0.11	0.15	0.15	0.18	0.14
	5	0.06	0.03	0.06	0.06	0.07	0.09	0.08	0.05	0.10	0.04	0.09	0.08
	6	0.89	0.10	0.00	0.91	0.85	0.61	0.86	0.79	0.86	0.99	1.16	1.18
	7	3.17	2.67	2.29	2.30	3.60	3.70	3.40	1.67	3.26	3.04	3.25	3.20
	8	0.12	0.20	0.00	0.00	0.00	0.00	0.20	0.23	0.26	0.26	0.25	0.16
	9	0.59	0.59	0.60	0.48	0.59	0.57	0.30	0.28	0.52	0.44	0.59	0.61
青岛	10	0.92	0.87	0.47	0.75	1.10	0.96	0.93	0.84	1.19	1.22	1.17	1.10
	11	4.15	5.21	4.03	5.19	4.88	7.44	7.61	5.55	4.77	4.95	6.53	6.11

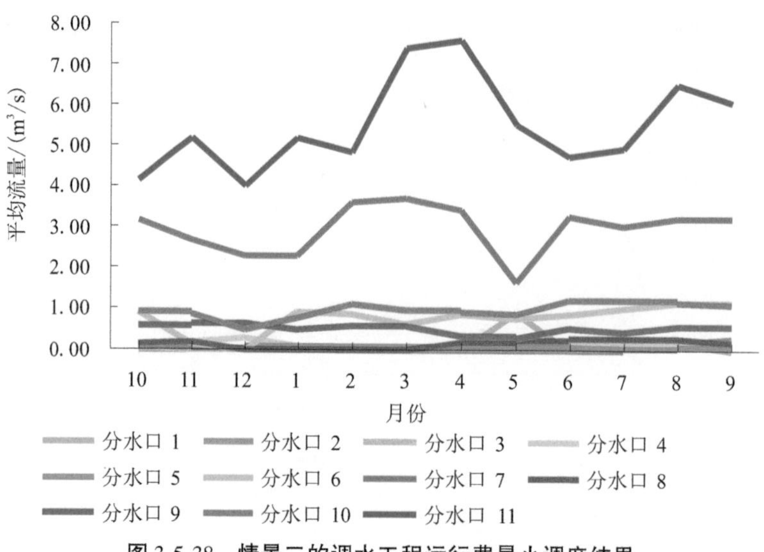

图 3-5-38　情景二的调水工程运行费最小调度结果

表 3-5-44　两市缺水量和调水工程运行费最小调度方案　　单位:m³/s

地市	分水口	月份											
		10	11	12	1	2	3	4	5	6	7	8	9
潍坊	1	0.00	5.66	6.03	0.00	6.70	0.05	0.00	0.90	0.00	6.13	1.74	0.00
	2	0.12	0.00	0.00	0.00	0.00	0.00	0.00	0.00	0.00	0.02	0.20	0.27
	3	0.05	0.00	0.02	0.03	0.03	0.03	0.03	0.02	0.03	0.02	0.10	0.08
	4	0.15	0.17	0.26	0.06	0.04	0.00	0.18	0.11	0.15	0.15	0.18	0.14
	5	0.06	0.03	0.06	0.06	0.07	0.09	0.08	0.05	0.10	0.04	0.09	0.08
	6	0.89	0.10	0.00	0.91	0.85	0.61	0.86	0.79	0.86	0.99	1.16	1.18
	7	3.17	2.67	2.29	2.30	3.60	3.70	3.40	1.67	3.26	3.04	3.25	3.20
	8	0.12	0.20	0.00	0.00	0.00	0.00	0.20	0.23	0.26	0.26	0.25	0.16
	9	0.59	0.59	0.60	0.48	0.59	0.57	0.30	0.28	0.52	0.44	0.59	0.61
青岛	10	0.92	3.00	3.00	3.00	2.90	0.96	0.93	0.84	1.19	1.22	1.17	1.10
	11	4.15	14.67	14.11	15.66	9.77	7.44	7.61	5.55	4.77	4.95	6.53	6.11

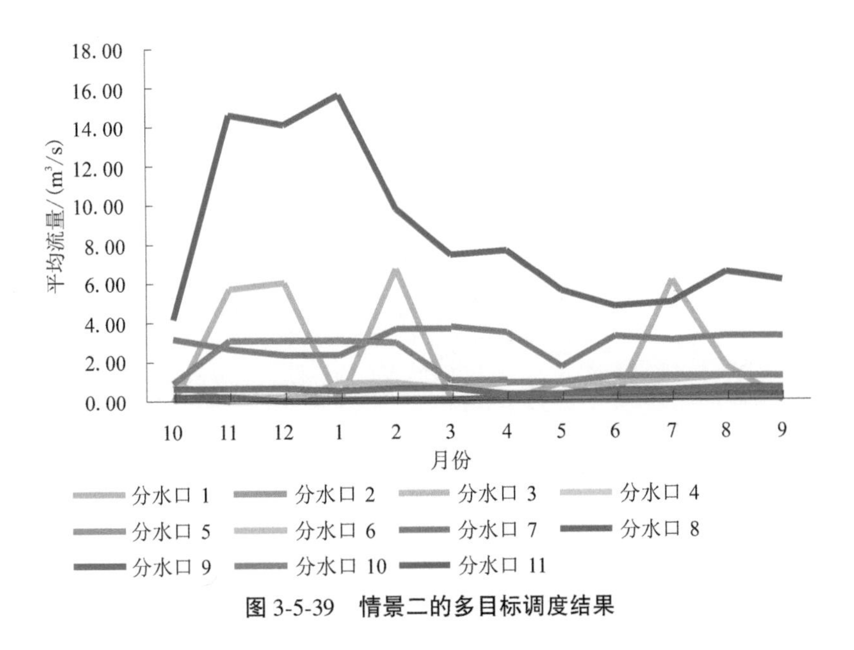

图 3-5-39　情景二的多目标调度结果

(3)情景三调度方案。

情景三是既考虑了分水口、泵站，又考虑了峡山水库作为备用水源地，调度目标分两市缺水量最小、调水工程运行费最小和多目标(两市缺水量最小和调水工程运行费最小)三种情况考虑。其调度方案分别见表 3-5-45～表 3-5-47 和图 3-5-40～图 3-5-42。

表 3-5-45　两市缺水量最小调度方案　单位：m^3/s

地市	分水口	月份											
		10	11	12	1	2	3	4	5	6	7	8	9
潍坊	1	0.00	5.66	6.03	0.00	6.70	0.05	0.00	0.90	0.00	6.13	1.74	0.00
	2	0.12	0.00	0.00	0.00	0.00	0.00	0.00	0.00	0.00	0.02	0.20	0.27
	3	0.05	0.00	0.02	0.03	0.03	0.03	0.03	0.02	0.03	0.02	0.10	0.08
	4	0.15	0.17	0.26	0.06	0.04	0.00	0.18	0.11	0.15	0.15	0.18	0.14
	5	0.06	0.03	0.06	0.06	0.07	0.09	0.08	0.05	0.10	0.04	0.09	0.08
	6	0.89	0.10	0.00	0.91	0.85	0.61	0.86	0.79	0.86	0.99	1.16	1.18
	7	3.17	2.67	2.29	2.30	3.60	3.70	3.40	1.67	3.26	3.04	3.25	3.20
	8	0.12	0.20	0.00	0.00	0.00	0.00	0.20	0.23	0.26	0.26	0.25	0.16
	9	0.59	0.59	0.60	0.48	0.59	0.57	0.30	0.28	0.52	0.44	0.59	0.61
青岛	10	2.92	3.00	3.00	3.00	2.90	0.96	2.93	2.94	1.19	1.22	1.17	1.10
	11	4.15	14.67	14.11	15.66	9.77	7.44	12.51	10.35	4.77	4.95	6.53	6.11

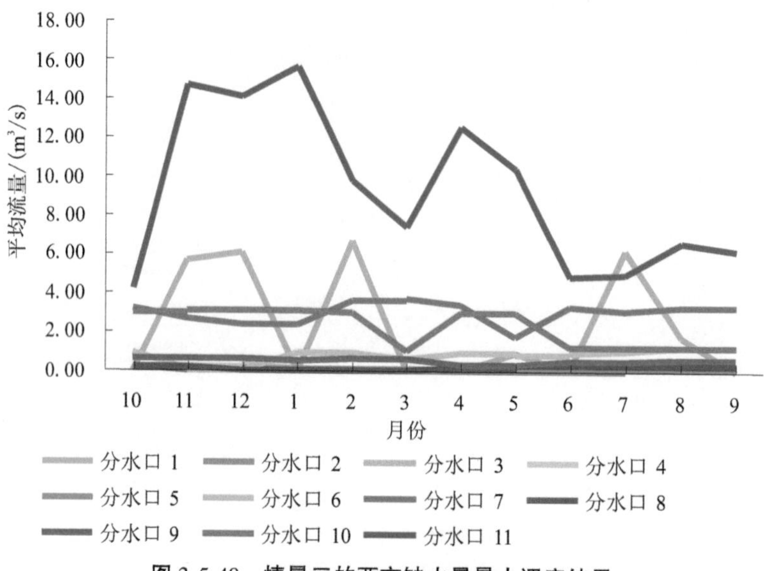

图 3-5-40　情景三的两市缺水量最小调度结果

表 3-5-46　调水工程运行费最小调度方案　　单位：m^3/s

地市	分水口	月份											
		10	11	12	1	2	3	4	5	6	7	8	9
潍坊	1	0.00	0.00	0.00	0.00	0.00	0.05	0.00	0.90	0.00	0.25	0.17	0.00
	2	0.12	0.00	0.00	0.00	0.00	0.00	0.00	0.00	0.00	0.02	0.20	0.27
	3	0.05	0.00	0.02	0.03	0.03	0.03	0.03	0.02	0.03	0.02	0.10	0.08
	4	0.15	0.17	0.26	0.06	0.04	0.00	0.18	0.11	0.15	0.15	0.18	0.14
	5	0.06	0.03	0.06	0.06	0.07	0.09	0.08	0.05	0.10	0.04	0.09	0.08
	6	0.89	0.10	0.00	0.91	0.85	0.61	0.86	0.79	0.86	0.99	1.16	1.18
	7	3.17	2.67	2.29	2.30	3.60	3.70	3.40	1.67	3.26	3.04	3.25	3.20
	8	0.12	0.20	0.00	0.00	0.00	0.00	0.20	0.23	0.26	0.26	0.25	0.16
	9	0.59	0.59	0.60	0.48	0.59	0.57	0.30	0.28	0.52	0.44	0.59	0.61
青岛	10	0.92	0.87	0.47	0.75	1.10	0.96	2.93	2.84	1.19	1.22	1.17	1.10
	11	4.15	5.21	4.03	5.19	4.88	7.44	10.51	8.45	4.77	4.95	6.53	6.11

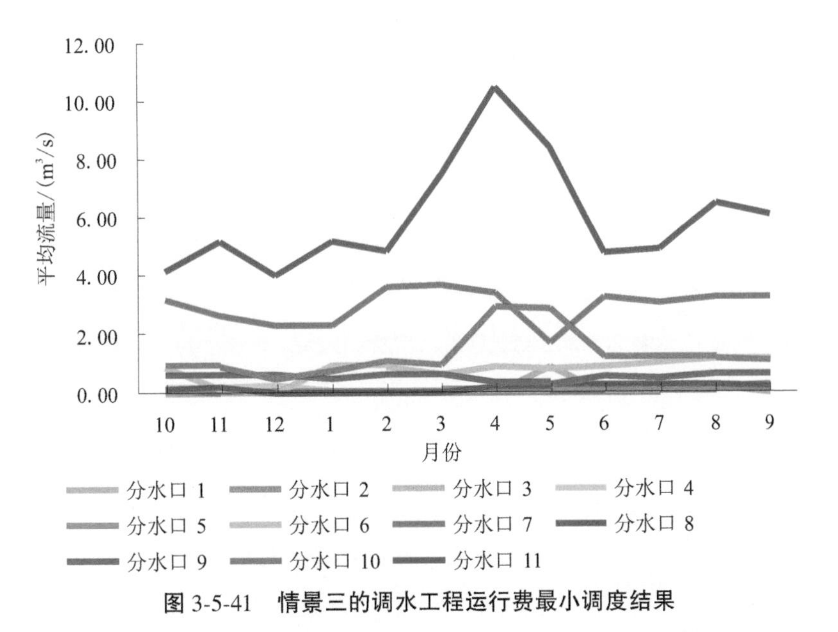

图3-5-41 情景三的调水工程运行费最小调度结果

表3-5-47 两市缺水量和调水工程运行费最小调度方案 单位:m^3/s

地市	分水口	月份											
		10	11	12	1	2	3	4	5	6	7	8	9
潍坊	1	0.00	5.66	6.03	0.00	6.70	0.05	0.00	0.90	0.00	6.13	1.74	0.00
	2	0.12	0.00	0.00	0.00	0.00	0.00	0.00	0.00	0.00	0.02	0.20	0.27
	3	0.05	0.00	0.02	0.03	0.03	0.03	0.03	0.02	0.03	0.02	0.10	0.08
	4	0.15	0.17	0.26	0.06	0.04	0.00	0.18	0.11	0.15	0.15	0.18	0.14
	5	0.06	0.03	0.06	0.06	0.07	0.09	0.08	0.05	0.10	0.04	0.09	0.08
	6	0.89	0.10	0.00	0.91	0.85	0.61	0.86	0.79	0.86	0.99	1.16	1.18
	7	3.17	2.67	2.29	2.30	3.60	3.70	3.40	1.67	3.26	3.04	3.25	3.20
	8	0.12	0.20	0.00	0.00	0.00	0.00	0.20	0.23	0.26	0.26	0.25	0.16
	9	0.59	0.59	0.60	0.48	0.59	0.57	0.30	0.28	0.52	0.44	0.59	0.61
青岛	10	0.92	3.00	3.00	3.00	2.90	0.96	2.93	2.84	1.19	1.22	1.17	1.10
	11	4.15	14.67	14.11	15.66	9.77	7.44	10.51	8.45	4.77	4.95	6.53	6.11

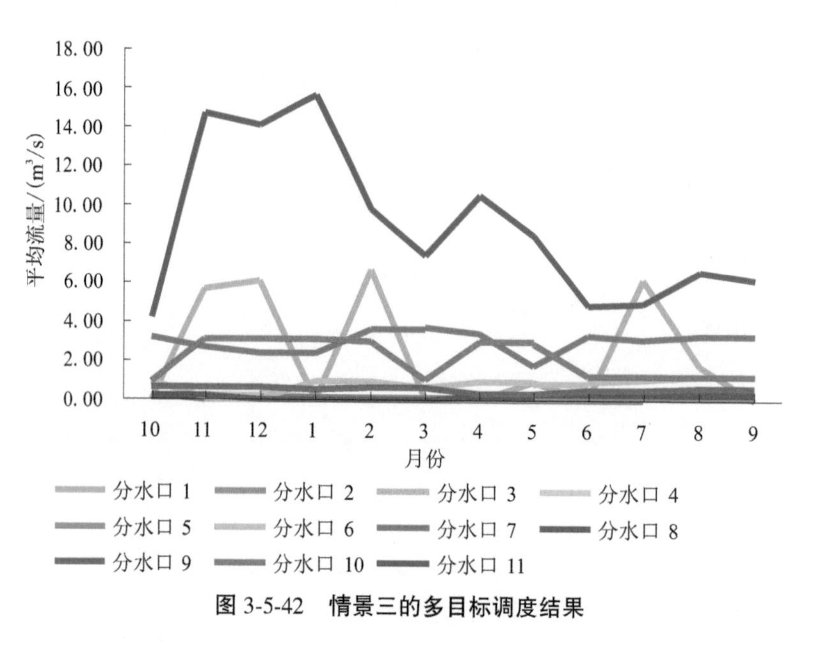

图 3-5-42　情景三的多目标调度结果

3.5.3.2　规划年 2020 年 $p=95\%$时的调度方案

(1)情景一调度方案。

情景一没有考虑泵站,只是针对分水口进行调度,因此调度目标只考虑了两市缺水量最小的情况,其调度方案见表 3-5-48 和图 3-5-43。

表 3-5-48　两市缺水量最小调度方案　　单位:m³/s

地市	分水口	月份											
		10	11	12	1	2	3	4	5	6	7	8	9
潍坊	1	0.00	5.32	6.81	0.00	7.30	0.05	0.00	0.90	0.00	6.91	1.31	0.00
	2	0.12	0.00	0.00	0.00	0.00	0.00	0.00	0.00	0.00	0.02	0.20	0.27
	3	0.05	0.00	0.02	0.03	0.03	0.03	0.03	0.02	0.03	0.02	0.10	0.08
	4	0.15	0.17	0.26	0.06	0.04	0.00	0.18	0.11	0.15	0.15	0.18	0.14
	5	0.06	0.03	0.06	0.06	0.07	0.09	0.08	0.05	0.10	0.04	0.09	0.08
	6	0.89	0.10	0.00	0.91	0.85	0.61	0.86	0.79	0.86	0.99	1.16	1.18
	7	3.17	2.67	2.29	2.30	3.60	3.70	3.40	1.67	3.26	3.04	3.25	3.20
	8	0.12	0.20	0.00	0.00	0.00	0.00	0.20	0.23	0.26	0.26	0.25	0.16
	9	0.59	0.59	0.60	0.48	0.59	0.57	0.30	0.28	0.52	0.44	0.59	0.61
青岛	10	2.92	3.00	3.00	3.00	2.90	0.96	2.93	0.84	1.19	1.22	1.17	1.10
	11	4.15	14.58	12.82	16.18	8.92	7.44	7.61	5.55	4.77	4.95	6.53	6.11

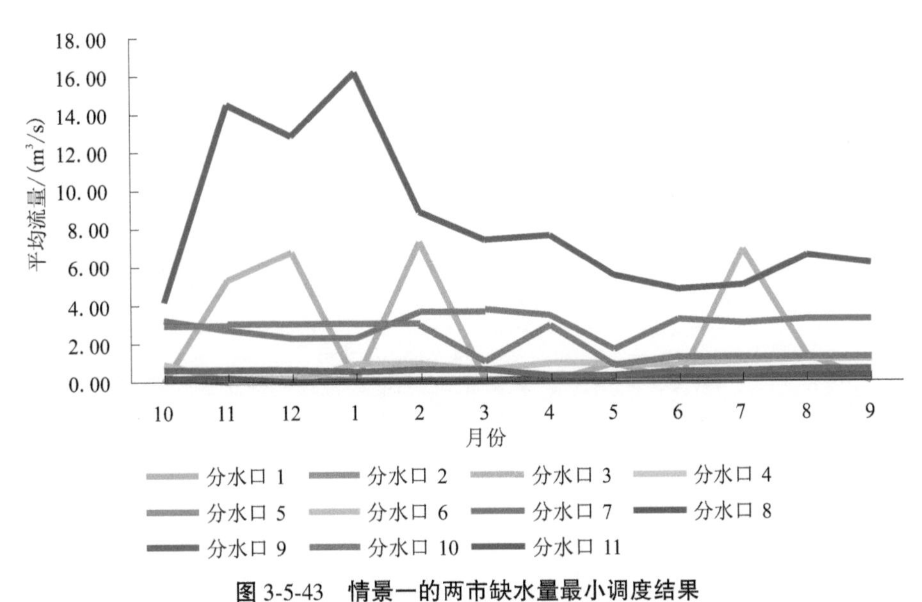

图 3-5-43　情景一的两市缺水量最小调度结果

(2)情景二调度方案。

情景二既考虑了分水口又考虑了泵站,因此调度目标分两市缺水量最小、调水工程运行费最小和多目标(两市缺水量和调水工程运行费最小)三种情况考虑。其调度方案分别见表 3-5-49~表 3-5-51 和图 3-5-44~图 3-5-46。

表 3-5-49　两市缺水量最小调度方案　　单位:m^3/s

地市	分水口	月份											
		10	11	12	1	2	3	4	5	6	7	8	9
潍坊	1	0.00	5.32	6.81	0.00	7.30	0.05	0.00	0.90	0.00	6.91	1.31	0.00
	2	0.12	0.00	0.00	0.00	0.00	0.00	0.00	0.00	0.00	0.02	0.20	0.27
	3	0.05	0.00	0.02	0.03	0.03	0.03	0.03	0.02	0.03	0.02	0.10	0.08
	4	0.15	0.17	0.26	0.06	0.04	0.00	0.18	0.11	0.15	0.15	0.18	0.14
	5	0.06	0.03	0.06	0.06	0.07	0.09	0.08	0.05	0.10	0.04	0.09	0.08
	6	0.89	0.10	0.00	0.91	0.85	0.61	0.86	0.79	0.86	0.99	1.16	1.18
	7	3.17	2.67	2.29	2.30	3.60	3.70	3.40	1.67	3.26	3.04	3.25	3.20
	8	0.12	0.20	0.00	0.00	0.00	0.00	0.20	0.23	0.26	0.26	0.25	0.16
	9	0.59	0.59	0.60	0.48	0.59	0.57	0.30	0.28	0.52	0.44	0.59	0.61
青岛	10	2.92	3.00	3.00	3.00	2.90	0.96	2.93	0.84	1.19	1.22	1.17	1.10
	11	4.15	14.58	12.82	16.18	8.92	7.44	7.61	5.55	4.77	4.95	6.53	6.11

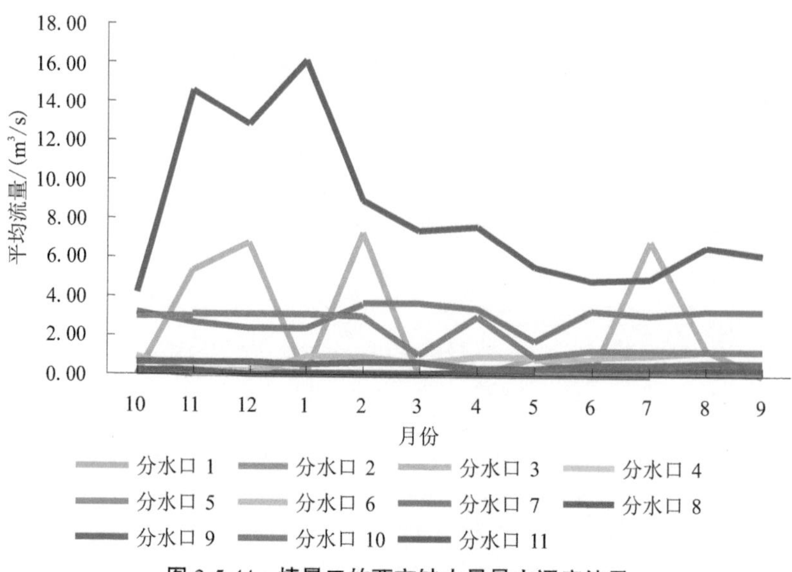

图 3-5-44　情景二的两市缺水量最小调度结果

表 3-5-50　调水工程运行费最小调度方案

单位：m^3/s

地市	分水口	月份											
		10	11	12	1	2	3	4	5	6	7	8	9
潍坊	1	0.00	0.00	0.00	0.00	0.00	0.05	0.00	0.90	0.00	0.25	0.17	0.00
	2	0.12	0.00	0.00	0.00	0.00	0.00	0.00	0.00	0.00	0.02	0.20	0.27
	3	0.05	0.00	0.02	0.03	0.03	0.03	0.03	0.02	0.03	0.02	0.10	0.08
	4	0.15	0.17	0.26	0.06	0.04	0.00	0.18	0.11	0.15	0.15	0.18	0.14
	5	0.06	0.03	0.06	0.06	0.07	0.09	0.08	0.05	0.10	0.04	0.09	0.08
	6	0.89	0.10	0.00	0.91	0.85	0.61	0.86	0.79	0.86	0.99	1.16	1.18
	7	3.17	2.67	2.29	2.30	3.60	3.70	3.40	1.67	3.26	3.04	3.25	3.20
	8	0.12	0.20	0.00	0.00	0.00	0.00	0.20	0.23	0.26	0.26	0.25	0.16
	9	0.59	0.59	0.60	0.48	0.59	0.57	0.30	0.28	0.52	0.44	0.59	0.61
青岛	10	0.92	0.87	0.47	0.75	1.10	0.96	0.93	0.84	1.19	1.22	1.17	1.10
	11	4.15	5.21	4.03	5.19	4.88	7.44	7.61	5.55	4.77	4.95	6.53	6.11

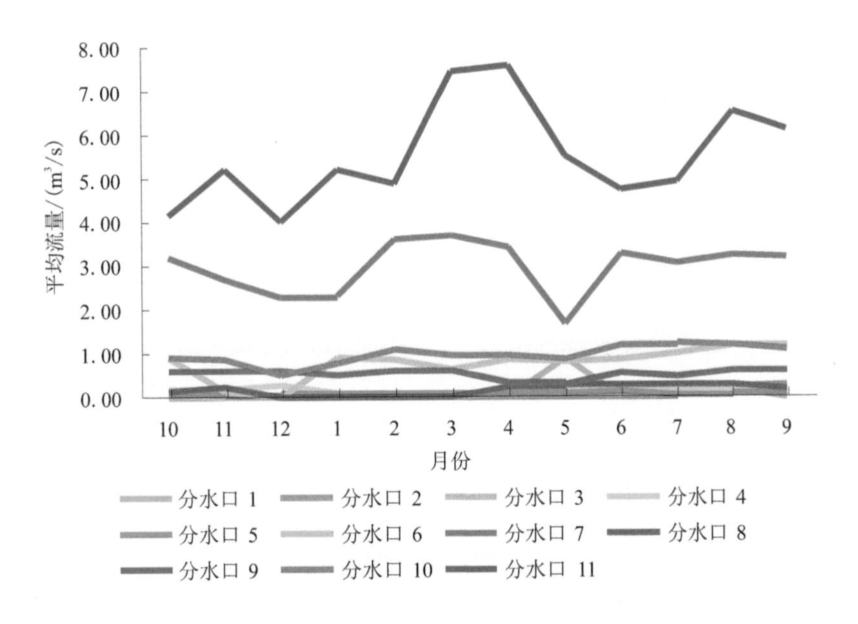

图 3-5-45 情景二的调水工程运行费最小调度结果

表 3-5-51 两市缺水量和调水工程运行费最小调度方案 单位：m^3/s

地市	分水口	月份											
		10	11	12	1	2	3	4	5	6	7	8	9
潍坊	1	0.00	5.32	6.81	0.00	7.30	0.05	0.00	0.90	0.00	6.91	1.31	0.00
	2	0.12	0.00	0.00	0.00	0.00	0.00	0.00	0.00	0.00	0.02	0.20	0.27
	3	0.05	0.00	0.02	0.03	0.03	0.03	0.03	0.02	0.03	0.02	0.10	0.08
	4	0.15	0.17	0.26	0.06	0.04	0.00	0.18	0.11	0.15	0.15	0.18	0.14
	5	0.06	0.03	0.06	0.06	0.07	0.09	0.08	0.05	0.10	0.04	0.09	0.08
	6	0.89	0.10	0.00	0.91	0.85	0.61	0.86	0.79	0.86	0.99	1.16	1.18
	7	3.17	2.67	2.29	2.30	3.60	3.70	3.40	1.67	3.26	3.04	3.25	3.20
	8	0.12	0.20	0.00	0.00	0.00	0.00	0.20	0.23	0.26	0.26	0.25	0.16
	9	0.59	0.59	0.60	0.48	0.59	0.57	0.30	0.28	0.52	0.44	0.59	0.61
青岛	10	0.92	3.00	3.00	3.00	2.90	0.96	0.93	0.84	1.19	1.22	1.17	1.10
	11	4.15	14.58	12.82	16.18	8.92	7.44	7.61	5.55	4.77	4.95	6.53	6.11

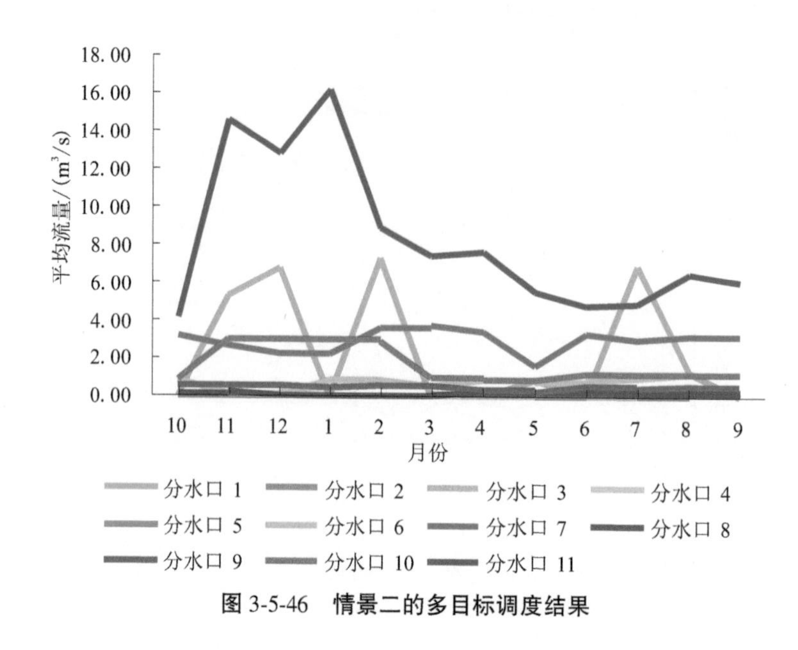

图 3-5-46　情景二的多目标调度结果

(3)情景三调度方案。

情景三是既考虑了分水口、泵站,又考虑了峡山水库作为备用水源地,调度目标分两市缺水量最小、调水工程运行费最小和多目标(两市缺水量最小和调水工程运行费最小)三种情况考虑。其调度方案分别见表 3-5-52～表 3-5-54 和图 3-5-47～图 3-5-49。

表 3-5-52　两市缺水量最小调度方案　　单位:m^3/s

地市	分水口	月份											
		10	11	12	1	2	3	4	5	6	7	8	9
潍坊	1	0.00	5.32	6.81	0.00	7.30	0.05	0.00	0.90	0.00	6.91	1.31	0.00
	2	0.12	0.00	0.00	0.00	0.00	0.00	0.00	0.00	0.00	0.02	0.20	0.27
	3	0.05	0.00	0.02	0.03	0.03	0.03	0.03	0.02	0.03	0.02	0.10	0.08
	4	0.15	0.17	0.26	0.06	0.04	0.00	0.18	0.11	0.15	0.15	0.18	0.14
	5	0.06	0.03	0.06	0.06	0.07	0.09	0.08	0.05	0.10	0.04	0.09	0.08
	6	0.89	0.10	0.00	0.91	0.85	0.61	0.86	0.79	0.86	0.99	1.16	1.18
	7	3.17	2.67	2.29	2.30	3.60	3.70	3.40	1.67	3.26	3.04	3.25	3.20
	8	0.12	0.20	0.00	0.00	0.00	0.00	0.20	0.23	0.26	0.26	0.25	0.16
	9	0.59	0.59	0.60	0.48	0.59	0.57	0.30	0.28	0.52	0.44	0.59	0.61
青岛	10	2.92	3.00	3.00	3.00	2.90	0.96	2.93	2.94	1.19	1.22	1.17	1.10
	11	4.15	14.58	12.82	16.18	8.92	7.44	12.51	10.35	4.77	4.95	6.53	6.11

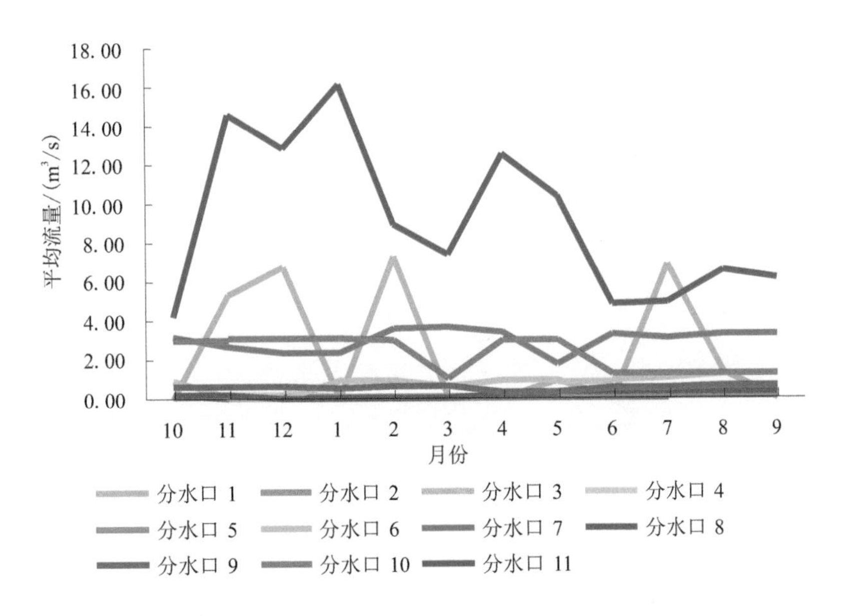

图 3-5-47　情景三的两市缺水量最小调度结果

表 3-5-53　调水工程运行费最小调度方案　　单位：m^3/s

地市	分水口	月份											
		10	11	12	1	2	3	4	5	6	7	8	9
潍坊	1	0.00	0.00	0.00	0.00	0.00	0.05	0.00	0.90	0.00	0.25	0.17	0.00
	2	0.12	0.00	0.00	0.00	0.00	0.00	0.00	0.00	0.00	0.02	0.20	0.27
	3	0.05	0.00	0.02	0.03	0.03	0.03	0.03	0.02	0.03	0.02	0.10	0.08
	4	0.15	0.17	0.26	0.06	0.04	0.00	0.18	0.11	0.15	0.15	0.18	0.14
	5	0.06	0.03	0.06	0.06	0.07	0.09	0.08	0.05	0.10	0.04	0.09	0.08
	6	0.89	0.10	0.00	0.91	0.85	0.61	0.86	0.79	0.86	0.99	1.16	1.18
	7	3.17	2.67	2.29	2.30	3.60	3.70	3.40	1.67	3.26	3.04	3.25	3.20
	8	0.12	0.20	0.00	0.00	0.00	0.00	0.20	0.23	0.26	0.26	0.25	0.16
	9	0.59	0.59	0.60	0.48	0.59	0.57	0.30	0.28	0.52	0.44	0.59	0.61
青岛	10	0.92	0.87	0.47	0.75	1.10	0.96	2.93	2.84	1.19	1.22	1.17	1.10
	11	4.15	5.21	4.03	5.19	4.88	7.44	10.51	8.45	4.77	4.95	6.53	6.11

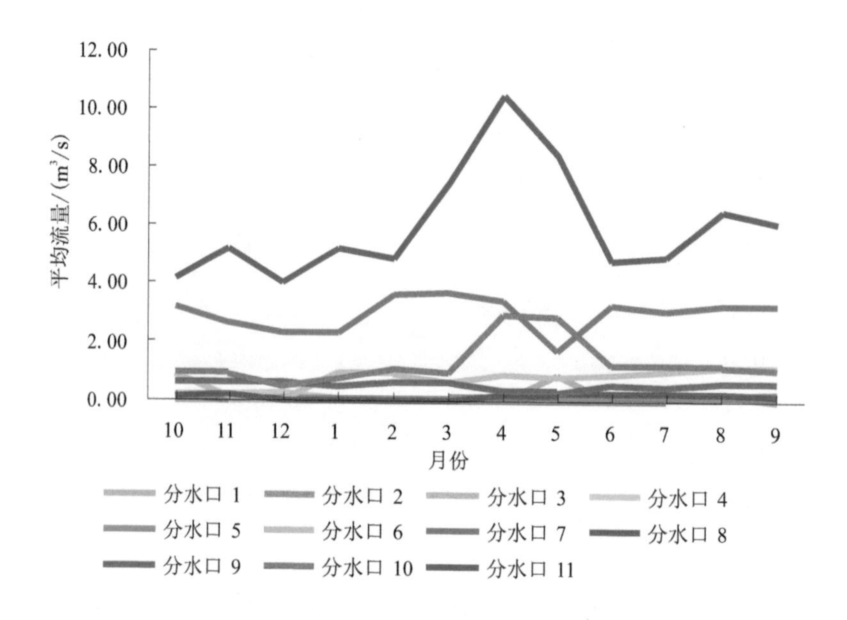

图 3-5-48　情景三的调水工程运行费最小调度结果

表 3-5-54　两市缺水量和调水工程运行费最小调度方案　　单位：m^3/s

地市	分水口	月份											
		10	11	12	1	2	3	4	5	6	7	8	9
潍坊	1	0.00	5.32	6.81	0.00	7.30	0.05	0.00	0.90	0.00	6.91	1.31	0.00
	2	0.12	0.00	0.00	0.00	0.00	0.00	0.00	0.00	0.00	0.02	0.20	0.27
	3	0.05	0.00	0.02	0.03	0.03	0.03	0.03	0.02	0.03	0.02	0.10	0.08
	4	0.15	0.17	0.26	0.06	0.04	0.00	0.18	0.11	0.15	0.15	0.18	0.14
	5	0.06	0.03	0.06	0.06	0.07	0.09	0.08	0.05	0.10	0.04	0.09	0.08
	6	0.89	0.10	0.00	0.91	0.85	0.61	0.86	0.79	0.86	0.99	1.16	1.18
	7	3.17	2.67	2.29	2.30	3.60	3.70	3.40	1.67	3.26	3.04	3.25	3.20
	8	0.12	0.20	0.00	0.00	0.00	0.00	0.20	0.23	0.26	0.26	0.25	0.16
	9	0.59	0.59	0.60	0.48	0.59	0.57	0.30	0.28	0.52	0.44	0.59	0.61
青岛	10	0.92	3.00	3.00	3.00	2.90	0.96	2.93	2.84	1.19	1.22	1.17	1.10
	11	4.15	14.58	12.82	16.18	8.92	7.44	10.51	8.45	4.77	4.95	6.53	6.11

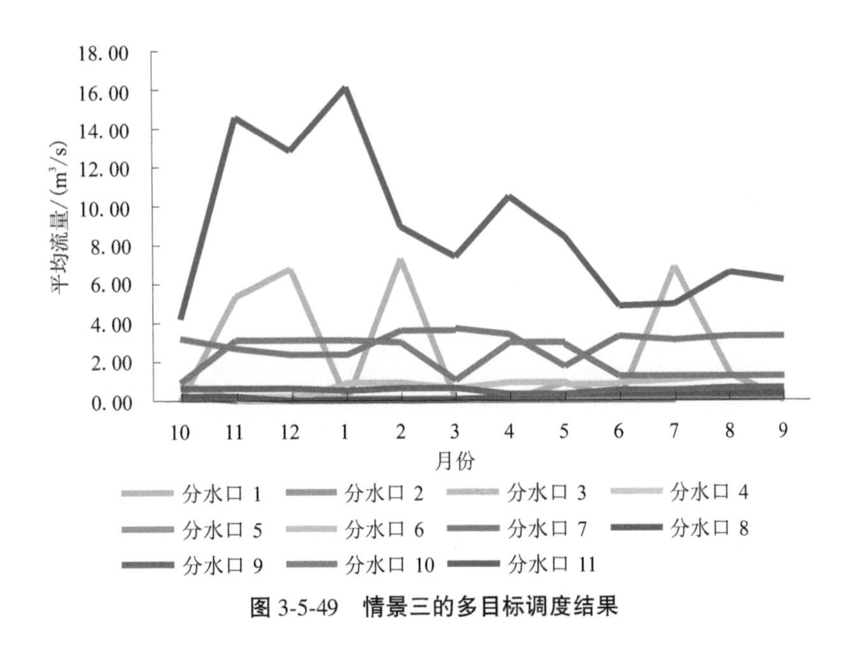

图3-5-49 情景三的多目标调度结果

3.5.3.3 规划年2030年 $p=75\%$ 时的调度方案

(1)情景一调度方案。

情景一没有考虑泵站，只是针对分水口进行调度，因此调度目标只考虑了两市缺水量最小的情况，其调度方案见表3-5-55和图3-5-50。

表3-5-55 两市缺水量最小调度方案 单位:m³/s

地市	分水口	月份											
		10	11	12	1	2	3	4	5	6	7	8	9
潍坊	1	0.00	7.24	7.50	0.00	5.04	0.05	0.00	0.90	0.00	4.70	0.08	0.00
	2	0.12	0.00	0.00	0.00	0.00	0.00	0.00	0.00	0.00	0.02	0.20	0.27
	3	0.05	0.00	0.02	0.03	0.03	0.03	0.03	0.02	0.03	0.02	0.10	0.08
	4	0.15	0.17	0.26	0.06	0.04	0.00	0.18	0.11	0.15	0.15	0.18	0.14
	5	0.06	0.03	0.06	0.06	0.07	0.09	0.08	0.05	0.10	0.04	0.09	0.08
	6	0.89	0.10	0.00	0.91	0.85	0.61	0.86	0.79	0.86	0.99	1.16	1.18
	7	3.17	2.67	2.29	2.30	3.60	3.70	3.40	1.67	3.26	3.04	3.25	3.20
	8	0.12	0.20	0.00	0.00	0.00	0.00	0.20	0.23	0.26	0.26	0.25	0.16
	9	0.59	0.59	0.60	0.48	0.59	0.57	0.30	0.28	0.52	0.44	0.59	0.61
青岛	10	2.93	2.68	2.59	2.59	2.77	0.96	2.93	0.84	1.19	2.59	2.59	1.10
	11	4.15	12.20	11.80	11.80	12.62	7.44	7.61	5.55	4.77	10.74	9.04	6.11

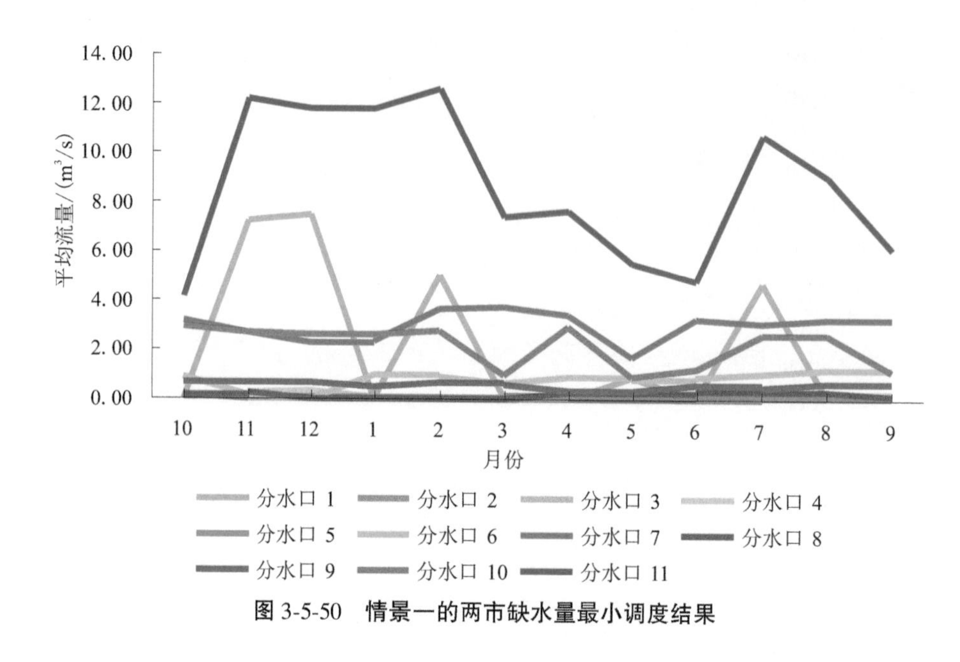

图 3-5-50　情景一的两市缺水量最小调度结果

(2)情景二调度方案。

情景二既考虑了分水口又考虑了泵站,因此调度目标分两市缺水量最小、调水工程运行费最小和多目标(两市缺水量最小和调水工程运行费最小)三种情况考虑。其调度方案分别见表 3-5-56~表 3-5-58 和图 3-5-51~图 3-5-53。

表 3-5-56　两市缺水量最小调度方案　　单位:m^3/s

地市	分水口	月份											
		10	11	12	1	2	3	4	5	6	7	8	9
潍坊	1	0.00	7.24	7.50	0.00	5.04	0.05	0.00	0.90	0.00	4.70	0.08	0.00
	2	0.12	0.00	0.00	0.00	0.00	0.00	0.00	0.00	0.00	0.02	0.20	0.27
	3	0.05	0.00	0.02	0.03	0.03	0.03	0.03	0.02	0.03	0.02	0.10	0.08
	4	0.15	0.17	0.26	0.06	0.04	0.00	0.18	0.11	0.15	0.15	0.18	0.14
	5	0.06	0.03	0.06	0.06	0.07	0.09	0.08	0.05	0.10	0.04	0.09	0.08
	6	0.89	0.10	0.00	0.91	0.85	0.61	0.86	0.79	0.86	0.99	1.16	1.18
	7	3.17	2.67	2.29	2.30	3.60	3.70	3.40	1.67	3.26	3.04	3.25	3.20
	8	0.12	0.20	0.00	0.00	0.00	0.00	0.20	0.23	0.26	0.26	0.25	0.16
	9	0.59	0.59	0.60	0.48	0.59	0.57	0.30	0.28	0.52	0.44	0.59	0.61
青岛	10	2.93	2.68	2.59	2.59	2.77	0.96	2.93	0.84	1.19	2.59	2.59	1.10
	11	4.15	12.20	11.80	11.80	12.62	7.44	7.61	5.55	4.77	10.74	9.04	6.11

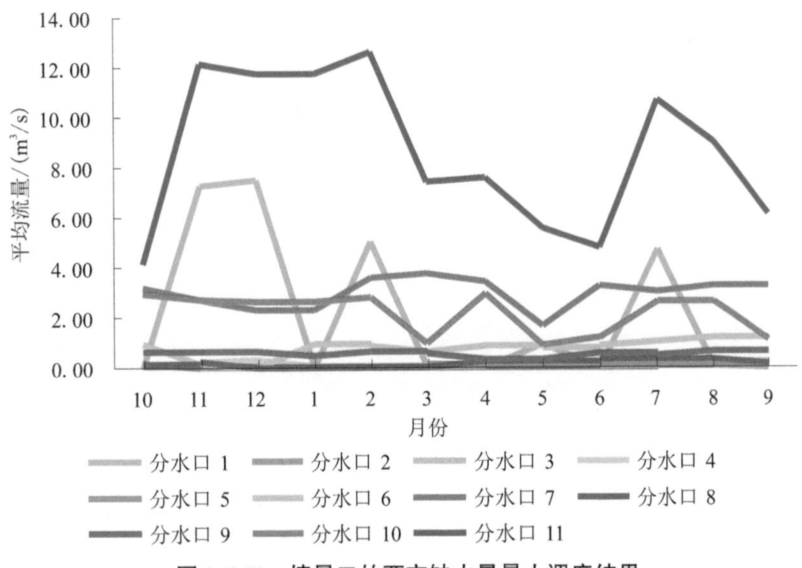

图3-5-51　情景二的两市缺水量最小调度结果

表3-5-57　调水工程运行费最小调度方案　单位:m^3/s

地市	分水口	月份											
		10	11	12	1	2	3	4	5	6	7	8	9
潍坊	1	0.00	0.00	0.00	0.00	0.00	0.05	0.00	0.90	0.00	0.25	0.17	0.00
	2	0.12	0.00	0.00	0.00	0.00	0.00	0.00	0.00	0.00	0.02	0.20	0.27
	3	0.05	0.00	0.02	0.03	0.03	0.03	0.03	0.02	0.03	0.02	0.10	0.08
	4	0.15	0.17	0.26	0.06	0.04	0.00	0.18	0.11	0.15	0.15	0.18	0.14
	5	0.06	0.03	0.06	0.06	0.07	0.09	0.08	0.05	0.10	0.04	0.09	0.08
	6	0.89	0.10	0.00	0.91	0.85	0.61	0.86	0.79	0.86	0.99	1.16	1.18
	7	3.17	2.67	2.29	2.30	3.60	3.70	3.40	1.67	3.26	3.04	3.25	3.20
	8	0.12	0.20	0.00	0.00	0.00	0.00	0.20	0.23	0.26	0.26	0.25	0.16
	9	0.59	0.59	0.60	0.48	0.59	0.57	0.30	0.28	0.52	0.44	0.59	0.61
青岛	10	0.92	0.87	0.47	0.75	1.10	0.96	0.93	0.84	1.19	1.22	1.17	1.10
	11	4.15	5.21	4.03	5.19	4.88	7.44	7.61	5.55	4.77	4.95	6.53	6.11

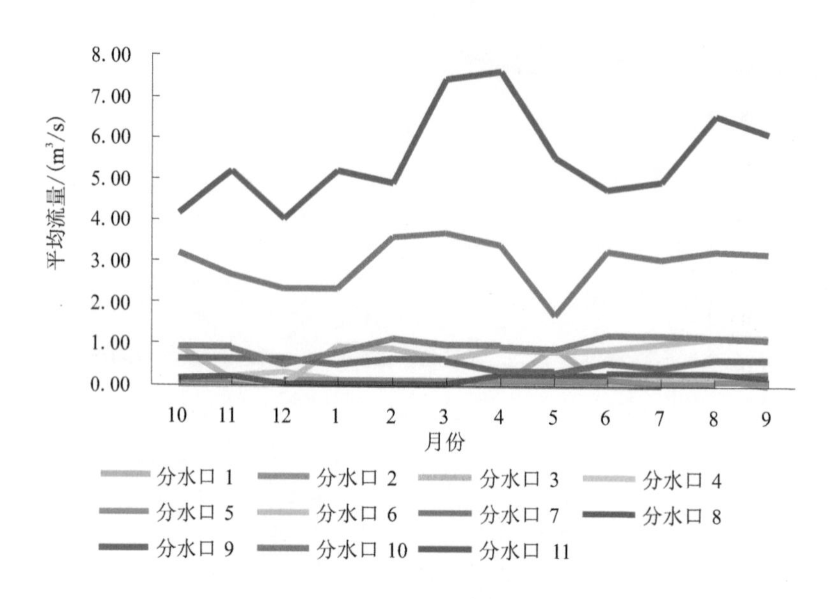

图 3-5-52　情景二的调水工程运行费最小调度结果

表 3-5-58　两市缺水量和调水工程运行费最小调度方案　　单位：m^3/s

地市	分水口	月份											
		10	11	12	1	2	3	4	5	6	7	8	9
潍坊	1	0.00	7.24	7.50	0.00	5.04	0.05	0.00	0.90	0.00	4.70	0.08	0.00
	2	0.12	0.00	0.00	0.00	0.00	0.00	0.00	0.00	0.00	0.02	0.20	0.27
	3	0.05	0.00	0.02	0.03	0.03	0.03	0.03	0.02	0.03	0.02	0.10	0.08
	4	0.15	0.17	0.26	0.06	0.04	0.00	0.18	0.11	0.15	0.15	0.18	0.14
	5	0.06	0.03	0.06	0.06	0.07	0.09	0.08	0.05	0.10	0.04	0.09	0.08
	6	0.89	0.10	0.00	0.91	0.85	0.61	0.86	0.79	0.86	0.99	1.16	1.18
	7	3.17	2.67	2.29	2.30	3.60	3.70	3.40	1.67	3.26	3.04	3.25	3.20
	8	0.12	0.20	0.00	0.00	0.00	0.00	0.20	0.23	0.26	0.26	0.25	0.16
	9	0.59	0.59	0.60	0.48	0.59	0.57	0.30	0.28	0.52	0.44	0.59	0.61
青岛	10	2.59	2.68	2.59	2.59	2.77	0.96	0.93	0.84	1.19	2.59	2.59	1.10
	11	4.15	12.20	11.80	11.80	12.62	7.44	7.61	5.55	4.77	10.74	9.04	6.11

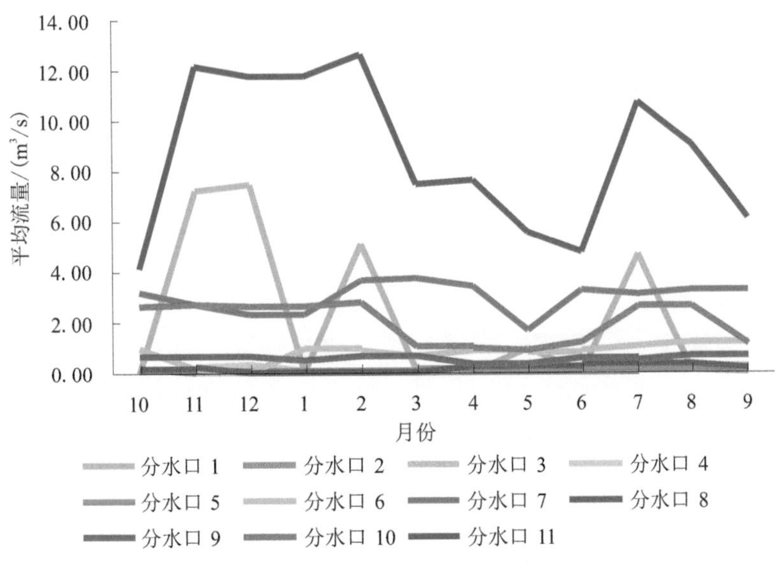

图 3-5-53　情景二的多目标调度结果

(3)情景三调度方案。

情景三是既考虑了分水口、泵站,又考虑了峡山水库作为备用水源地,调度目标分两市缺水量最小、调水工程运行费最小和多目标(两市缺水量最小和调水工程运行费最小)三种情况考虑。其调度方案分别见表 3-5-59～表 3-5-61 和图 3-5-54～图 3-5-56。

表 3-5-59　两市缺水量最小调度方案　　单位:m³/s

地市	分水口	月份											
		10	11	12	1	2	3	4	5	6	7	8	9
潍坊	1	0.00	7.24	7.50	0.00	5.04	0.05	0.00	0.90	0.00	4.70	0.08	0.00
	2	0.12	0.00	0.00	0.00	0.00	0.00	0.00	0.00	0.00	0.02	0.20	0.27
	3	0.05	0.00	0.02	0.03	0.03	0.03	0.03	0.02	0.03	0.02	0.10	0.08
	4	0.15	0.17	0.26	0.06	0.04	0.00	0.18	0.11	0.15	0.15	0.18	0.14
	5	0.06	0.03	0.06	0.06	0.07	0.09	0.08	0.05	0.10	0.04	0.09	0.08
	6	0.89	0.10	0.00	0.91	0.85	0.61	0.86	0.79	0.86	0.99	1.16	1.18
	7	3.17	2.67	2.29	2.30	3.60	3.70	3.40	1.67	3.26	3.04	3.25	3.20
	8	0.12	0.20	0.00	0.00	0.00	0.00	0.20	0.23	0.26	0.26	0.25	0.16
	9	0.59	0.59	0.60	0.48	0.59	0.57	0.30	0.28	0.52	0.44	0.59	0.61
青岛	10	2.93	2.68	2.59	2.59	2.77	0.96	2.93	2.94	1.19	2.59	2.59	1.10
	11	4.15	12.20	11.80	11.80	12.62	7.44	12.51	10.35	4.77	10.74	9.04	6.11

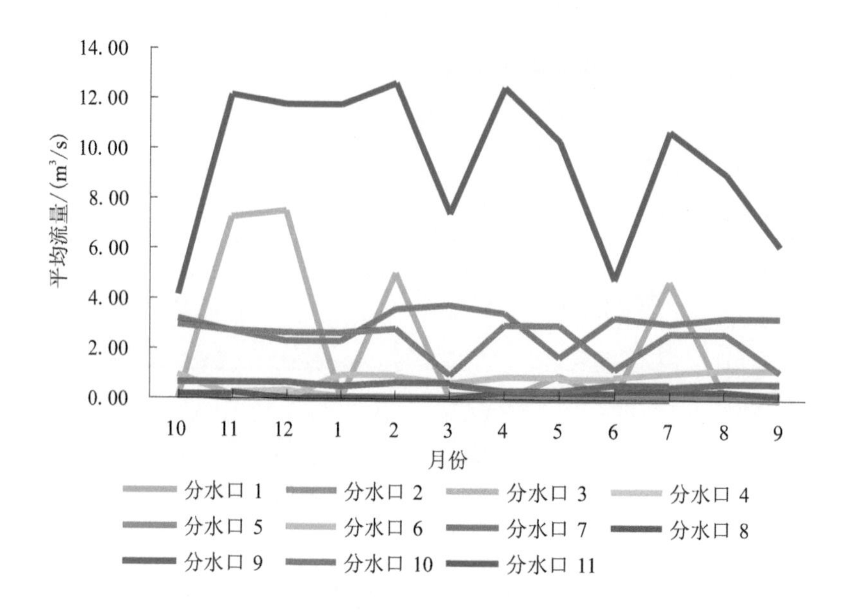

图 3-5-54 情景三的两市缺水量最小调度结果

表 3-5-60 调水工程运行费最小调度方案 单位：m^3/s

地市	分水口	月份											
		10	11	12	1	2	3	4	5	6	7	8	9
潍坊	1	0.00	0.00	0.00	0.00	0.00	0.05	0.00	0.90	0.00	0.25	0.17	0.00
	2	0.12	0.00	0.00	0.00	0.00	0.00	0.00	0.00	0.00	0.02	0.20	0.27
	3	0.05	0.00	0.02	0.03	0.03	0.03	0.03	0.02	0.03	0.02	0.10	0.08
	4	0.15	0.17	0.26	0.06	0.04	0.00	0.18	0.11	0.15	0.15	0.18	0.14
	5	0.06	0.03	0.06	0.06	0.07	0.09	0.08	0.05	0.10	0.04	0.09	0.08
	6	0.89	0.10	0.00	0.91	0.85	0.61	0.86	0.79	0.86	0.99	1.16	1.18
	7	3.17	2.67	2.29	2.30	3.60	3.70	3.40	1.67	3.26	3.04	3.25	3.20
	8	0.12	0.20	0.00	0.00	0.00	0.00	0.20	0.23	0.26	0.26	0.25	0.16
	9	0.59	0.59	0.60	0.48	0.59	0.57	0.30	0.28	0.52	0.44	0.59	0.61
青岛	10	0.92	0.87	0.47	0.75	1.10	0.96	2.93	2.84	1.19	1.22	1.17	1.10
	11	4.15	5.21	4.03	5.19	4.88	7.44	10.51	8.45	4.77	4.95	6.53	6.11

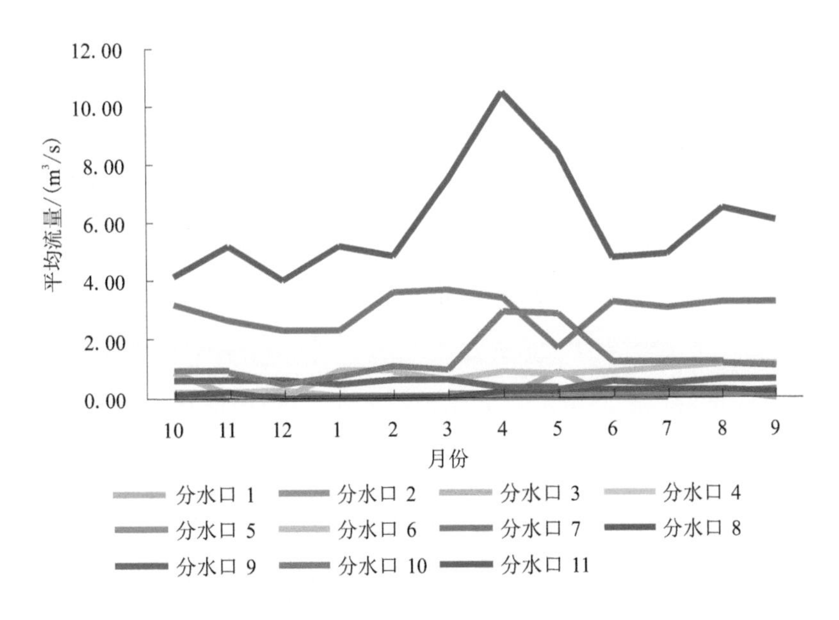

图 3-5-55　情景三的调水工程运行费最小调度结果

表 3-5-61　两市缺水量和调水工程运行费最小调度方案　　单位：m³/s

地市	分水口	月份											
		10	11	12	1	2	3	4	5	6	7	8	9
潍坊	1	0.00	7.24	7.50	0.00	5.04	0.05	0.00	0.90	0.00	4.70	0.08	0.00
	2	0.12	0.00	0.00	0.00	0.00	0.00	0.00	0.00	0.00	0.02	0.20	0.27
	3	0.05	0.00	0.02	0.03	0.03	0.03	0.03	0.02	0.03	0.02	0.10	0.08
	4	0.15	0.17	0.26	0.06	0.04	0.00	0.18	0.11	0.15	0.15	0.18	0.14
	5	0.06	0.03	0.06	0.06	0.07	0.09	0.08	0.05	0.10	0.04	0.09	0.08
	6	0.89	0.10	0.00	0.91	0.85	0.61	0.86	0.79	0.86	0.99	1.16	1.18
	7	3.17	2.67	2.29	2.30	3.60	3.70	3.40	1.67	3.26	3.04	3.25	3.20
	8	0.12	0.20	0.00	0.00	0.00	0.00	0.20	0.23	0.26	0.26	0.25	0.16
	9	0.59	0.59	0.60	0.48	0.59	0.57	0.30	0.28	0.52	0.44	0.59	0.61
青岛	10	2.59	2.68	2.59	2.59	2.77	0.96	2.93	2.84	1.19	2.59	2.59	1.10
	11	4.15	12.20	11.80	11.80	12.62	7.44	10.51	8.45	4.77	10.74	9.04	6.11

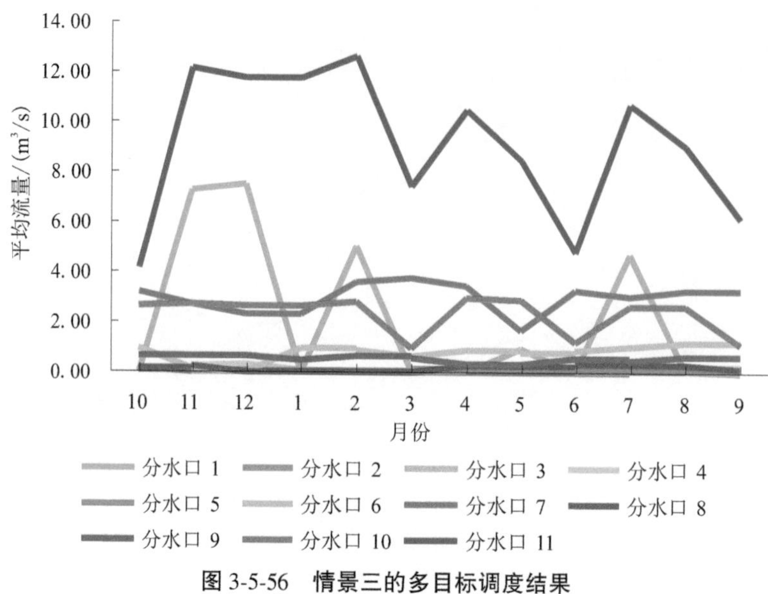

图 3-5-56　情景三的多目标调度结果

3.5.3.4　规划年 2030 年 $p=95\%$时的调度方案

(1)情景一调度方案。

情景一没有考虑泵站,只是针对分水口进行调度,因此调度目标只考虑了两市缺水量最小的情况,其调度方案见表 3-5-62 和图 3-5-57。

表 3-5-62　两市缺水量最小调度方案　　单位:m^3/s

地市	分水口	月份											
		10	11	12	1	2	3	4	5	6	7	8	9
潍坊	1	0.00	0.00	7.14	0.00	8.04	3.66	0.00	0.00	0.00	0.00	3.38	0.00
	2	0.12	0.00	0.00	0.00	0.00	0.00	0.00	0.00	0.00	0.00	0.02	0.20
	3	0.05	0.00	0.00	0.02	0.03	0.03	0.03	0.03	0.02	0.03	0.02	0.10
	4	0.15	0.15	0.17	0.26	0.07	0.00	0.00	0.18	0.11	0.15	0.15	0.18
	5	0.06	0.06	0.03	0.06	0.07	0.06	0.09	0.08	0.05	0.10	0.04	0.09
	6	0.89	0.92	0.00	0.00	0.97	0.80	0.63	0.83	0.81	0.83	0.99	1.19
	7	3.17	2.99	1.84	2.29	4.41	3.79	3.47	1.80	3.27	2.63	3.56	2.84
	8	0.12	0.12	0.00	0.00	0.00	0.00	0.00	0.19	0.24	0.25	0.26	0.26
	9	0.59	0.59	0.60	0.48	0.59	0.57	0.30	0.28	0.52	0.44	0.59	0.61
青岛	10	2.92	2.38	2.89	2.89	2.97	2.71	2.95	0.90	0.87	1.15	2.89	2.99
	11	4.15	4.29	13.17	13.17	14.07	12.73	7.68	7.37	5.74	4.61	4.95	6.74

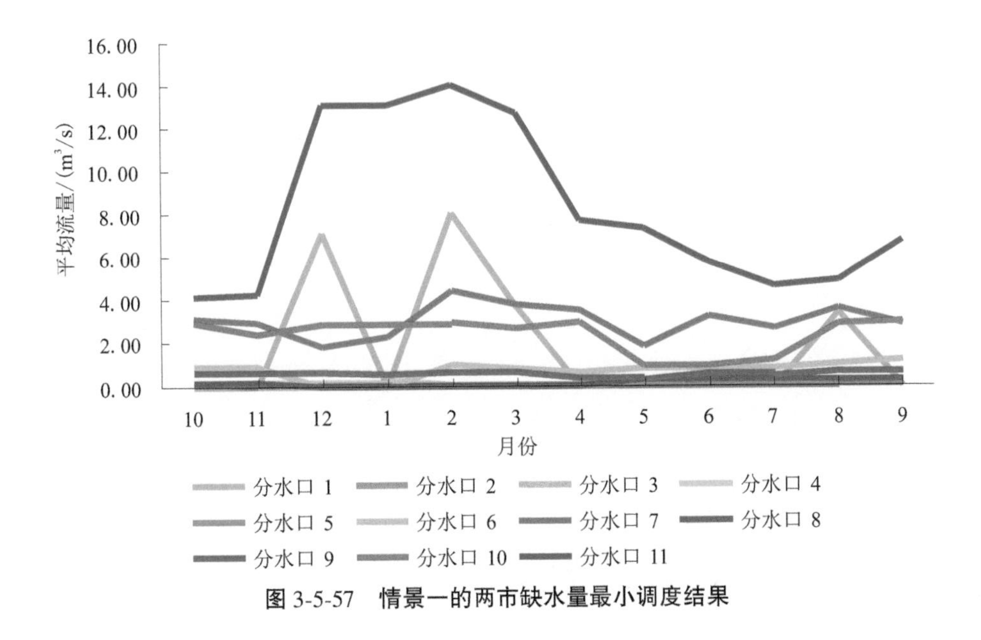

图 3-5-57　情景一的两市缺水量最小调度结果

(2)情景二调度方案。

情景二既考虑了分水口又考虑了泵站,因此调度目标分两市缺水量最小、调水工程运行费用最小和多目标(两市缺水量最小和调水工程运行费最小)三种情况考虑。其调度方案分别见表 3-5-63～表 3-5-65 和图 3-5-58～图 3-5-60。

表 3-5-63　两市缺水量最小调度方案　　单位:m^3/s

地市	分水口	月份											
		10	11	12	1	2	3	4	5	6	7	8	9
潍坊	1	0.00	0.00	7.14	0.00	8.04	3.66	0.00	0.00	0.00	0.00	3.38	0.00
	2	0.12	0.00	0.00	0.00	0.00	0.00	0.00	0.00	0.00	0.00	0.02	0.20
	3	0.05	0.00	0.00	0.02	0.03	0.03	0.03	0.03	0.02	0.03	0.02	0.10
	4	0.15	0.15	0.17	0.26	0.07	0.00	0.00	0.18	0.11	0.15	0.15	0.18
	5	0.06	0.06	0.03	0.06	0.07	0.06	0.09	0.08	0.05	0.10	0.04	0.09
	6	0.89	0.92	0.00	0.00	0.97	0.80	0.63	0.83	0.81	0.83	0.99	1.19
	7	3.17	2.99	1.84	2.29	4.41	3.79	3.47	1.80	3.27	2.63	3.56	2.84
	8	0.12	0.12	0.00	0.00	0.00	0.00	0.00	0.19	0.24	0.25	0.26	0.26
	9	0.59	0.59	0.60	0.48	0.59	0.57	0.30	0.28	0.52	0.44	0.59	0.61
青岛	10	2.92	2.38	2.89	2.89	2.99	2.71	2.95	0.90	0.87	1.15	2.89	2.99
	11	4.15	4.29	13.17	13.17	14.07	12.73	7.68	7.37	5.74	4.61	4.95	6.74

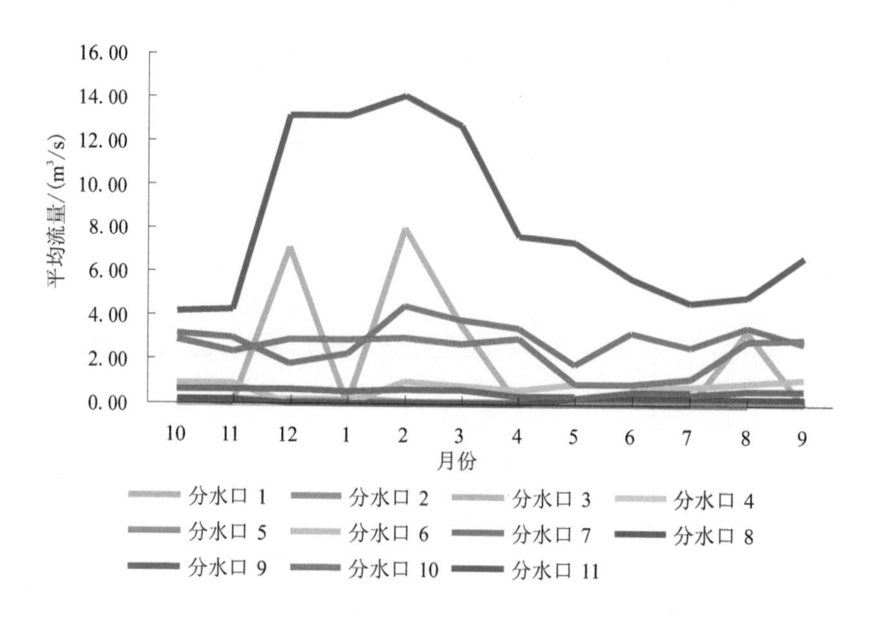

图 3-5-58　情景二的两市缺水量最小调度结果

表 3-5-64　调水工程运行费最小调度方案

单位:m^3/s

地市	分水口	月份											
		10	11	12	1	2	3	4	5	6	7	8	9
潍坊	1	0.00	0.00	0.00	0.00	0.00	0.05	0.00	0.90	0.00	0.25	0.17	0.00
	2	0.12	0.00	0.00	0.00	0.00	0.00	0.00	0.00	0.00	0.02	0.20	0.27
	3	0.05	0.00	0.02	0.03	0.03	0.03	0.03	0.02	0.03	0.02	0.10	0.08
	4	0.15	0.17	0.26	0.06	0.04	0.00	0.18	0.11	0.15	0.15	0.18	0.14
	5	0.06	0.03	0.06	0.06	0.07	0.09	0.08	0.05	0.10	0.04	0.09	0.08
	6	0.89	0.10	0.00	0.91	0.85	0.61	0.86	0.79	0.86	0.99	1.16	1.18
	7	3.17	2.67	2.29	2.30	3.60	3.70	3.40	1.67	3.26	3.04	3.25	3.20
	8	0.12	0.20	0.00	0.00	0.00	0.00	0.20	0.23	0.26	0.26	0.25	0.16
	9	0.59	0.59	0.60	0.48	0.59	0.57	0.30	0.28	0.52	0.44	0.59	0.61
青岛	10	0.92	0.87	0.47	0.75	1.10	0.96	0.93	0.84	1.19	1.22	1.17	1.10
	11	4.15	5.21	4.03	5.19	4.88	7.44	7.61	5.55	4.77	4.95	6.53	6.11

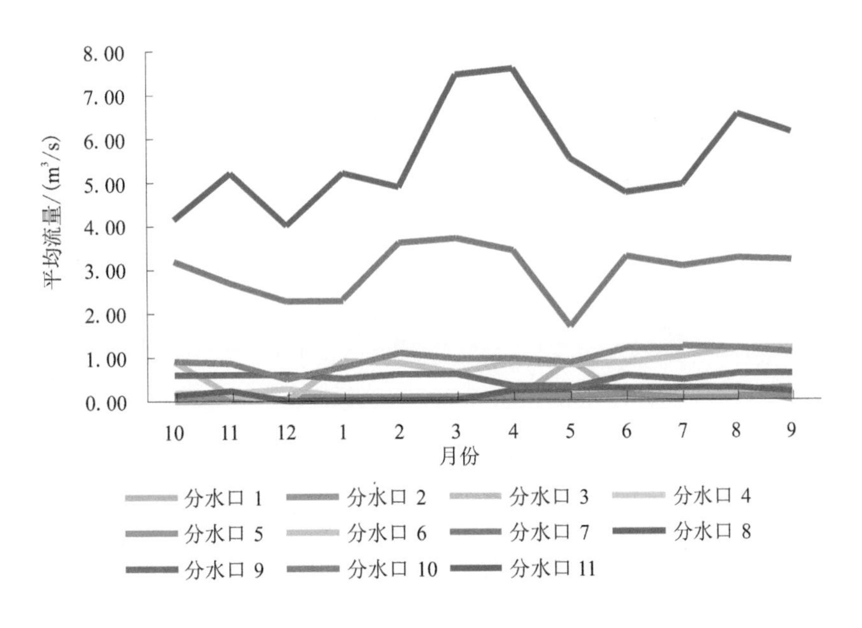

图 3-5-59　情景二的调水工程运行费最小调度结果

表 3-5-65　两市缺水量和调水工程运行费最小调度方案　单位：m^3/s

地市	分水口	月份											
		10	11	12	1	2	3	4	5	6	7	8	9
潍坊	1	0.00	0.00	7.14	0.00	8.04	3.66	0.00	0.00	0.00	0.00	3.38	0.00
	2	0.12	0.00	0.00	0.00	0.00	0.00	0.00	0.00	0.00	0.00	0.02	0.20
	3	0.05	0.00	0.00	0.02	0.03	0.03	0.03	0.03	0.02	0.03	0.02	0.10
	4	0.15	0.15	0.17	0.26	0.07	0.00	0.00	0.18	0.11	0.15	0.15	0.18
	5	0.06	0.06	0.03	0.06	0.07	0.06	0.09	0.08	0.05	0.10	0.04	0.09
	6	0.89	0.92	0.00	0.00	0.97	0.80	0.63	0.83	0.81	0.83	0.99	1.19
	7	3.17	2.99	1.84	2.29	4.41	3.79	3.47	1.80	3.27	2.63	3.56	2.84
	8	0.12	0.12	0.00	0.00	0.00	0.00	0.00	0.19	0.24	0.25	0.26	0.26
	9	0.59	0.59	0.60	0.48	0.59	0.57	0.30	0.28	0.52	0.44	0.59	0.61
青岛	10	0.92	2.38	2.89	2.89	2.99	2.71	1.00	0.90	0.87	1.15	2.89	2.99
	11	4.15	4.29	13.17	13.17	14.07	12.73	7.68	7.37	5.74	4.61	4.95	6.74

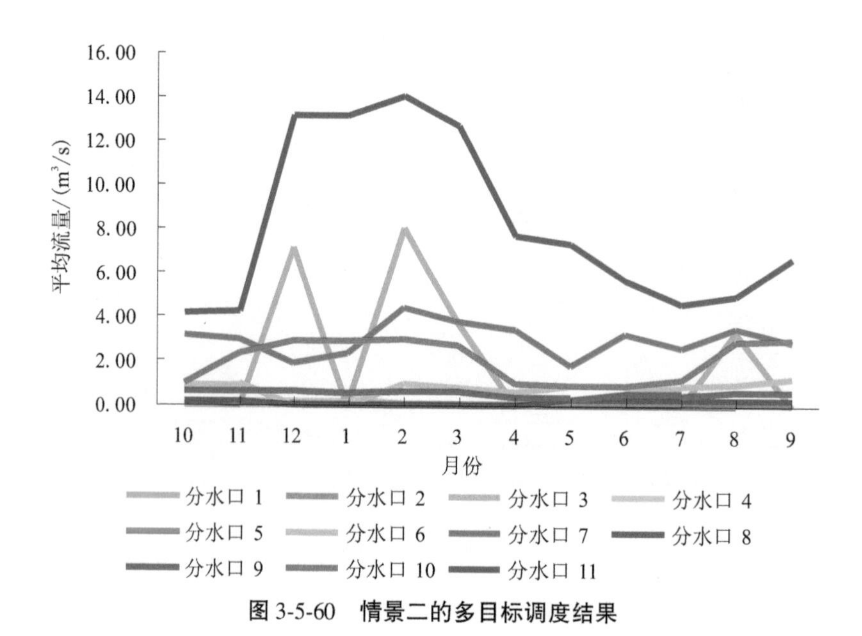

图 3-5-60 情景二的多目标调度结果

(3)情景三调度方案。

情景三是既考虑了分水口、泵站,又考虑了峡山水库作为备用水源地,调度目标分两市缺水量最小、调水工程运行费最小和多目标(两市缺水量和调水工程运行费最小)三种情况考虑。其调度方案分别见表 3-5-66~表 3-5-68 和图 3-5-61~图 3-5-63。

表 3-5-66 两市缺水量最小调度方案 单位:m^3/s

地市	分水口	月份											
		10	11	12	1	2	3	4	5	6	7	8	9
潍坊	1	0.00	0.00	7.14	0.00	8.04	3.66	0.00	0.00	0.00	0.00	3.38	0.00
	2	0.12	0.00	0.00	0.00	0.00	0.00	0.00	0.00	0.00	0.00	0.02	0.20
	3	0.05	0.00	0.00	0.02	0.03	0.03	0.03	0.03	0.02	0.03	0.02	0.10
	4	0.15	0.15	0.17	0.26	0.07	0.00	0.00	0.18	0.11	0.15	0.15	0.18
	5	0.06	0.06	0.03	0.06	0.07	0.06	0.09	0.08	0.05	0.10	0.04	0.09
	6	0.89	0.92	0.00	0.00	0.97	0.80	0.63	0.83	0.81	0.83	0.99	1.19
	7	3.17	2.99	1.84	2.29	4.41	3.79	3.47	1.80	3.27	2.63	3.56	2.84
	8	0.12	0.12	0.00	0.00	0.00	0.00	0.00	0.19	0.24	0.25	0.26	0.26
	9	0.59	0.59	0.60	0.48	0.59	0.57	0.30	0.28	0.52	0.44	0.59	0.61
青岛	10	2.92	2.38	2.89	2.89	2.99	2.71	2.95	2.93	0.87	1.15	2.89	2.99
	11	4.15	4.29	13.17	13.17	14.07	12.73	12.63	13.74	5.74	4.61	4.95	6.74

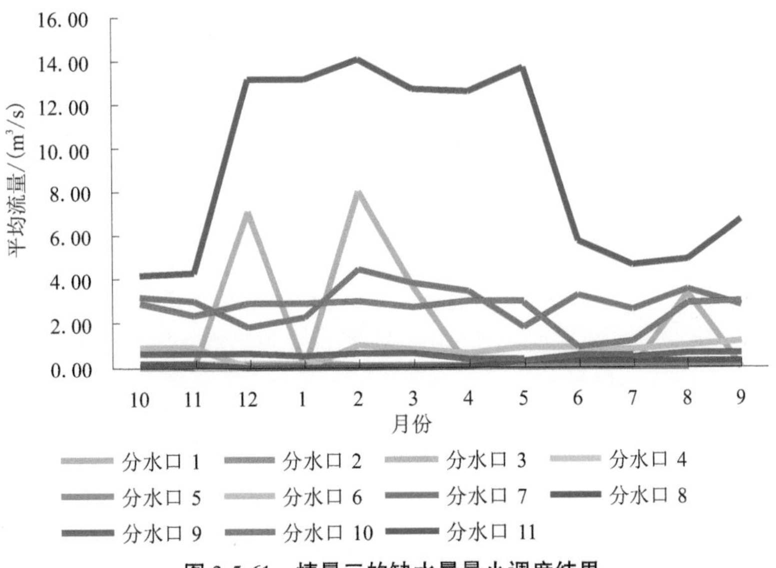

图3-5-61　情景三的缺水量最小调度结果

表3-5-67　调水工程运行费最小调度方案　单位：m³/s

地市	分水口	月份											
		10	11	12	1	2	3	4	5	6	7	8	9
潍坊	1	0.00	0.00	0.00	0.00	0.00	0.05	0.00	0.90	0.00	0.25	0.17	0.00
	2	0.12	0.00	0.00	0.00	0.00	0.00	0.00	0.00	0.00	0.02	0.20	0.27
	3	0.05	0.00	0.02	0.03	0.03	0.03	0.03	0.02	0.03	0.02	0.10	0.08
	4	0.15	0.17	0.26	0.06	0.04	0.00	0.18	0.11	0.15	0.15	0.18	0.14
	5	0.06	0.03	0.06	0.06	0.07	0.09	0.08	0.05	0.10	0.04	0.09	0.08
	6	0.89	0.10	0.00	0.91	0.85	0.61	0.86	0.79	0.86	0.99	1.16	1.18
	7	3.17	2.67	2.29	2.30	3.60	3.70	3.40	1.67	3.26	3.04	3.25	3.20
	8	0.12	0.20	0.00	0.00	0.00	0.00	0.20	0.23	0.26	0.26	0.25	0.16
	9	0.59	0.59	0.60	0.48	0.59	0.57	0.30	0.28	0.52	0.44	0.59	0.61
青岛	10	0.92	0.87	0.47	0.75	1.10	0.96	2.93	2.84	1.19	1.22	1.17	1.10
	11	4.15	5.21	4.03	5.19	4.88	7.44	10.51	8.45	4.77	4.95	6.53	6.11

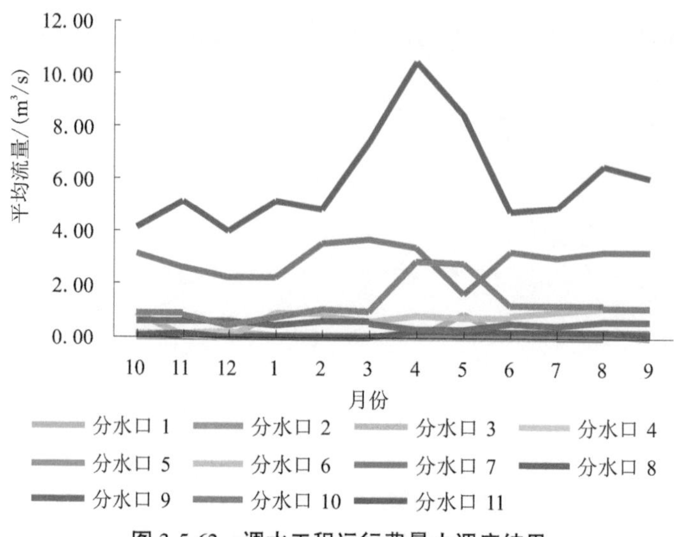

图 3-5-62 调水工程运行费最小调度结果

表 3-5-68 两市缺水量和调水工程运行费最小调度方案 单位：m^3/s

地市	分水口	月份											
		10	11	12	1	2	3	4	5	6	7	8	9
潍坊	1	0.00	0.00	7.14	0.00	8.04	3.66	0.00	0.00	0.00	0.00	3.38	0.00
	2	0.12	0.00	0.00	0.00	0.00	0.00	0.00	0.00	0.00	0.00	0.02	0.20
	3	0.05	0.00	0.00	0.02	0.03	0.03	0.03	0.03	0.02	0.03	0.02	0.10
	4	0.15	0.15	0.17	0.26	0.07	0.00	0.00	0.18	0.11	0.15	0.15	0.18
	5	0.06	0.06	0.03	0.06	0.07	0.06	0.09	0.08	0.05	0.10	0.04	0.09
	6	0.89	0.92	0.00	0.00	0.97	0.80	0.63	0.83	0.81	0.83	0.99	1.19
	7	3.17	2.99	1.84	2.29	4.41	3.79	3.47	1.80	3.27	2.63	3.56	2.84
	8	0.12	0.12	0.00	0.00	0.00	0.00	0.00	0.19	0.24	0.25	0.26	0.26
	9	0.59	0.59	0.60	0.48	0.59	0.57	0.30	0.28	0.52	0.44	0.59	0.61
青岛	10	0.92	2.38	2.89	2.89	2.99	2.71	2.95	2.92	0.87	1.15	2.89	2.99
	11	4.15	4.29	13.17	13.17	14.07	12.73	10.61	11.22	5.74	4.61	4.95	6.74

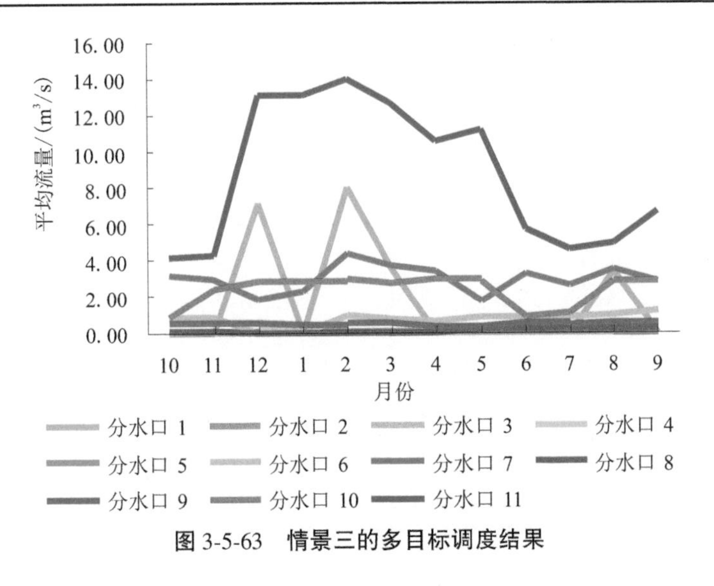

图 3-5-63　情景三的多目标调度结果

3.6　调度方案对比分析

通过与 2019—2020 年度各分水口的实际分水量，以及 GHM 和 TPM 模型确定的调度方案对比分析，进一步验证基于 RiverWare 确定的调水方案的合理性。

3.6.1　与 2019—2020 年度实际分水方案对比分析

2019—2020 年度潍坊、青岛两市各分水口实际分水量见表 3-6-1。由表 3-6-1 可知，潍坊、青岛两市 2019—2020 年度的调水量分别为 5 078.62 万 m^3、35 777.94 万 m^3，都没有满足两市的实际需求。

表 3-6-1　2019—2020 年度两市各分水口实际分水量　单位：万 m^3

分水口	月份											
	10	11	12	1	2	3	4	5	6	7	8	9
1	0.00	0.00	198.53	0.00	0.00	692.86	750.25	284.44	174.99	0.00	0.00	0.00
2	0.00	0.00	0.00	0.00	0.00	0.00	0.00	0.00	0.00	0.00	0.00	0.00
3	0.00	3.89	46.80	58.21	55.10	69.83	63.80	59.91	63.97	64.62	29.70	0.00
4	0.00	8.20	69.66	68.72	67.08	75.21	69.27	44.61	71.77	96.65	74.27	0.00
5	0.00	5.99	36.93	17.37	19.05	19.95	13.75	20.63	12.04	0.00	0.00	0.00
6	0.00	0.00	0.00	0.00	0.00	86.74	118.52	147.40	157.13	143.40	0.00	0.00
7	0.00	0.00	0.00	0.00	0.00	0.00	0.00	0.00	0.00	0.00	0.00	0.00
8	0.00	0.00	0.00	0.00	0.00	0.00	0.00	0.00	0.00	0.00	0.00	0.00
9	0.00	0.00	150.95	0.00	15.20	137.18	172.77	172.66	163.72	175.47	29.43	0.00
10	0.00	3.29	461.23	235.00	223.00	349.90	327.70	270.50	253.20	408.50	354.60	46.80
11	0.00	166.40	5 081.46	4 078.66	3 625.28	3 322.69	3 195.93	2 454.29	2 948.88	3 939.24	3 655.80	375.59

(1)情景一方案分析。

RiverWare 模型确定的调水方案见表 3-6-2。潍坊、青岛两市的调水量分别为 9 828 万 m³、36 300 万 m³,潍坊市满足了实际用水需求,而青岛市没有满足实际用水需求。

由表 3-6-1 和表 3-6-2 知,RiverWare 模型确定的调水方案,个别月份各个分水口的调水量比 2019—2020 年度的实际分水量稍大,RiverWare 模型确定的潍坊、青岛两市的年调水量比 2019—2020 年度两市的实际分水量分别增加了 4 749.4 万 m³ 和 522 万 m³,两市总缺水率比实际调水的缺水率降低了 8.57%,见图 3-6-1、表 3-6-9。

表 3-6-2　两市缺水量最小的调度方案　　单位:万 m³

地市	分水口	月份											
		10	11	12	1	2	3	4	5	6	7	8	9
潍坊	1	0.00	0.00	1 092.31	443.37	670.06	692.86	1 274.66	284.44	174.99	1 136.67	0.00	0.00
	2	0.00	0.00	0.00	0.00	0.00	0.00	0.00	0.00	0.00	0.00	0.00	0.00
	3	0.00	3.89	46.80	58.21	55.10	69.83	63.80	59.91	63.97	64.62	29.70	0.00
	4	0.00	8.20	69.66	68.72	67.08	75.21	69.27	44.61	71.77	96.65	74.27	0.00
	5	0.00	5.99	36.93	17.37	19.05	19.95	13.75	20.63	12.04	0.00	0.00	0.00
	6	0.00	0.00	0.00	0.00	0.00	86.74	118.52	147.40	157.13	143.40	0.00	0.00
	7	0.00	0.00	0.00	0.00	0.00	0.00	0.00	0.00	0.00	0.00	0.00	0.00
	8	0.00	0.00	0.00	0.00	0.00	0.00	0.00	0.00	0.00	0.00	0.00	0.00
	9	0.00	0.00	150.95	451.58	644.71	137.18	172.77	172.66	163.72	175.47	29.43	0.00
青岛	10	0.00	3.29	461.23	626.55	353.51	349.90	327.70	270.50	253.20	408.50	354.60	46.80
	11	0.00	166.40	5 081.46	4 078.66	3 625.28	3 322.69	3 195.93	2 454.29	2 948.88	3 939.24	3 655.80	375.59

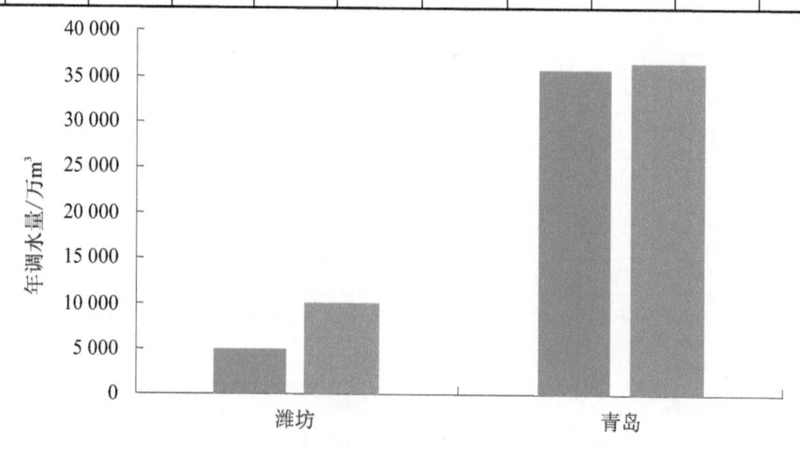

图 3-6-1　情景一的 RiverWare 调度结果与 2019—2020 年度实际分水量对比

(2)情景二方案分析。

RiverWare 模型确定的三种调水方案见表 3-6-3~表 3-6-5。由表 3-6-3~表 3-6-5 可知,

两市缺水量最小的调水方案和多目标确定的调水方案，个别月份各个分水口的调水量比 2019—2020 年度的实际分水量稍大，潍坊和青岛两市调水量分别为 9 828 万 m^3、6 159.71 万 m^3 和 36 300 万 m^3、36 300 万 m^3，比 2019—2020 年度两市实际调水量要大，分别增加了 4 749.4 万 m^3、1 081.1 万 m^3 和 522 万 m^3、522 万 m^3，见图 3-6-2。调水工程运行费用最小情况下确定的调度方案，其各个分水口的调水量与 2019—2020 年度的实际分水量基本相等，潍坊和青岛两市调水量分别为 5 612.25 万 m^3 和 35 849.02 万 m^3，见图 3-6-2、表 3-6-9。

表 3-6-3　两市缺水量最小的调度方案　　单位：万 m^3

地市	分水口	月份											
		10	11	12	1	2	3	4	5	6	7	8	9
潍坊	1	0.00	0.00	1 092.31	443.37	670.06	692.86	1 274.66	284.44	174.99	1 136.67	0.00	0.00
	2	0.00	0.00	0.00	0.00	0.00	0.00	0.00	0.00	0.00	0.00	0.00	0.00
	3	0.00	3.89	46.80	58.21	55.10	69.83	63.80	59.91	63.97	64.62	29.70	0.00
	4	0.00	8.20	69.66	68.72	67.08	75.21	69.27	44.61	71.77	96.65	74.27	0.00
	5	0.00	5.99	36.93	17.37	19.05	19.95	13.75	20.63	12.04	0.00	0.00	0.00
	6	0.00	0.00	0.00	0.00	0.00	86.74	118.52	147.40	157.13	143.40	0.00	0.00
	7	0.00	0.00	0.00	0.00	0.00	0.00	0.00	0.00	0.00	0.00	0.00	0.00
	8	0.00	0.00	0.00	0.00	0.00	0.00	0.00	0.00	0.00	0.00	0.00	0.00
	9	0.00	0.00	150.95	451.58	644.71	137.18	172.77	172.66	163.72	175.47	29.43	0.00
青岛	10	0.00	3.29	461.23	626.55	353.51	349.90	327.70	270.50	253.20	408.50	354.60	46.80
	11	0.00	166.40	5 081.46	4 078.66	3 625.28	3 322.69	3 195.93	2 454.29	2 948.88	3 939.24	3 655.80	375.59

表 3-6-4　调水工程运行费最小的调度方案　　单位：万 m^3

地市	分水口	月份											
		10	11	12	1	2	3	4	5	6	7	8	9
潍坊	1	0.00	0.00	337.76	142.71	123.65	692.86	750.25	409.80	174.99	0.00	0.00	0.00
	2	0.00	0.00	0.00	0.00	0.00	0.00	0.00	0.00	0.00	0.00	0.00	0.00
	3	0.00	3.89	46.80	58.21	55.10	69.83	63.80	59.91	63.97	64.62	29.70	0.00
	4	0.00	8.20	69.66	68.72	67.08	75.21	69.27	44.61	71.77	96.65	74.27	0.00
	5	0.00	5.99	36.93	17.37	19.05	19.95	13.75	20.63	12.04	0.00	0.00	0.00
	6	0.00	0.00	0.00	0.00	0.00	89.42	118.52	147.40	157.13	143.40	0.00	0.00
	7	0.00	0.00	0.00	0.00	0.00	0.00	0.00	0.00	0.00	0.00	0.00	0.00
	8	0.00	0.00	0.00	0.00	0.00	0.00	0.00	0.00	0.00	0.00	0.00	0.00
	9	0.00	0.00	150.95	0.00	15.20	137.18	172.77	172.66	163.72	175.47	29.43	0.00
青岛	10	0.00	3.29	461.23	235.00	223.00	349.90	327.70	270.50	253.20	408.50	354.60	46.80
	11	0.00	166.40	5 081.46	4 084.02	3 625.28	3 376.26	3 208.08	2 454.29	2 948.88	3 939.24	3 655.80	375.59

表 3-6-5　两市缺水量和调水工程运行费最小的调度方案　　单位：万 m³

地市	分水口	月份											
		10	11	12	1	2	3	4	5	6	7	8	9
潍坊	1	0.00	0.00	198.53	0.00	0.00	692.86	750.25	284.44	174.99	0.00	0.00	0.00
	2	0.00	0.00	0.00	0.00	0.00	0.00	0.00	0.00	0.00	0.00	0.00	0.00
	3	0.00	3.89	46.80	58.21	55.10	69.83	63.80	59.91	63.97	64.62	29.70	0.00
	4	0.00	8.20	69.66	68.72	67.08	75.21	69.27	44.61	71.77	96.65	74.27	0.00
	5	0.00	5.99	36.93	17.37	19.05	19.95	13.75	20.63	12.04	0.00	0.00	0.00
	6	0.00	0.00	0.00	0.00	0.00	86.74	118.52	147.40	157.13	143.40	0.00	0.00
	7	0.00	0.00	0.00	0.00	0.00	0.00	0.00	0.00	0.00	0.00	0.00	0.00
	8	0.00	0.00	0.00	0.00	0.00	0.00	0.00	0.00	0.00	0.00	0.00	0.00
	9	0.00	0.00	150.95	451.58	644.71	137.18	172.77	172.66	163.72	175.47	29.43	0.00
青岛	10	0.00	3.29	461.23	626.55	353.51	349.90	327.70	270.50	253.20	408.50	354.60	46.80
	11	0.00	166.40	5 081.46	4 078.66	3 625.28	3 322.69	3 195.93	2 454.29	2 948.88	3 939.24	3 655.80	375.59

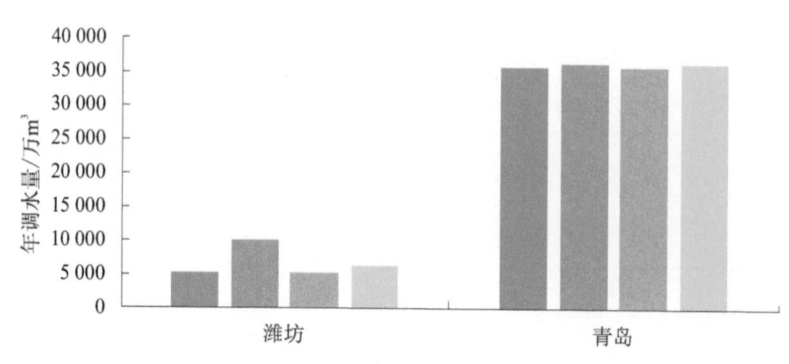

图 3-6-2　情景二的 RiverWare 调度结果与 2019—2020 年度实际分水量对比

(3)情景三方案分析。

RiverWare 模型确定的三种调水方案见表 3-6-6～表 3-6-8。由表 3-6-6～表 3-6-8 可知，两市缺水量最小的调水方案和多目标确定的调水方案，个别月份各个分水口的调水量比 2019—2020 年度的实际分水量稍大，潍坊和青岛两市调水量分别为 8 422.32 万 m³、6 159.71 万 m³和36 300万 m³、36 300 万 m³，比 2019—2020 年度两市实际调水量分别增加了 3 343.7 万 m³、1 081.1 万 m³ 和 522 万 m³、522 万 m³。调水工程运行费用最小情况下确定的调度方案，其各个分水口的调水量与 2019—2020 年度的实际分水量基本相等，潍坊和青岛两市调水量分别为 5 078.62 万 m³和 35 777.94 万 m³，与 2019—2020 年度两市实际调水量相同，见

图3-6-3、表3-6-9。

表 3-6-6　两市缺水量最小调度方案

单位:万 m³

地市	分水口	月份											
		10	11	12	1	2	3	4	5	6	7	8	9
潍坊	1	0.00	0.00	1 092.31	443.37	244.11	692.86	750.25	284.44	174.99	681.35	0.00	0.00
	2	0.00	0.00	0.00	0.00	0.00	0.00	0.00	0.00	0.00	0.00	0.00	0.00
	3	0.00	3.89	46.80	58.21	55.10	69.83	63.80	59.91	63.97	64.62	29.70	0.00
	4	0.00	8.20	69.66	68.72	67.08	75.21	69.27	44.61	71.77	96.65	74.27	0.00
	5	0.00	5.99	36.93	17.37	19.05	19.95	13.75	20.63	12.04	0.00	0.00	0.00
	6	0.00	0.00	0.00	0.00	0.00	86.74	118.52	147.40	157.13	143.40	0.00	0.00
	7	0.00	0.00	0.00	0.00	0.00	0.00	0.00	0.00	0.00	0.00	0.00	0.00
	8	0.00	0.00	0.00	0.00	0.00	0.00	0.00	0.00	0.00	0.00	0.00	0.00
	9	0.00	0.00	150.95	451.58	644.71	137.18	172.77	172.66	163.72	175.47	29.43	0.00
青岛	10	0.00	3.29	461.23	626.55	353.51	349.90	327.70	270.50	253.20	408.50	354.60	46.80
	11	0.00	166.40	5 081.46	4 078.66	3 625.28	3 322.69	3 195.93	2 454.29	2 948.88	3 939.24	3 655.80	375.59

表 3-6-7　调水工程运行费最小调度方案

单位:万 m³

地市	分水口	月份											
		10	11	12	1	2	3	4	5	6	7	8	9
潍坊	1	0.00	0.00	198.53	0.00	0.00	692.86	750.25	284.44	174.99	0.00	0.00	0.00
	2	0.00	0.00	0.00	0.00	0.00	0.00	0.00	0.00	0.00	0.00	0.00	0.00
	3	0.00	3.89	46.80	58.21	55.10	69.83	63.80	59.91	63.97	64.62	29.70	0.00
	4	0.00	8.20	69.66	68.72	67.08	75.21	69.27	44.61	71.77	96.65	74.27	0.00
	5	0.00	5.99	36.93	17.37	19.05	19.95	13.75	20.63	12.04	0.00	0.00	0.00
	6	0.00	0.00	0.00	0.00	0.00	86.74	118.52	147.40	157.13	143.40	0.00	0.00
	7	0.00	0.00	0.00	0.00	0.00	0.00	0.00	0.00	0.00	0.00	0.00	0.00
	8	0.00	0.00	0.00	0.00	0.00	0.00	0.00	0.00	0.00	0.00	0.00	0.00
	9	0.00	0.00	150.95	0.00	15.20	137.18	172.77	172.66	163.72	175.47	29.43	0.00
青岛	10	0.00	3.29	461.23	235.00	223.00	349.90	327.70	270.50	253.20	408.50	354.60	46.80
	11	0.00	166.40	5 081.46	4 078.66	3 625.28	3 322.69	3 195.93	2 454.29	2 948.88	3 939.24	3 655.80	375.59

表 3-6-8　两市缺水量和调水工程运行费最小调度方案　单位：万 m³

地市	分水口	月份											
		10	11	12	1	2	3	4	5	6	7	8	9
潍坊	1	0.00	0.00	198.53	0.00	0.00	692.86	750.25	284.44	174.99	0.00	0.00	0.00
	2	0.00	0.00	0.00	0.00	0.00	0.00	0.00	0.00	0.00	0.00	0.00	0.00
	3	0.00	3.89	46.80	58.21	55.10	69.83	63.80	59.91	63.97	64.62	29.70	0.00
	4	0.00	8.20	69.66	68.72	67.08	75.21	69.27	44.61	71.77	96.65	74.27	0.00
	5	0.00	5.99	36.93	17.37	19.05	19.95	13.75	20.63	12.04	0.00	0.00	0.00
	6	0.00	0.00	0.00	0.00	0.00	86.74	118.52	147.40	157.13	143.40	0.00	0.00
	7	0.00	0.00	0.00	0.00	0.00	0.00	0.00	0.00	0.00	0.00	0.00	0.00
	8	0.00	0.00	0.00	0.00	0.00	0.00	0.00	0.00	0.00	0.00	0.00	0.00
	9	0.00	0.00	150.95	451.58	644.71	137.18	172.77	172.66	163.72	175.47	29.43	0.00
青岛	10	0.00	3.29	461.23	235.00	223.00	349.90	777.60	342.66	253.20	408.50	354.60	46.80
	11	0.00	166.40	5 081.46	4 078.66	3 625.28	3 322.69	3 195.93	2 454.29	2 948.88	3 939.24	3 655.80	375.59

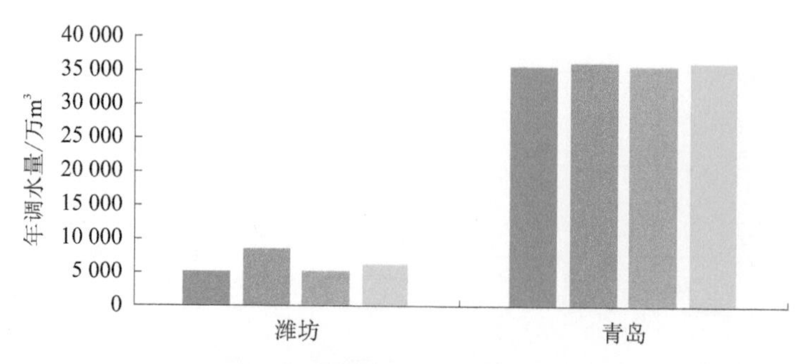

图 3-6-3　情景三的 RiverWare 调度结果与 2019—2020 年度实际分水量对比

表 3-6-9　调水方案对比表

<table>
<tr><th rowspan="2" colspan="2">方案</th><th colspan="3">调水量/万 m³</th><th colspan="3">缺水率/%</th></tr>
<tr><th>潍坊</th><th>青岛</th><th>小计</th><th>潍坊</th><th>青岛</th><th>总缺水率</th></tr>
<tr><td colspan="2">2019—2020 年度实际调水量</td><td>5 078.6</td><td>35 778</td><td>40 856.6</td><td>48.32</td><td>30.78</td><td>33.59</td></tr>
<tr><td colspan="2">RiverWare 情景一</td><td>9 828</td><td>36 300</td><td>46 128</td><td>0.00</td><td>29.77</td><td>25.02</td></tr>
<tr><td rowspan="3">RiverWare 情景二</td><td>两市缺水量最小</td><td>9 828</td><td>36 300</td><td>46 128</td><td>0.00</td><td>29.77</td><td>25.02</td></tr>
<tr><td>调水工程运行费最小</td><td>5 612.3</td><td>35 849</td><td>41 461.3</td><td>42.90</td><td>30.65</td><td>32.60</td></tr>
<tr><td>两市缺水量和调水工程运行费最小</td><td>6 159.7</td><td>36 300</td><td>42 459.7</td><td>37.32</td><td>29.77</td><td>30.98</td></tr>
<tr><td rowspan="3">RiverWare 情景三</td><td>两市缺水量最小</td><td>8 422.3</td><td>36 300</td><td>44 722.3</td><td>14.30</td><td>29.77</td><td>27.30</td></tr>
<tr><td>调水工程运行费最小</td><td>5 078.6</td><td>35 778</td><td>40 856.6</td><td>48.32</td><td>30.78</td><td>33.59</td></tr>
<tr><td>两市缺水量和调水工程运行费最小</td><td>6 159.7</td><td>36 321</td><td>42 480.7</td><td>37.32</td><td>29.73</td><td>30.95</td></tr>
</table>

通过上述分析知，利用 RiverWare 软件构建了引黄济青工程的水资源优化调度模型。基于 2019—2020 年度实际调水数据，确定了潍坊、青岛两市缺水量最小、调水工程运行费最小、两市缺水量和调水工程运行费最小 3 种调度模式的调度方案。方案对比发现：情景一在两市缺水量最小调度模式下，潍坊市缺水率比 2019—2020 年度的实际调水缺水率降低了 48.32%；青岛市缺水率比 2019—2020 年度的实际调水缺水率降低了 1.01%。情景二在三种调度模式下，潍坊市缺水率比 2019—2020 年度的实际调水缺水率分别降低了 48.32%、5.42%、11%；青岛市缺水率比 2019—2020 年度的实际调水缺水率分别降低了 1.01%、0.13%、2.61%。情景三在三种调度模式下，潍坊市缺水率比 2019—2020 年度的实际调水缺水率分别降低了 34.02%、0% 、11%；青岛市缺水率比 2019—2020 年度的实际调水缺水率分别降低了 1.01%、0 %、1.05%。

本研究采用高效输水的原则，调度时以高流量输水，并优先分配给距渠首最近的分水口。基于该原则确定的各分水口的分水量要比实际配水量大，特别是距渠首距离近的潍坊市的各分水口的分水量更大。因此，潍坊市的 3 种调度方案的调水量比 2019—2020 年度实际调水量大。青岛市的 3 中调度方案的调水量比 2019—2020 年度实际调水量稍高。在实际调水过程中，调度运行中心在保证调度期内完成调水任务的同时也要考虑如何使调水工程的运行费最小。因此，调水工程运行费最小确定的调水方案与 2019—2020 年度的实际调水量相近或相等。综上所述，RiverWare 确定的方案是合理。

3.6.2　与 GHM 模型确定的调度方案对比分析

基于 GHM 模型数据 RiverWare 确定的调度方案与“胶东调水工程水资源优化调度关键技术研究”报告中 GHM 模型确定的调度方案对比分析，验证 RiverWare 模型确定的方案是否合理。

3.6.2.1　规划年 2020 年 $p=75\%$ 时的调度方案

“胶东调水工程水资源优化调度关键技术研究”中胶东两市各分水口规划指标调度模型（GHM）确定的规划年 2020 年 $p=75\%$ 的方案分水量见表 3-6-10。

表 3-6-10　基于 GHM 2020 年 $p=75\%$ 潍坊、青岛两市联合调度方案　　单位：万 m^3

地市	分水口	月份											
		10	11	12	1	2	3	4	5	6	7	8	9
潍坊	1	2 303.42	2 229.12	2 303.42	2 303.42	2 080.51	970.89	0.00	240.07	0.00	2 303.42	2 303.42	0.00
	2	592.49	684.36	572.48	619.07	850.65	0.00	0.00	0.00	0.00	606.04	565.97	70.43
	3	14.12	0.00	4.43	8.68	7.63	8.31	8.03	5.20	8.04	6.27	26.34	19.62
	4	39.79	44.84	69.18	17.37	10.43	0.00	47.63	29.46	39.96	39.08	47.04	36.06
	5	16.09	7.59	16.40	17.37	16.69	23.40	21.73	14.22	25.97	11.10	23.14	22.03
	6	238.68	26.55	0.00	242.85	213.43	163.90	223.58	210.28	221.81	266.42	309.54	306.61
	7	850.04	691.57	613.75	615.58	902.86	991.34	881.99	446.91	845.30	814.39	869.86	829.04
	8	31.68	50.63	0.00	0.00	0.00	0.00	51.58	62.72	67.09	70.51	67.77	40.59
	9	157.51	154.12	159.61	129.00	147.84	151.43	78.37	73.92	133.73	117.34	158.37	158.40
青岛	10	246.00	777.60	803.52	624.83	725.76	258.00	240.00	226.00	307.70	326.06	313.00	284.00
	11	1 112.29	1 349.15	1 078.66	1 391.33	1 222.52	1 991.93	1 973.25	1 486.76	1 235.81	1 325.21	1 747.98	1 584.18

（1）情景一方案分析。

基于 GHM 模型数据 RiverWare 确定的调度方案见表 3-6-11。由表 3-6-11 和表 3-6-10 可知，RiverWare 模型确定的调水方案，其各个分水口各月份的调水量比 GHM 模型分水量稍大，且潍坊、青岛两市调水量分别为 40 462.41 万 m^3 和 23 831.51 万 m^3，比 GHM 模型确定的两地市的调水量分别提高了 4 271 万 m^3 和 1 200 万 m^3，两市的总缺水率降低了 4.34%，见图 3-6-4、表 3-6-18。

表 3-6-11　两市缺水量最小的调度方案　单位:万 m^3

地市	分水口	月份											
		10	11	12	1	2	3	4	5	6	7	8	9
潍坊	1	1 683.85	1 678.85	1 696.48	1 744.01	1 692.23	1 755.96	1 654.21	1 738.44	1 657.59	1 724.32	1 635.82	1 584.40
	2	33.47	0.00	0.00	0.00	0.00	0.00	0.00	0.00	0.00	6.48	54.76	70.43
	3	14.59	0.00	4.58	8.97	7.38	8.59	8.03	5.37	8.04	6.48	27.22	19.62
	4	41.12	44.84	71.49	17.95	10.08	0.00	47.63	30.44	39.96	40.38	48.61	36.06
	5	16.63	7.59	16.95	17.95	16.13	24.18	21.73	14.69	25.97	11.47	23.91	22.03
	6	1 028.39	434.07	665.79	448.54	574.74	694.08	223.58	217.29	1 070.91	921.32	792.97	774.73
	7	850.04	425.86	639.96	906.05	875.09	991.34	881.99	446.91	845.30	814.39	869.86	829.04
	8	31.68	50.63	0.00	0.00	0.00	0.00	51.58	62.72	67.09	70.51	67.77	40.59
	9	157.51	154.12	159.61	129.00	147.84	151.43	78.37	73.92	133.73	117.34	158.37	158.40
青岛	10	254.20	777.60	803.52	803.24	701.57	266.60	240.00	233.53	307.70	336.93	323.43	284.00
	11	1 149.37	1 349.15	1 114.62	2 140.76	1 181.77	2 058.33	1 973.25	1 536.32	1 235.81	1 369.38	1 806.25	1 584.18

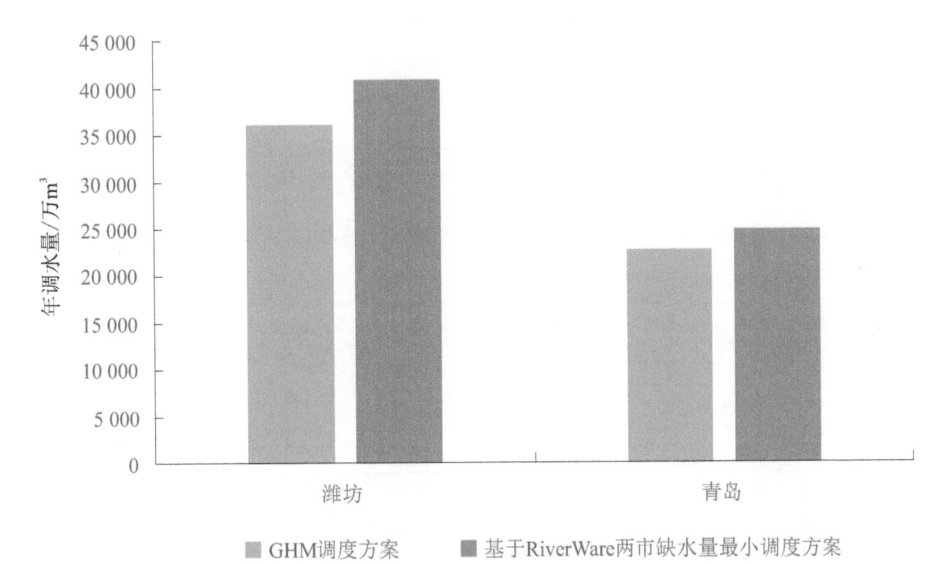

图 3-6-4　情景一的 RiverWare 调度结果与 GHM 调度结果对比

(2)情景二方案分析。

基于 GHM 模型数据 RiverWare 确定的调度方案见表 3-6-12～表 3-6-14。由表 3-6-12～表 3-6-14 和表 3-6-10 可知,三种调度目标的调度方案其各个分水口各月份的调水量比 GHM 模型的调水量稍大,两地市缺水量最小、调水工程运行费用最小及多目标确定的调水量,潍坊和青岛两市分别为 40 306.13 万 m^3、40 610.69 万 m^3、40 517.58 万 m^3和 23 445.39 万 m^3、23 839万 m^3、23 445.39 万 m^3,比 GHM 模型确定的两市实际调水量稍大,总缺水率分别降低了 3.91%、4.47%和 4.08%,见图 3-6-5、表 3-6-18。

表 3-6-12　两市缺水量最小的调度方案　　单位：万 m³

地市	分水口	月份											
		10	11	12	1	2	3	4	5	6	7	8	9
潍坊	1	1 817.61	1 806.72	1 829.83	1 875.84	1 762.82	1 887.40	1 782.86	1 870.44	1 786.13	1 856.78	1 771.08	1 715.26
	2	33.47	0.00	0.00	0.00	0.00	0.00	0.00	0.00	0.00	6.48	54.76	70.43
	3	14.59	0.00	4.58	8.97	7.38	8.59	8.03	5.37	8.04	6.48	27.22	19.62
	4	41.12	44.84	71.49	17.95	10.08	0.00	47.63	30.44	39.96	40.38	48.61	36.06
	5	16.63	7.59	16.95	17.95	16.13	24.18	21.73	14.69	25.97	11.47	23.91	22.03
	6	503.63	487.38	503.63	503.63	471.13	503.63	223.58	217.29	487.38	503.63	503.63	487.38
	7	850.04	1 203.46	639.96	906.05	875.09	991.34	881.99	446.91	845.30	814.39	869.86	829.04
	8	31.68	50.63	0.00	0.00	0.00	0.00	51.58	62.72	67.09	70.51	67.77	40.59
	9	157.51	154.12	159.61	129.00	147.84	151.43	78.37	73.92	133.73	117.34	158.37	158.40
青岛	10	254.20	777.60	803.52	803.52	701.57	266.60	240.00	233.53	307.70	336.93	323.43	284.00
	11	1 149.37	1 349.15	1 114.62	1 754.36	1 181.77	2 058.33	1 973.25	1 536.32	1 235.81	1 369.38	1 806.25	1 584.18

表 3-6-13　调水工程运行费最小的调度方案　　单位：万 m³

地市	分水口	月份											
		10	11	12	1	2	3	4	5	6	7	8	9
潍坊	1	2 148.74	2 129.39	2 161.54	2 209.68	2 011.16	2 221.78	2 104.43	2 204.04	2 107.85	2 189.74	2 100.05	2 033.68
	2	33.47	0.00	0.00	0.00	0.00	0.00	0.00	0.00	0.00	6.48	54.76	70.43
	3	14.59	0.00	4.58	8.97	7.38	8.59	8.03	5.37	8.04	6.48	27.22	19.62
	4	41.12	44.84	71.49	17.95	10.08	0.00	47.63	30.44	39.96	40.38	48.61	36.06
	5	16.63	7.59	16.95	17.95	16.13	24.18	21.73	14.69	25.97	11.47	23.91	22.03
	6	246.64	26.55	0.00	250.95	206.32	169.36	223.58	217.29	221.81	275.30	319.86	306.61
	7	878.37	691.57	634.21	636.10	872.76	1 024.38	881.99	461.81	845.30	841.54	898.86	829.04
	8	32.74	50.63	0.00	0.00	0.00	0.00	51.58	64.81	67.09	72.86	70.03	40.59
	9	162.76	154.12	164.93	133.30	142.91	156.48	78.37	76.38	133.73	121.25	163.65	158.40
青岛	10	254.20	777.60	803.52	803.52	701.57	266.60	240.00	233.53	307.70	336.93	323.43	284.00
	11	1 149.37	1 701.10	1 472.93	1 437.71	1 181.77	2 058.33	1 973.25	1 536.32	1 235.81	1 369.38	1 806.25	1 584.18

表3-6-14 两市缺水量和调水工程运行费最小的调度方案 单位:万 m³

地市	分水口	月份											
		10	11	12	1	2	3	4	5	6	7	8	9
潍坊	1	1 902.15	1 890.75	1 914.94	1 963.09	1 844.82	1 975.19	1 865.79	1 957.44	1 869.21	1 943.14	1 853.46	1 795.04
	2	33.47	0.00	0.00	0.00	0.00	0.00	0.00	0.00	0.00	6.48	54.76	70.43
	3	14.59	0.00	4.58	8.97	7.38	8.59	8.03	5.37	8.04	6.48	27.22	19.62
	4	41.12	44.84	71.49	17.95	10.08	0.00	47.63	30.44	39.96	40.38	48.61	36.06
	5	16.63	7.59	16.95	17.95	16.13	24.18	21.73	14.69	25.97	11.47	23.91	22.03
	6	503.63	487.38	503.63	503.63	471.13	503.63	223.58	217.29	487.38	503.63	503.63	487.38
	7	850.04	691.57	613.75	615.58	902.86	991.34	881.99	446.91	845.30	814.39	869.86	829.04
	8	31.68	50.63	0.00	0.00	0.00	0.00	51.58	62.72	67.09	70.51	67.77	40.59
	9	157.51	154.12	159.61	129.00	147.84	151.43	78.37	73.92	133.73	117.34	158.37	158.40
青岛	10	254.20	777.60	803.52	803.52	701.57	266.60	240.00	233.53	307.70	336.93	323.43	284.00
	11	1 149.37	1 349.15	1 114.62	1 754.36	1 181.77	2 058.33	1 973.25	1 536.32	1 235.81	1 369.38	1 806.25	1 584.18

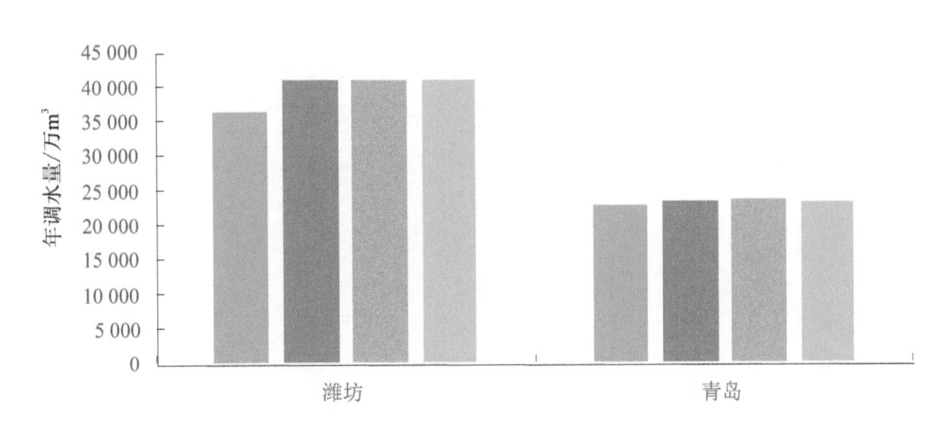

图3-6-5 情景二的RiverWare调度结果与GHM调度结果对比

(3)情景三方案分析。

基于GHM模型数据RiverWare确定的调度方案见表3-6-15~表3-6-17。由表3-6-15~表3-6-17和表3-6-10可知,三种调度目标的调度方案其各个分水口各月份的调水量比GHM模型的调水量稍大,两地市缺水量最小、调水工程运行费用最小及多目标确定的调水量,潍坊和青岛两市分别为40 697.87万m³、40 637.48万m³、40 686.26万m³和24 859.24万m³、

22 970.88万 m³、26 085.72 万 m³，比 GHM 模型确定的两市实际调水量稍大，总缺水率分别降低了 5.34%、3.80%和 6.31%，见图 3-6-6、表 3-6-18。

表 3-6-15　两市缺水量最小的调度方案　　单位：万 m³

地市	分水口	月份											
		10	11	12	1	2	3	4	5	6	7	8	9
潍坊	1	1 902.15	1 890.75	1 914.94	1 963.09	1 844.82	1 975.19	1 875.75	1 909.22	1 869.21	1 943.14	1 853.46	1 795.04
	2	33.47	0.00	0.00	0.00	0.00	0.00	0.00	0.00	0.00	6.48	54.76	70.43
	3	14.59	0.00	4.58	8.97	7.38	8.59	8.03	5.37	8.04	6.48	27.22	19.62
	4	41.12	44.84	71.49	17.95	10.08	0.00	47.63	30.44	39.96	40.38	48.61	36.06
	5	16.63	7.59	16.95	17.95	16.13	24.18	21.73	14.69	25.97	11.47	23.91	22.03
	6	503.63	23.65	0.00	223.50	471.13	503.63	223.58	217.29	487.38	503.63	503.63	487.38
	7	878.37	1 203.46	661.29	936.25	1 321.98	1 024.38	881.99	461.81	845.30	841.54	898.86	829.04
	8	32.74	50.63	0.00	0.00	0.00	0.00	51.58	64.81	67.09	72.86	70.03	40.59
	9	162.76	154.12	164.93	133.30	142.91	156.48	78.37	76.38	133.73	121.25	163.65	158.40
青岛	10	254.20	777.60	803.52	698.78	701.57	266.60	280.00	274.87	307.70	336.93	323.43	284.00
	11	1 149.37	1 349.15	1 114.62	2 126.88	1 181.77	2 058.33	2 173.25	2 401.05	1 235.81	1 369.38	1 806.25	1 584.18

表 3-6-16　调水工程运行费最小的调度方案　　单位：万 m³

地市	分水口	月份											
		10	11	12	1	2	3	4	5	6	7	8	9
潍坊	1	2 303.42	2 229.12	2 303.42	2 303.42	2 154.82	2 303.42	1 451.52	1 769.45	2 229.12	2 303.42	2 303.42	2 229.12
	2	32.39	0.00	0.00	0.00	0.00	0.00	0.00	0.00	0.00	6.27	52.99	70.43
	3	14.12	0.00	4.43	8.68	7.63	8.31	8.03	5.20	8.04	6.27	26.34	19.62
	4	39.79	44.84	69.18	17.37	10.43	0.00	47.63	29.46	39.96	39.08	47.04	36.06
	5	16.09	7.59	16.40	17.37	16.69	23.40	21.73	14.22	25.97	11.10	23.14	22.03
	6	238.68	26.55	0.00	242.85	213.43	163.90	223.58	210.28	221.81	266.42	309.54	306.61
	7	850.04	691.57	613.75	615.58	902.86	991.34	881.99	446.91	845.30	814.39	869.86	829.04
	8	31.68	50.63	0.00	0.00	0.00	0.00	51.58	62.72	67.09	70.51	67.77	40.59
	9	157.51	154.12	159.61	129.00	147.84	151.43	78.37	73.92	133.73	117.34	158.37	158.40
青岛	10	254.20	777.60	803.52	645.66	701.57	266.60	240.00	233.53	307.70	336.93	323.43	284.00
	11	1 149.37	1 349.15	1 114.62	1 437.71	1 181.77	2 058.33	1 973.25	1 536.32	1 235.81	1 369.38	1 806.25	1 584.18

表 3-6-17　潍坊、青岛两市缺水量和调水工程运行费最小的调度方案　单位:万 m^3

地市	分水口	月份											
		10	11	12	1	2	3	4	5	6	7	8	9
潍坊	1	2 284.99	2 139.96	2 284.99	2 284.99	1 930.71	2 211.29	1 439.64	238.15	2 139.96	2 284.99	2 284.99	2 139.96
	2	189.51	275.27	168.84	216.98	426.84	229.08	0.00	0.00	253.73	203.52	162.11	249.99
	3	14.59	0.00	4.58	8.97	7.38	8.59	8.03	5.37	8.04	6.48	27.22	19.62
	4	41.12	44.84	71.49	17.95	10.08	0.00	47.63	30.44	39.96	40.38	48.61	36.06
	5	16.63	7.59	16.95	17.95	16.13	24.18	21.73	14.69	25.97	11.47	23.91	22.03
	6	246.64	26.55	0.00	250.95	206.32	169.36	223.58	217.29	221.81	275.30	319.86	306.61
	7	850.04	691.57	613.75	615.58	902.86	991.34	881.99	446.91	845.30	814.39	869.86	829.04
	8	31.68	50.63	0.00	0.00	0.00	0.00	51.58	62.72	67.09	70.51	67.77	40.59
	9	157.51	154.12	159.61	129.00	147.84	151.43	78.37	73.92	133.73	117.34	158.37	158.40
青岛	10	254.20	693.90	717.03	717.03	670.77	266.60	240.00	233.53	307.70	336.93	323.43	284.00
	11	1 149.37	3 161.70	1 114.62	1 804.89	1 181.77	2 058.33	2 173.25	2 401.05	1 235.81	1 369.38	1 806.25	1 584.18

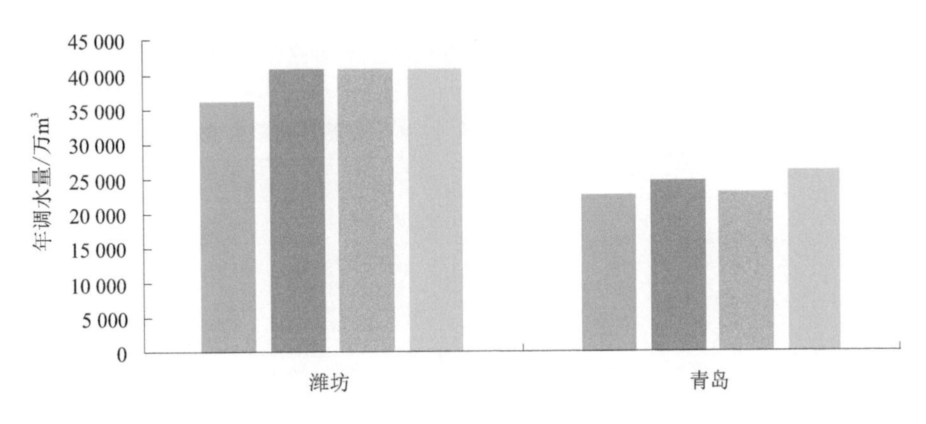

图 3-6-6　情景三的 RiverWare 调度结果与 GHM 调度结果对比

表 3-6-18　基于 GHM 数据调水方案对比表

方案		调水量/万 m^3			缺水率/%		
		潍坊	青岛	小计	潍坊	青岛	总缺水率
GHM 模型(胶东四市缺水量最小)		36 191	22 632	58 822	36.51	67.20	53.32
RiverWare 情景一		40 462	23 832	64 294	29.01	65.46	48.97
RiverWare 情景二	两市缺水量最小	40 306	23 445	63 752	29.29	66.02	49.40
	调水工程运行费最小	40 611	23 839	64 450	28.75	65.45	48.85
	两市缺水量和调水工程运行费最小	40 518	23 445	63 963	28.92	66.02	49.24
RiverWare 情景三	两市缺水量最小	40 698	24 859	65 557	28.60	63.97	47.97
	调水工程运行费最小	40 637	22 971	63 608	28.71	66.71	49.52
	两市缺水量和调水工程运行费最小	40 686	26 086	66 772	28.62	62.19	47.01

3.6.2.2　规划年 2020 年 $p=95\%$ 时的调度方案

"胶东调水工程水资源优化调度关键技术研究"中胶东潍坊、青岛两市各分水口规划指标调度模型(GHM)确定的规划年 2020 年 $p=95\%$ 的方案分水量见表 3-6-19。

表 3-6-19　基于 GHM 2020 年 $p=95\%$ 潍坊、青岛两市联合调度方案　　单位:万 m^3

地市	分水口	月份											
		10	11	12	1	2	3	4	5	6	7	8	9
潍坊	1	2 303.42	2 229.12	2 303.42	2 303.42	2 080.51	13.90	0.00	240.07	0.00	2 303.42	2 303.42	0.00
	2	120.81	923.00	811.12	857.71	1 089.29	0.00	0.00	0.00	0.00	844.68	804.61	70.43
	3	14.12	0.00	4.43	8.68	7.63	8.31	8.03	5.20	8.04	6.27	26.34	19.62
	4	39.79	44.84	69.18	17.37	10.43	0.00	47.63	29.46	39.96	39.08	47.04	36.06
	5	16.09	7.59	16.40	17.37	16.69	23.40	21.73	14.22	25.97	11.10	23.14	22.03
	6	238.68	26.55	0.00	242.85	213.43	163.90	223.58	210.28	221.81	266.42	309.54	306.61
	7	850.04	691.57	613.75	615.58	902.86	991.34	881.99	446.91	845.30	814.39	869.86	829.04
	8	31.68	50.63	0.00	0.00	0.00	0.00	51.58	62.72	67.09	70.51	67.77	40.59
	9	157.51	154.12	159.61	129.00	147.84	151.43	78.37	73.92	133.73	117.34	158.37	158.40
青岛	10	246.00	777.60	803.52	624.83	725.76	258.00	240.00	226.00	307.70	326.06	313.00	284.00
	11	1 112.29	1 349.15	1 078.66	1 391.33	1 222.52	1 991.93	1 973.25	1 486.76	1 235.81	1 325.21	1 747.98	1 584.18

(1)情景一方案分析。

基于 GHM 模型数据 RiverWare 确定的调度方案见表 3-6-20。由表 3-6-20 和表 3-6-19 可知,RiverWare 模型确定的调水方案,其各个分水口各月份的调水量比 GHM 模型分水量稍大,且潍坊、青岛两市调水量分别为 40 517.58 万 m^3 和 23 445.39 万 m^3,与 GHM 模型确定的两地市的调水量 36 194.08 万 m^3和 22 631.54 万 m^3相比，RiverWare 模型确定的潍坊市的调水量要大，青岛市的调水量基本相等，见图 3-6-7。

表 3-6-20　两市缺水量最小的调度方案　　单位：万 m^3

地市	分水口	月份											
		10	11	12	1	2	3	4	5	6	7	8	9
潍坊	1	1 902.15	1 890.75	1 914.94	1 963.09	1 844.82	1 975.19	1 865.79	1 957.44	1 869.21	1 943.14	1 853.46	1 795.04
	2	33.47	0.00	0.00	0.00	0.00	0.00	0.00	0.00	0.00	6.48	54.76	70.43
	3	14.59	0.00	4.58	8.97	7.38	8.59	8.03	5.37	8.04	6.48	27.22	19.62
	4	41.12	44.84	71.49	17.95	10.08	0.00	47.63	30.44	39.96	40.38	48.61	36.06
	5	16.63	7.59	16.95	17.95	16.13	24.18	21.73	14.69	25.97	11.47	23.91	22.03
	6	503.63	487.38	503.63	503.63	471.13	503.63	223.58	217.29	487.38	503.63	503.63	487.38
	7	850.04	691.57	613.75	615.58	902.86	991.34	881.99	446.91	845.30	814.39	869.86	829.04
	8	31.68	50.63	0.00	0.00	0.00	0.00	51.58	62.72	67.09	70.51	67.77	40.59
	9	157.51	154.12	159.61	129.00	147.84	151.43	78.37	73.92	133.73	117.34	158.37	158.40
青岛	10	254.20	777.60	803.52	803.52	701.57	266.60	240.00	233.53	307.70	336.93	323.43	284.00
	11	1 149.37	1 349.15	1 114.62	1 754.36	1 181.77	2 058.33	1 973.25	1 536.32	1 235.81	1 369.38	1 806.25	1 584.18

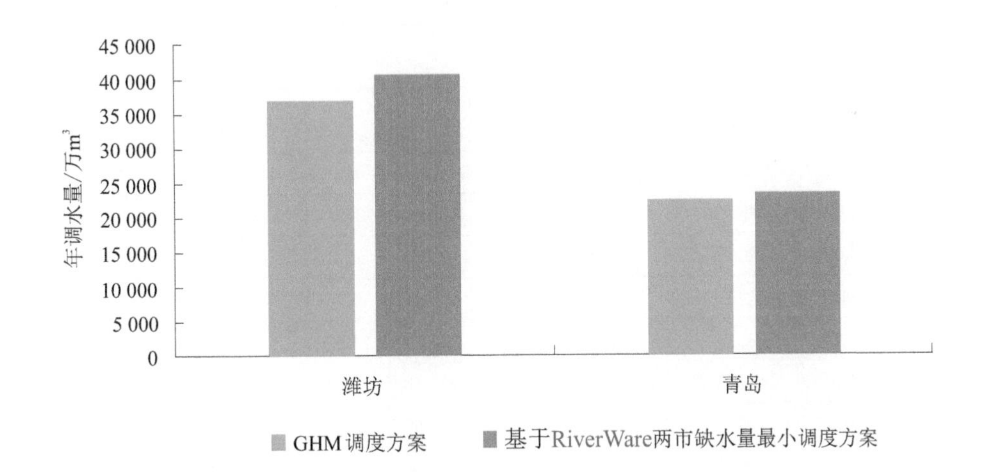

图 3-6-7　情景一的 RiverWare 调度结果与 GHM 调度结果对比

（2）情景二方案分析。

基于 GHM 模型数据 RiverWare 确定的调度方案见表 3-6-21～表 3-6-23。由表 3-6-21～表 3-6-23 和表 3-6-19 可知，三种调度目标的调度方案其各个分水口各月份的调水量比 GHM 模型的调水量稍大，两市缺水量最小、调水工程运行费最小及多目标确定的调水量，潍坊和青岛两市分别为 40 574.73 万 m^3、40 610.69 万 m^3、40 517.58 万 m^3和 23 015.42 万 m^3、23 839 万 m^3、23 445.39 万 m^3，比 GHM 模型确定的两市实际调水量 36 194.08 万 m^3和 22 631.54 万 m^3稍大，总缺水率分别降低了 3.43%，4.05%和 3.70%，见图 3-6-8、表 3-6-27。

表 3-6-21　两市缺水量最小的调度方案　　单位：万 m³

地市	分水口	月份											
		10	11	12	1	2	3	4	5	6	7	8	9
潍坊	1	2 053.24	2 034.75	2 065.47	2 111.47	1 921.77	2 123.03	2 010.90	2 106.08	2 014.17	2 092.41	2 006.72	1 943.29
	2	33.47	0.00	0.00	0.00	64.34	0.00	0.00	0.00	0.00	6.48	54.76	70.43
	3	14.59	0.00	4.58	8.97	7.38	8.59	8.03	5.37	8.04	6.48	27.22	19.62
	4	41.12	44.84	71.49	17.95	10.08	0.00	47.63	30.44	39.96	40.38	48.61	36.06
	5	16.63	7.59	16.95	17.95	16.13	24.18	21.73	14.69	25.97	11.47	23.91	22.03
	6	246.64	547.24	380.96	565.48	206.32	169.36	223.58	217.29	221.81	275.30	319.86	306.61
	7	850.04	691.57	613.75	615.58	902.86	991.34	881.99	446.91	845.30	814.39	869.86	829.04
	8	31.68	50.63	0.00	0.00	0.00	0.00	51.58	62.72	67.09	70.51	67.77	40.59
	9	157.51	154.12	159.61	129.00	147.84	151.43	78.37	73.92	133.73	117.34	158.37	158.40
青岛	10	254.20	777.60	803.52	690.20	701.57	266.60	240.00	233.53	307.70	336.93	323.43	284.00
	11	1 149.37	1 349.15	1 114.62	1 437.71	1 181.77	2 058.33	1 973.25	1 536.32	1 235.81	1 369.38	1 806.25	1 584.18

表 3-6-22　调水工程运行费最小的调度方案　　单位：万 m³

地市	分水口	月份											
		10	11	12	1	2	3	4	5	6	7	8	9
潍坊	1	2 148.74	2 129.39	2 161.54	2 209.68	2 011.16	2 221.78	2 104.43	2 204.04	2 107.85	2 189.74	2 100.05	2 033.68
	2	33.47	0.00	0.00	0.00	0.00	0.00	0.00	0.00	0.00	6.48	54.76	70.43
	3	14.59	0.00	4.58	8.97	7.38	8.59	8.03	5.37	8.04	6.48	27.22	19.62
	4	41.12	44.84	71.49	17.95	10.08	0.00	47.63	30.44	39.96	40.38	48.61	36.06
	5	16.63	7.59	16.95	17.95	16.13	24.18	21.73	14.69	25.97	11.47	23.91	22.03
	6	246.64	26.55	0.00	250.95	206.32	169.36	223.58	217.29	221.81	275.30	319.86	306.61
	7	878.37	691.57	634.21	636.10	872.76	1 024.38	881.99	461.81	845.30	841.54	898.86	829.04
	8	32.74	50.63	0.00	0.00	0.00	0.00	51.58	64.81	67.09	72.86	70.03	40.59
	9	162.76	154.12	164.93	133.30	142.91	156.48	78.37	76.38	133.73	121.25	163.65	158.40
青岛	10	254.20	777.60	803.52	803.52	701.57	266.60	240.00	233.53	307.70	336.93	323.43	284.00
	11	1 149.37	1 701.10	1 472.93	1 437.71	1 181.77	2 058.33	1 973.25	1 536.32	1 235.81	1 369.38	1 806.25	1 584.18

表 3-6-23　两市缺水量和调水工程运行费最小的调度方案　　单位:万 m³

地市	分水口	月份											
		10	11	12	1	2	3	4	5	6	7	8	9
潍坊	1	1 902.15	1 890.75	1 914.94	1 963.09	1 844.82	1 975.19	1 865.79	1 957.44	1 869.21	1 943.14	1 853.46	1 795.04
	2	33.47	0.00	0.00	0.00	0.00	0.00	0.00	0.00	0.00	6.48	54.76	70.43
	3	14.59	0.00	4.58	8.97	7.38	8.59	8.03	5.37	8.04	6.48	27.22	19.62
	4	41.12	44.84	71.49	17.95	10.08	0.00	47.63	30.44	39.96	40.38	48.61	36.06
	5	16.63	7.59	16.95	17.95	16.13	24.18	21.73	14.69	25.97	11.47	23.91	22.03
	6	503.63	487.38	503.63	503.63	471.13	503.63	223.58	217.29	487.38	503.63	503.63	487.38
	7	850.04	691.57	613.75	615.58	902.86	991.34	881.99	446.91	845.30	814.39	869.86	829.04
	8	31.68	50.63	0.00	0.00	0.00	0.00	51.58	62.72	67.09	70.51	67.77	40.59
	9	157.51	154.12	159.61	129.00	147.84	151.43	78.37	73.92	133.73	117.34	158.37	158.40
青岛	10	254.20	777.60	803.52	803.52	701.57	266.60	240.00	233.53	307.70	336.93	323.43	284.00
	11	1 149.37	1 349.15	1 114.62	1 754.36	1 181.77	2 058.33	1 973.25	1 536.32	1 235.81	1 369.38	1 806.25	1 584.18

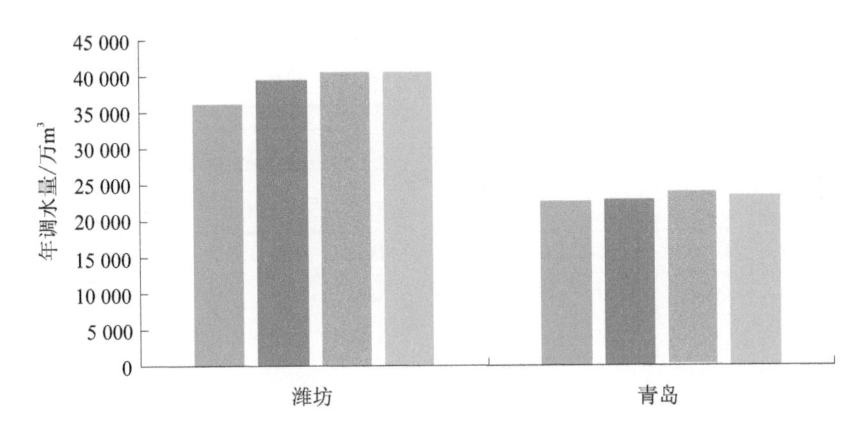

图 3-6-8　情景二的 RiverWare 调度结果与 GHM 调度结果对比

(3)情景三方案分析。

基于 GHM 模型数据 RiverWare 确定的调度方案见表 3-6-24～表 3-6-26。由表 3-6-24～表 3-6-26 和表 3-6-19 可知,三种调度目标的调度方案其各个分水口各月份的调水量比 GHM 模型的调水量稍大,两市缺水量最小、调水工程运行费最小及多目标确定的调水量,潍坊和青岛两市分别为 40 631.96 万 m³、40 637.48 万 m³、40 686.26 万 m³ 和 24 580.09 万 m³、22 970.88万 m³、26 085.72万 m³,比 GHM 模型确定的两市实际调水量36 194.08万 m³ 和 22 631.54万 m³稍大,总缺水率分别降低了 4.59%,3.44%和 5.72%,见图 3-6-9、表 3-6-27。

表 3-6-24　两市缺水量最小的调度方案　单位:万 m^3

地市	分水口	月份											
		10	11	12	1	2	3	4	5	6	7	8	9
潍坊	1	2 148.74	2 129.39	2 161.54	2 209.68	2 011.16	2 221.78	2 115.66	2 149.74	2 107.85	2 189.74	2 100.05	2 033.68
	2	33.47	0.00	0.00	0.00	64.34	0.00	0.00	0.00	0.00	6.48	54.76	70.43
	3	14.59	0.00	4.58	8.97	7.38	8.59	8.03	5.37	8.04	6.48	27.22	19.62
	4	41.12	44.84	71.49	17.95	10.08	0.00	47.63	30.44	39.96	40.38	48.61	36.06
	5	16.63	7.59	16.95	17.95	16.13	24.18	21.73	14.69	25.97	11.47	23.91	22.03
	6	246.64	26.55	0.00	250.95	206.32	169.36	223.58	217.29	221.81	275.30	319.86	306.61
	7	878.37	691.57	634.21	636.10	872.76	1 024.38	881.99	461.81	845.30	841.54	898.86	829.04
	8	32.74	50.63	0.00	0.00	0.00	0.00	51.58	64.81	67.09	72.86	70.03	40.59
	9	162.76	154.12	164.93	133.30	142.91	156.48	78.37	76.38	133.73	121.25	163.65	158.40
青岛	10	254.20	777.60	803.52	803.52	701.57	266.60	280.00	274.87	307.70	336.93	323.43	284.00
	11	1 149.37	1 349.15	1 114.62	1 742.99	1 181.77	2 058.33	2 173.25	2 401.05	1 235.81	1 369.38	1 806.25	1 584.18

表 3-6-25　调水工程运行费最小的调度方案　单位:万 m^3

地市	分水口	月份											
		10	11	12	1	2	3	4	5	6	7	8	9
潍坊	1	2 303.42	2 229.12	2 303.42	2 303.42	2 154.82	2 303.42	1 451.52	1 769.45	2 229.12	2 303.42	2 303.42	2 229.12
	2	32.39	0.00	0.00	0.00	0.00	0.00	0.00	0.00	0.00	6.27	52.99	70.43
	3	14.12	0.00	4.43	8.68	7.63	8.31	8.03	5.20	8.04	6.27	26.34	19.62
	4	39.79	44.84	69.18	17.37	10.43	0.00	47.63	29.46	39.96	39.08	47.04	36.06
	5	16.09	7.59	16.40	17.37	16.69	23.40	21.73	14.22	25.97	11.10	23.14	22.03
	6	238.68	26.55	0.00	242.85	213.43	163.90	223.58	210.28	221.81	266.42	309.54	306.61
	7	850.04	691.57	613.75	615.58	902.86	991.34	881.99	446.91	845.30	814.39	869.86	829.04
	8	31.68	50.63	0.00	0.00	0.00	0.00	51.58	62.72	67.09	70.51	67.77	40.59
	9	157.51	154.12	159.61	129.00	147.84	151.43	78.37	73.92	133.73	117.34	158.37	158.40
青岛	10	254.20	777.60	803.52	645.66	701.57	266.60	240.00	233.53	307.70	336.93	323.43	284.00
	11	1 149.37	1 349.15	1 114.62	1 437.71	1 181.77	2 058.33	1 973.25	1 536.32	1 235.81	1 369.38	1 806.25	1 584.18

表 3-6-26　两市缺水量和调水工程运行费最小的调度方案　单位：万 m³

地市	分水口	月份											
		10	11	12	1	2	3	4	5	6	7	8	9
潍坊	1	2 284.99	2 139.96	2 284.99	2 284.99	1 930.71	2 211.29	1 439.64	238.15	2 139.96	2 284.99	2 284.99	2 139.96
	2	189.51	275.27	168.84	216.98	426.84	229.08	0.00	0.00	253.73	203.52	162.11	249.99
	3	14.59	0.00	4.58	8.97	7.38	8.59	8.03	5.37	8.04	6.48	27.22	19.62
	4	41.12	44.84	71.49	17.95	10.08	0.00	47.63	30.44	39.96	40.38	48.61	36.06
	5	16.63	7.59	16.95	17.95	16.13	24.18	21.73	14.69	25.97	11.47	23.91	22.03
	6	246.64	26.55	0.00	250.95	206.32	169.36	223.58	217.29	221.81	275.30	319.86	306.61
	7	850.04	691.57	613.75	615.58	902.86	991.34	881.99	446.91	845.30	814.39	869.86	829.04
	8	31.68	50.63	0.00	0.00	0.00	0.00	51.58	62.72	67.09	70.51	67.77	40.59
	9	157.51	154.12	159.61	129.00	147.84	151.43	78.37	73.92	133.73	117.34	158.37	158.40
青岛	10	254.20	693.90	717.03	717.03	670.77	266.60	240.00	233.53	307.70	336.93	323.43	284.00
	11	1 149.37	3 161.70	1 114.62	1 804.89	1 181.77	2 058.33	2 173.25	2 401.05	1 235.81	1 369.38	1 806.25	1 584.18

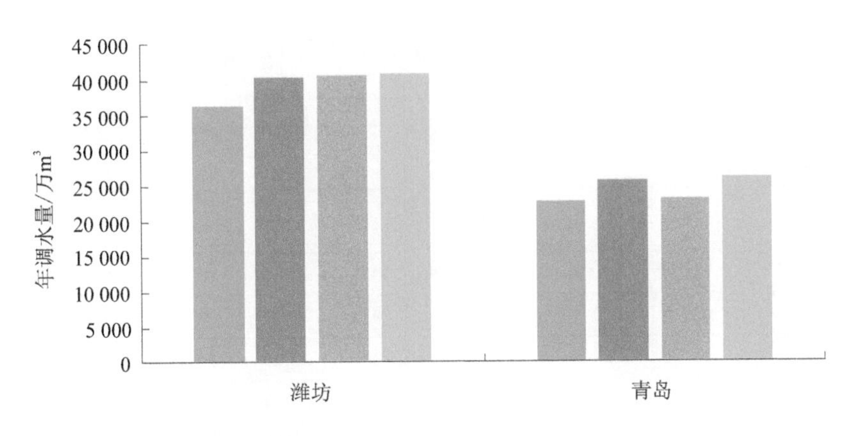

图 3-6-9　情景三的 RiverWare 调度结果与 GHM 调度结果对比

表 3-6-27　调水方案对比表

方案		调水量/万 m^3			缺水率/%		
		潍坊	青岛	小计	潍坊	青岛	总缺水率
GHM 模型(胶东四市缺水量最小)		36 194	22 632	58 826	43.45	69.82	57.68
RiverWare 情景一		40 518	23 445	63 963	36.69	68.74	53.98
RiverWare 情景二	两市缺水量最小	40 575	23 015	63 590	36.60	69.31	54.25
	调水工程运行费最小	40 611	23 839	64 450	36.55	68.21	53.63
	两市缺水量和调水工程运行费最小	40 518	23 445	63 963	36.69	68.74	53.98
RiverWare 情景三	两市缺水量最小	40 632	24 580	65 212	36.51	67.23	53.08
	调水工程运行费最小	40 637	22 971	63 608	36.50	69.37	54.24
	两市缺水量和调水工程运行费最小	40 686	26 086	66 772	36.43	65.22	51.96

3.6.2.3　规划年 2030 年 $p=75\%$时的调度方案

"胶东调水工程水资源优化调度关键技术研究"中胶东潍坊、青岛两市各分水口规划指标调度模型(GHM)确定的规划年 2030 年 $p=75\%$的方案分水量见表 3-6-28。

表 3-6-28　基于 GHM 2030 年 $p=75\%$潍坊、青岛两市联合调度方案　　单位:万 m^3

地市	分水口	月份											
		10	11	12	1	2	3	4	5	6	7	8	9
潍坊	1	2 303.42	2 229.12	2 303.42	2 303.42	2 080.51	13.90	0.00	240.07	0.00	2 303.42	2 303.42	0.00
	2	32.39	1 146.34	2 038.39	0.00	2 177.28	0.00	0.00	0.00	0.00	6.27	52.99	70.43
	3	14.12	0.00	4.43	8.68	7.63	8.31	8.03	5.20	8.04	6.27	26.34	19.62
	4	39.79	44.84	69.18	17.37	10.43	0.00	47.63	29.46	39.96	39.08	47.04	36.06
	5	16.09	7.59	16.40	17.37	16.69	23.40	21.73	14.22	25.97	11.10	23.14	22.03
	6	238.68	26.55	0.00	242.85	213.43	163.90	223.58	210.28	221.81	266.42	309.54	306.61
	7	850.04	691.57	613.75	615.58	902.86	991.34	881.99	446.91	845.30	814.39	869.86	829.04
	8	31.68	50.63	0.00	0.00	0.00	0.00	51.58	62.72	67.09	70.51	67.77	40.59
	9	157.51	154.12	159.61	129.00	147.84	151.43	78.37	73.92	133.73	117.34	158.37	158.40
青岛	10	246.00	777.60	803.52	624.83	725.76	258.00	240.00	226.00	307.70	326.06	313.00	284.00
	11	1 112.29	1 349.15	1 078.66	1 391.33	1 222.52	1 991.93	1 973.25	1 486.76	1 235.81	1 325.21	1 747.98	1 584.18

(1)情景一方案分析。

基于 GHM 模型数据 RiverWare 确定的调度方案见表 3-6-29。由表 3-6-29 和表 3-6-28 可知,RiverWare 模型确定的调水方案,其各个分水口各月份的调水量比 GHM 模型分水量稍大,且潍坊、青岛两市调水量分别为39 112.54万 m^3和25 513.11万 m^3,与 GHM 模型确定的两地市的调水量36 196.52万 m³和22 631.54万 m³相比，RiverWare模型确定的潍坊、青岛的调水量大，见图3-6-10。

表3-6-29　两市缺水量最小的调度方案　单位：万 m³

地市	分水口	月份 10	11	12	1	2	3	4	5	6	7	8	9
潍坊	1	2 107.04	1 979.30	2 108.66	2 114.58	1 844.82	2 116.02	1 329.57	220.32	1 976.75	2 112.16	2 100.71	1 967.55
	2	189.51	0.00	0.00	0.00	0.00	0.00	0.00	0.00	0.00	203.52	162.11	249.99
	3	14.59	0.00	4.58	8.97	7.38	8.59	8.03	5.37	8.04	6.48	27.22	19.62
	4	41.12	44.84	71.49	17.95	10.08	0.00	47.63	30.44	39.96	40.38	48.61	36.06
	5	16.63	7.59	16.95	17.95	16.13	24.18	21.73	14.69	25.97	11.47	23.91	22.03
	6	503.63	23.65	0.00	223.50	471.13	503.63	223.58	217.29	487.38	503.63	503.63	487.38
	7	850.04	691.57	613.75	615.58	902.86	991.34	881.99	446.91	845.30	814.39	869.86	829.04
	8	31.68	50.63	0.00	0.00	0.00	0.00	51.58	62.72	67.09	70.51	67.77	40.59
	9	157.51	154.12	159.61	129.00	147.84	151.43	78.37	73.92	133.73	117.34	158.37	158.40
青岛	10	254.20	693.90	693.90	834.75	670.77	266.60	240.00	233.53	307.70	336.93	323.43	284.00
	11	1 149.37	3 161.70	1 114.62	2 202.42	1 181.77	2 058.33	1 973.25	1 536.32	1 235.81	1 369.38	1 806.25	1 584.18

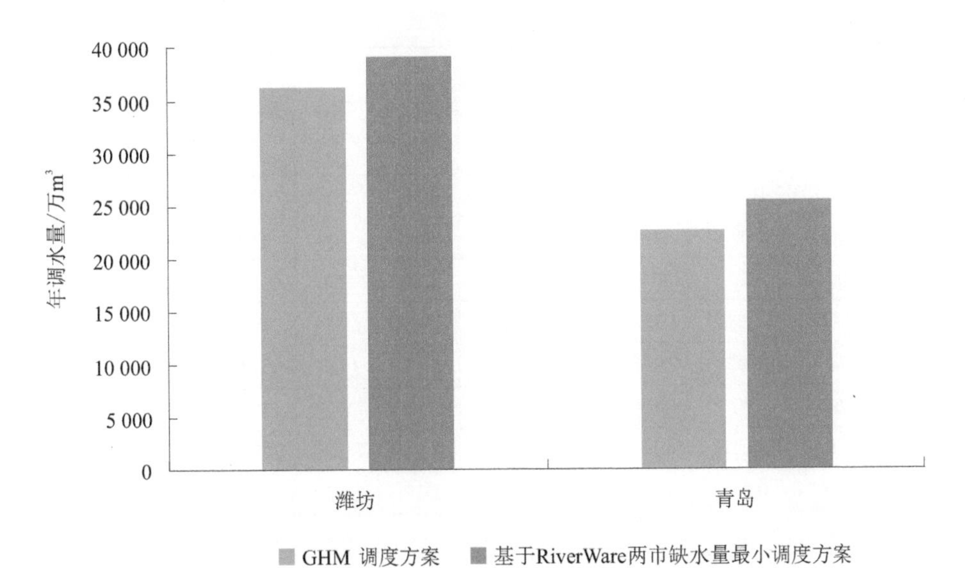

图3-6-10　情景一的RiverWare调度结果与GHM调度结果对比

(2)情景二方案分析。

基于GHM模型数据RiverWare确定的调度方案见表3-6-30～表3-6-32。由表3-6-30～表3-6-32和表3-6-28可知，三种调度目标的调度方案其各个分水口各月份的调水量比GHM模型的调水量稍大，潍坊和青岛两市在三种调度目标下的调水量分别为39 506.15万 m³、40 610.69万 m³、40 517.58万 m³和24 997.86万 m³、23 839万 m³、23 445.39万 m³，比GHM模型确定的两市实际调水量36 194.08万 m³ 和22 631.54万 m³ 稍大，总缺水率分别降低了4.47%、4.43%和4.04%，见图 3-6-11、表 3-6-36。

表 3-6-30　两市缺水量最小的调度方案　　单位：万 m³

地市	分水口	月份											
		10	11	12	1	2	3	4	5	6	7	8	9
潍坊	1	2 274.41	2 130.05	2 274.41	2 274.41	1 921.77	2 274.41	1 432.98	237.05	2 130.05	2 274.41	2 274.41	2 130.05
	2	189.51	0.00	0.00	0.00	426.84	0.00	0.00	0.00	0.00	203.52	162.11	249.99
	3	14.59	0.00	4.58	8.97	7.38	8.59	8.03	5.37	8.04	6.48	27.22	19.62
	4	41.12	44.84	71.49	17.95	10.08	0.00	47.63	30.44	39.96	40.38	48.61	36.06
	5	16.63	7.59	16.95	17.95	16.13	24.18	21.73	14.69	25.97	11.47	23.91	22.03
	6	246.64	26.55	0.00	250.95	206.32	169.36	223.58	217.29	221.81	275.30	319.86	306.61
	7	850.04	691.57	613.75	615.58	902.86	991.34	881.99	446.91	845.30	814.39	869.86	829.04
	8	31.68	50.63	0.00	0.00	0.00	0.00	51.58	62.72	67.09	70.51	67.77	40.59
	9	157.51	154.12	159.61	129.00	147.84	151.43	78.37	73.92	133.73	117.34	158.37	158.40
青岛	10	254.20	693.90	693.90	717.03	670.77	266.60	240.00	233.53	307.70	336.93	323.43	284.00
	11	1 149.37	3 161.70	1 114.62	1 804.89	1 181.77	2 058.33	1 973.25	1 536.32	1 235.81	1 369.38	1 806.25	1 584.18

表 3-6-31　调水工程运行费最小的调度方案　　单位：万 m³

地市	分水口	月份											
		10	11	12	1	2	3	4	5	6	7	8	9
潍坊	1	2 148.74	2 129.39	2 161.54	2 209.68	2 011.16	2 221.78	2 104.43	2 204.04	2 107.85	2 189.74	2 100.05	2 033.68
	2	33.47	0.00	0.00	0.00	0.00	0.00	0.00	0.00	0.00	6.48	54.76	70.43
	3	14.59	0.00	4.58	8.97	7.38	8.59	8.03	5.37	8.04	6.48	27.22	19.62
	4	41.12	44.84	71.49	17.95	10.08	0.00	47.63	30.44	39.96	40.38	48.61	36.06
	5	16.63	7.59	16.95	17.95	16.13	24.18	21.73	14.69	25.97	11.47	23.91	22.03
	6	246.64	26.55	0.00	250.95	206.32	169.36	223.58	217.29	221.81	275.30	319.86	306.61
	7	878.37	691.57	634.21	636.10	872.76	1 024.38	881.99	461.81	845.30	841.54	898.86	829.04
	8	32.74	50.63	0.00	0.00	0.00	0.00	51.58	64.81	67.09	72.86	70.03	40.59
	9	162.76	154.12	164.93	133.30	142.91	156.48	78.37	76.38	133.73	121.25	163.65	158.40
青岛	10	254.20	777.60	803.52	803.52	701.57	266.60	240.00	233.53	307.70	336.93	323.43	284.00
	11	1 149.37	1 701.10	1 472.93	1 437.71	1 181.77	2 058.33	1 973.25	1 536.32	1 235.81	1 369.38	1 806.25	1 584.18

表 3-6-32　两市缺水量和调水工程运行费最小的调度方案　单位:万 m³

地市	分水口	月份 10	11	12	1	2	3	4	5	6	7	8	9
潍坊	1	1 902.15	1 890.75	1 914.94	1 963.09	1 844.82	1 975.19	1 865.79	1 957.44	1 869.21	1 943.14	1 853.46	1 795.04
	2	33.47	0.00	0.00	0.00	0.00	0.00	0.00	0.00	0.00	6.48	54.76	70.43
	3	14.59	0.00	4.58	8.97	7.38	8.59	8.03	5.37	8.04	6.48	27.22	19.62
	4	41.12	44.84	71.49	17.95	10.08	0.00	47.63	30.44	39.96	40.38	48.61	36.06
	5	16.63	7.59	16.95	17.95	16.13	24.18	21.73	14.69	25.97	11.47	23.91	22.03
	6	503.63	487.38	503.63	503.63	471.13	503.63	223.58	217.29	487.38	503.63	503.63	487.38
	7	850.04	691.57	613.75	615.58	902.86	991.34	881.99	446.91	845.30	814.39	869.86	829.04
	8	31.68	50.63	0.00	0.00	0.00	0.00	51.58	62.72	67.09	70.51	67.77	40.59
	9	157.51	154.12	159.61	129.00	147.84	151.43	78.37	73.92	133.73	117.34	158.37	158.40
青岛	10	254.20	777.60	803.52	803.52	701.57	266.60	240.00	233.53	307.70	336.93	323.43	284.00
	11	1 149.37	1 349.15	1 114.62	1 754.36	1 181.77	2 058.33	1 973.25	1 536.32	1 235.81	1 369.38	1 806.25	1 584.18

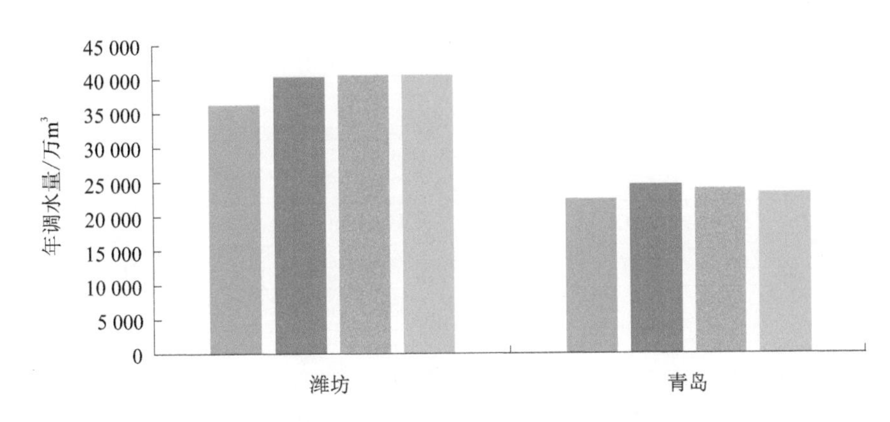

图 3-6-11　情景二的 RiverWare 调度结果与 GHM 调度结果对比

(3)情景三方案分析。

基于 GHM 模型数据 RiverWare 确定的调度方案见表 3-6-33～表 3-6-35。由表 3-6-33～表 3-6-35 和表 3-6-28 可知,三种调度目标的调度方案其各个分水口各月份的调水量比 GHM 模型的调水量稍大,潍坊和青岛两市在三种调度目标下的调水量分别为40 137.8万 m³、40 637.48万 m³、40 686.26万 m³和26 644.9万 m³、22 970.88万 m³、26 085.72万 m³,比 GHM 模型确定的两市实际调水量36 194.08万 m³和22 631.54万 m³稍大,总缺水率分别降低了6.26%、3.76%和 6.26%,见图 3-6-12、表 3-6-36。

表 3-6-33　两市缺水量最小的调度方案

单位：万 m³

地市	分水口	月份											
		10	11	12	1	2	3	4	5	6	7	8	9
潍坊	1	2 299.85	2 229.12	2 299.85	2 299.85	2 011.16	2 299.85	1 507.63	241.96	2 229.12	2 299.85	2 299.85	2 229.12
	2	189.51	0.00	0.00	0.00	426.84	0.00	0.00	0.00	0.00	203.52	162.11	249.99
	3	14.59	0.00	4.58	8.97	7.38	8.59	8.03	5.37	8.04	6.48	27.22	19.62
	4	41.12	44.84	71.49	17.95	10.08	0.00	47.63	30.44	39.96	40.38	48.61	36.06
	5	16.63	7.59	16.95	17.95	16.13	24.18	21.73	14.69	25.97	11.47	23.91	22.03
	6	246.64	1.29	0.00	111.36	206.32	169.36	223.58	217.29	221.81	275.30	319.86	306.61
	7	878.37	691.57	634.21	636.10	872.76	1 024.38	881.99	461.81	845.30	841.54	898.86	829.04
	8	32.74	50.63	0.00	0.00	0.00	0.00	51.58	64.81	67.09	72.86	70.03	40.59
	9	162.76	154.12	164.93	133.30	142.91	156.48	78.37	76.38	133.73	121.25	163.65	158.40
青岛	10	254.20	693.90	693.90	834.75	670.77	266.60	280.00	274.87	307.70	336.93	323.43	284.00
	11	1 149.37	3 161.70	1 114.62	2 188.14	1 181.77	2 058.33	2 173.25	2 401.05	1 235.81	1 369.38	1 806.25	1 584.18

表 3-6-34　调水工程运行费最小的调度方案

单位：万 m³

地市	分水口	月份											
		10	11	12	1	2	3	4	5	6	7	8	9
潍坊	1	2 303.42	2 229.12	2 303.42	2 303.42	2 154.82	2 303.42	1 451.52	1 769.45	2 229.12	2 303.42	2 303.42	2 229.12
	2	32.39	0.00	0.00	0.00	0.00	0.00	0.00	0.00	0.00	6.27	52.99	70.43
	3	14.12	0.00	4.43	8.68	7.63	8.31	8.03	5.20	8.04	6.27	26.34	19.62
	4	39.79	44.84	69.18	17.37	10.43	0.00	47.63	29.46	39.96	39.08	47.04	36.06
	5	16.09	7.59	16.40	17.37	16.69	23.40	21.73	14.22	25.97	11.10	23.14	22.03
	6	238.68	26.55	0.00	242.85	213.43	163.90	223.58	210.28	221.81	266.42	309.54	306.61
	7	850.04	691.57	613.75	615.58	902.86	991.34	881.99	446.91	845.30	814.39	869.86	829.04
	8	31.68	50.63	0.00	0.00	0.00	0.00	51.58	62.72	67.09	70.51	67.77	40.59
	9	157.51	154.12	159.61	129.00	147.84	151.43	78.37	73.92	133.73	117.34	158.37	158.40
青岛	10	254.20	777.60	803.52	645.66	701.57	266.60	240.00	233.53	307.70	336.93	323.43	284.00
	11	1 149.37	1 349.15	1 114.62	1 437.71	1 181.77	2 058.33	1 973.25	1 536.32	1 235.81	1 369.38	1 806.25	1 584.18

表 3-6-35　两市缺水量和调水工程运行费最小的调度方案　单位:万 m³

地市	分水口	月份											
		10	11	12	1	2	3	4	5	6	7	8	9
潍坊	1	2 284.99	2 139.96	2 284.99	2 284.99	1 930.71	2 211.29	1 439.64	238.15	2 139.96	2 284.99	2 284.99	2 139.96
	2	189.51	275.27	168.84	216.98	426.84	229.08	0.00	0.00	253.73	203.52	162.11	249.99
	3	14.59	0.00	4.58	8.97	7.38	8.59	8.03	5.37	8.04	6.48	27.22	19.62
	4	41.12	44.84	71.49	17.95	10.08	0.00	47.63	30.44	39.96	40.38	48.61	36.06
	5	16.63	7.59	16.95	17.95	16.13	24.18	21.73	14.69	25.97	11.47	23.91	22.03
	6	246.64	26.55	0.00	250.95	206.32	169.36	223.58	217.29	221.81	275.30	319.86	306.61
	7	850.04	691.57	613.75	615.58	902.86	991.34	881.99	446.91	845.30	814.39	869.86	829.04
	8	31.68	50.63	0.00	0.00	0.00	0.00	51.58	62.72	67.09	70.51	67.77	40.59
	9	157.51	154.12	159.61	129.00	147.84	151.43	78.37	73.92	133.73	117.34	158.37	158.40
青岛	10	254.20	693.90	717.03	717.03	670.77	266.60	240.00	233.53	307.70	336.93	323.43	284.00
	11	1 149.37	3 161.70	1 114.62	1 804.89	1 181.77	2 058.33	2 173.25	2 401.05	1 235.81	1 369.38	1 806.25	1 584.18

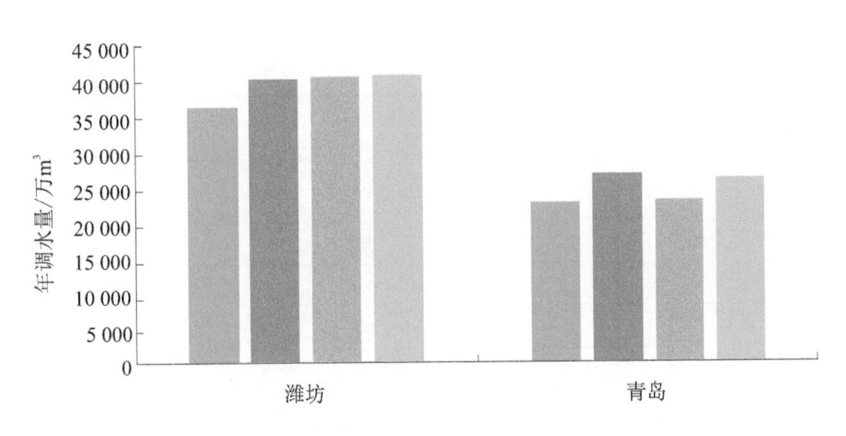

图 3-6-12　情景三的 RiverWare 调度结果与 GHM 调度结果对比

表 3-6-36　调水方案对比表

方案		调水量/万 m³			缺水率/%		
		潍坊	青岛	小计	潍坊	青岛	总缺水率
GHM 模型(胶东四市缺水量最小)		36 197	22 632	58 828	51.74	56.48	53.68
RiverWare 情景一		39 113	25 513	64 626	47.85	50.94	49.11
RiverWare 情景二	两市缺水量最小	39 506	24 998	64 504	47.33	51.93	49.21
	调水工程运行费最小	40 611	23 839	64 450	45.85	54.16	49.25
	两市缺水量和调水工程运行费最小	40 518	23 445	63 963	45.98	54.91	49.64
RiverWare 情景三	两市缺水量最小	40 138	26 645	66 783	46.48	48.76	47.42
	调水工程运行费最小	40 637	22 971	63 608	45.82	55.83	49.91
	两市缺水量和调水工程运行费最小	40 686	26 086	66 772	45.75	49.84	47.42

3.6.2.4　**规划年 2030 年 $p=95\%$ 时的调度方案**

“胶东调水工程水资源优化调度关键技术研究”中规划指标调度模型(GHM)确定的规划年 2030 年 $p=95\%$潍坊、青岛两市的调度方案见表 3-6-37。

表 3-6-37　基于 GHM 2030 年 $p=95\%$潍坊、青岛两市联合调度方案　　单位:万 m³

地市	分水口	月份											
		10	11	12	1	2	3	4	5	6	7	8	9
潍坊	1	2 303.42	2 229.12	2 303.42	2 303.42	2 080.51	13.90	0.00	240.07	0.00	2 303.42	2 303.42	0.00
	2	32.39	907.71	2 277.02	0.00	2 177.28	0.00	0.00	0.00	0.00	6.27	52.99	70.43
	3	14.12	0.00	4.43	8.68	7.63	8.31	8.03	5.20	8.04	6.27	26.34	19.62
	4	39.79	44.84	69.18	17.37	10.43	0.00	47.63	29.46	39.96	39.08	47.04	36.06
	5	16.09	7.59	16.40	17.37	16.69	23.40	21.73	14.22	25.97	11.10	23.14	22.03
	6	238.68	26.55	0.00	242.85	213.43	163.90	223.58	210.28	221.81	266.42	309.54	306.61
	7	850.04	691.57	613.75	615.58	902.86	991.34	881.99	446.91	845.30	814.39	869.86	829.04
	8	31.68	50.63	0.00	0.00	0.00	0.00	51.58	62.72	67.09	70.51	67.77	40.59
	9	157.51	154.12	159.61	129.00	147.84	151.43	78.37	73.92	133.73	117.34	158.37	158.40
青岛	10	246.00	777.60	803.52	624.83	725.76	258.00	240.00	226.00	307.70	326.06	313.00	284.00
	11	1 112.29	1 349.15	1 078.66	1 391.33	1 222.52	1 991.93	1 973.25	1 486.76	1 235.81	1 325.21	1 747.98	1 584.18

(1)情景一方案分析。

RiverWare 模型确定的调水方案见表 3-6-38。由表 3-6-38 和表 3-6-37 可知,RiverWare 模型确定的调水方案,其各个分水口各月份的调水量比 GHM 模型确定的调水量稍大,潍坊和青岛两市调水量分别为 40 690.68 万 m³和 25 248.78 万 m³,比 GHM 模型确定的两市调水量要大,总缺水率降低了 5.08%,见图 3-6-13、表 3-6-45。

表 3-6-38　两市缺水量最小的调度方案　单位:万 m^3

地市	分水口	月份											
		10	11	12	1	2	3	4	5	6	7	8	9
潍坊	1	2 107.04	1 890.75	1 914.94	1 963.09	1 844.82	1 975.19	1 865.79	1 957.44	1 869.21	1 943.14	1 853.46	1 795.04
	2	436.10	0.00	0.00	0.00	0.00	0.00	0.00	0.00	0.00	450.10	408.69	85.95
	3	14.59	0.00	4.58	8.97	7.38	8.59	8.03	5.37	8.04	6.48	27.22	19.62
	4	41.12	44.84	71.49	17.95	10.08	0.00	47.63	30.44	39.96	40.38	48.61	36.06
	5	16.63	7.59	16.95	17.95	16.13	24.18	21.73	14.69	25.97	11.47	23.91	22.03
	6	503.63	23.65	0.00	223.50	471.13	503.63	223.58	217.29	487.38	503.63	503.63	487.38
	7	850.04	691.57	613.75	615.58	902.86	991.34	881.99	446.91	845.30	814.39	869.86	829.04
	8	31.68	50.63	0.00	0.00	0.00	0.00	51.58	62.72	67.09	70.51	67.77	40.59
	9	157.51	154.12	159.61	129.00	147.84	151.43	78.37	73.92	133.73	117.34	158.37	158.40
青岛	10	254.20	773.96	773.96	931.06	701.57	266.60	240.00	233.53	307.70	336.93	323.43	284.00
	11	1 149.37	1 349.15	1 114.62	3 463.41	1 181.77	2 058.33	1 973.25	1 536.32	1 235.81	1 369.38	1 806.25	1 584.18

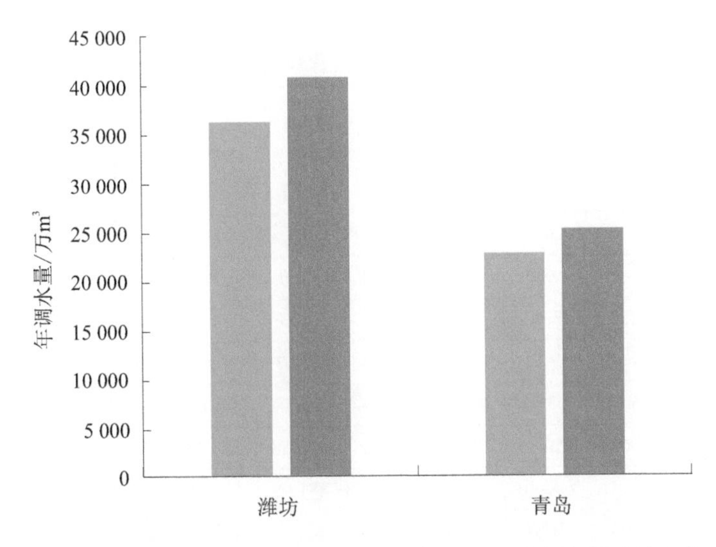

图 3-6-13　情景一的 RiverWare 调度结果与 GHM 调度结果对比

(2)情景二方案分析。

RiverWare 模型确定的调水方案见表 3-6-39 ~ 表 3-6-41。由表 3-6-39 ~ 表 3-6-41 和表 3-6-37可知,三种调度目标的调度方案其各个分水口各月份的调水量比 GHM 模型的调水量稍大,潍坊和青岛两市在三种调度目标下的调水量分别为40 463.06万 m^3、40 610.69万 m^3、40 690.02万 m^3和24 492.35万 m^3、23 839万 m^3、23 445.39万 m^3,比 GHM 模型确定的两市调水量稍大，总缺水率分别降低了 4.38%、4.02%和 3.79%，见图 3-6-14、表 3-6-45。

表 3-6-39　两市缺水量最小的调度方案　　单位：万 m^3

地市	分水口	月份											
		10	11	12	1	2	3	4	5	6	7	8	9
潍坊	1	2 274.41	2 130.05	2 274.41	2 274.41	1 921.77	2 274.41	779.98	1 040.57	2 130.05	2 274.41	2 274.41	2 130.05
	2	436.10	0.00	0.00	0.00	657.52	0.00	0.00	0.00	0.00	450.10	408.69	85.95
	3	14.59	0.00	4.58	8.97	7.38	8.59	8.03	5.37	8.04	6.48	27.22	19.62
	4	41.12	44.84	71.49	17.95	10.08	0.00	47.63	30.44	39.96	40.38	48.61	36.06
	5	16.63	7.59	16.95	17.95	16.13	24.18	21.73	14.69	25.97	11.47	23.91	22.03
	6	246.64	26.55	0.00	250.95	206.32	169.36	223.58	217.29	221.81	275.30	319.86	306.61
	7	850.04	691.57	613.75	615.58	902.86	991.34	881.99	446.91	845.30	814.39	869.86	829.04
	8	31.68	50.63	0.00	0.00	0.00	0.00	51.58	62.72	67.09	70.51	67.77	40.59
	9	157.51	154.12	159.61	129.00	147.84	151.43	78.37	73.92	133.73	117.34	158.37	158.40
青岛	10	254.20	773.96	773.96	799.76	701.57	266.60	240.00	233.53	307.70	336.93	323.43	284.00
	11	1 149.37	1 349.15	1 114.62	2 838.28	1 181.77	2 058.33	1 973.25	1 536.32	1 235.81	1 369.38	1 806.25	1 584.18

表 3-6-40　调水工程运行费最小的调度方案　　单位：万 m^3

地市	分水口	月份											
		10	11	12	1	2	3	4	5	6	7	8	9
潍坊	1	2 148.74	2 129.39	2 161.54	2 209.68	2 011.16	2 221.78	2 104.43	2 204.04	2 107.85	2 189.74	2 100.05	2 033.68
	2	33.47	0.00	0.00	0.00	0.00	0.00	0.00	0.00	0.00	6.48	54.76	70.43
	3	14.59	0.00	4.58	8.97	7.38	8.59	8.03	5.37	8.04	6.48	27.22	19.62
	4	41.12	44.84	71.49	17.95	10.08	0.00	47.63	30.44	39.96	40.38	48.61	36.06
	5	16.63	7.59	16.95	17.95	16.13	24.18	21.73	14.69	25.97	11.47	23.91	22.03
	6	246.64	26.55	0.00	250.95	206.32	169.36	223.58	217.29	221.81	275.30	319.86	306.61
	7	878.37	691.57	634.21	636.10	872.76	1 024.38	881.99	461.81	845.30	841.54	898.86	829.04
	8	32.74	50.63	0.00	0.00	0.00	0.00	51.58	64.81	67.09	72.86	70.03	40.59
	9	162.76	154.12	164.93	133.30	142.91	156.48	78.37	76.38	133.73	121.25	163.65	158.40
青岛	10	254.20	777.60	803.52	803.52	701.57	266.60	240.00	233.53	307.70	336.93	323.43	284.00
	11	1 149.37	1 701.10	1 472.93	1 437.71	1 181.77	2 058.33	1 973.25	1 536.32	1 235.81	1 369.38	1 806.25	1 584.18

表 3-6-41　两市缺水量和调水工程运行费最小的调度方案　单位:万 m^3

地市	分水口	月份											
		10	11	12	1	2	3	4	5	6	7	8	9
潍坊	1	1 902.15	1 890.75	1 914.94	1 963.09	1 844.82	1 975.19	1 865.79	1 957.44	1 869.21	1 933.16	1 946.13	1 884.79
	2	33.47	0.00	0.00	0.00	0.00	0.00	0.00	0.00	0.00	6.48	54.76	70.43
	3	14.59	0.00	4.58	8.97	7.38	8.59	8.03	5.37	8.04	6.48	27.22	19.62
	4	41.12	44.84	71.49	17.95	10.08	0.00	47.63	30.44	39.96	40.38	48.61	36.06
	5	16.63	7.59	16.95	17.95	16.13	24.18	21.73	14.69	25.97	11.47	23.91	22.03
	6	503.63	487.38	503.63	503.63	471.13	503.63	223.58	217.29	487.38	503.63	503.63	487.38
	7	850.04	691.57	613.75	615.58	902.86	991.34	881.99	446.91	845.30	814.39	869.86	829.04
	8	31.68	50.63	0.00	0.00	0.00	0.00	51.58	62.72	67.09	70.51	67.77	40.59
	9	157.51	154.12	159.61	129.00	147.84	151.43	78.37	73.92	133.73	117.34	158.37	158.40
青岛	10	254.20	777.60	803.52	803.52	701.57	266.60	240.00	233.53	307.70	336.93	323.43	284.00
	11	1 149.37	1 349.15	1 114.62	1 754.36	1 181.77	2 058.33	1 973.25	1 536.32	1 235.81	1 369.38	1 806.25	1 584.18

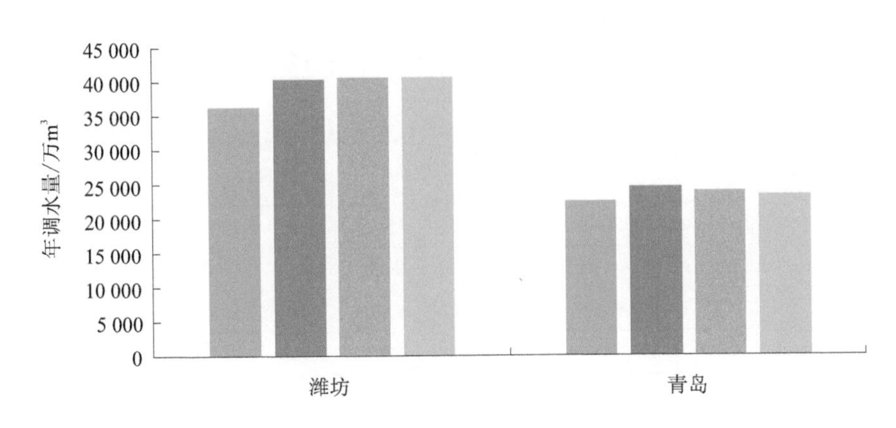

图 3-6-14　情景二的 RiverWare 调度结果与 GHM 调度结果对比

(3)情景三方案分析。

RiverWare 模型确定的调水方案见表 3-6-42 ~ 表 3-6-44。由表 3-6-42 ~ 表 3-6-44 和表3-6-37可知,三种调度目标的调度方案其各个分水口各月份的调水量比 GHM 模型的调水量稍大,潍坊和青岛两市在三种调度目标下的调水量分别为40 631.96万 m^3、40 637.48万 m^3、40 686.26万 m^{3}和24 580.09万 m^3、22 970.88万 m^3、26 085.72万 m^3,比 GHM 模型确定的两市调水量稍大,总缺水量分别降低了 4.56%、3.41%和 5.67%,见图 3-6-15、表 3-6-45。

表 3-6-42　两市缺水量最小的调度方案　　单位：万 m^3

地市	分水口	月份											
		10	11	12	1	2	3	4	5	6	7	8	9
潍坊	1	2 148.74	2 129.39	2 161.54	2 209.68	2 011.16	2 221.78	2 115.66	2 149.74	2 107.85	2 189.74	2 100.05	2 033.68
	2	33.47	0.00	0.00	0.00	64.34	0.00	0.00	0.00	0.00	6.48	54.76	70.43
	3	14.59	0.00	4.58	8.97	7.38	8.59	8.03	5.37	8.04	6.48	27.22	19.62
	4	41.12	44.84	71.49	17.95	10.08	0.00	47.63	30.44	39.96	40.38	48.61	36.06
	5	16.63	7.59	16.95	17.95	16.13	24.18	21.73	14.69	25.97	11.47	23.91	22.03
	6	246.64	26.55	0.00	250.95	206.32	169.36	223.58	217.29	221.81	275.30	319.86	306.61
	7	878.37	691.57	634.21	636.10	872.76	1 024.38	881.99	461.81	845.30	841.54	898.86	829.04
	8	32.74	50.63	0.00	0.00	0.00	0.00	51.58	64.81	67.09	72.86	70.03	40.59
	9	162.76	154.12	164.93	133.30	142.91	156.48	78.37	76.38	133.73	121.25	163.65	158.40
青岛	10	254.20	777.60	803.52	803.52	701.57	266.60	280.00	274.87	307.70	336.93	323.43	284.00
	11	1 149.37	1 349.15	1 114.62	1 742.99	1 181.77	2 058.33	2 173.25	2 401.05	1 235.81	1 369.38	1 806.25	1 584.18

表 3-6-43　调水工程运行费最小的调度方案　　单位：万 m^3

地市	分水口	月份											
		10	11	12	1	2	3	4	5	6	7	8	9
潍坊	1	2 303.42	2 229.12	2 303.42	2 303.42	2 154.82	2 303.42	1 451.52	1 769.45	2 229.12	2 303.42	2 303.42	2 229.12
	2	32.39	0.00	0.00	0.00	0.00	0.00	0.00	0.00	0.00	6.27	52.99	70.43
	3	14.12	0.00	4.43	8.68	7.63	8.31	8.03	5.20	8.04	6.27	26.34	19.62
	4	39.79	44.84	69.18	17.37	10.43	0.00	47.63	29.46	39.96	39.08	47.04	36.06
	5	16.09	7.59	16.40	17.37	16.69	23.40	21.73	14.22	25.97	11.10	23.14	22.03
	6	238.68	26.55	0.00	242.85	213.43	163.90	223.58	210.28	221.81	266.42	309.54	306.61
	7	850.04	691.57	613.75	615.58	902.86	991.34	881.99	446.91	845.30	814.39	869.86	829.04
	8	31.68	50.63	0.00	0.00	0.00	0.00	51.58	62.72	67.09	70.51	67.77	40.59
	9	157.51	154.12	159.61	129.00	147.84	151.43	78.37	73.92	133.73	117.34	158.37	158.40
青岛	10	254.20	777.60	803.52	645.66	701.57	266.60	240.00	233.53	307.70	336.93	323.43	284.00
	11	1 149.37	1 349.15	1 114.62	1 437.71	1 181.77	2 058.33	1 973.25	1 536.32	1 235.81	1 369.38	1 806.25	1 584.18

表 3-6-44　两市缺水量和调水工程运行费最小的调度方案　　单位:万 m³

地市	分水口	月份											
		10	11	12	1	2	3	4	5	6	7	8	9
潍坊	1	2 284.99	2 139.96	2 284.99	2 284.99	1 930.71	2 211.29	1 439.64	238.15	2 139.96	2 284.99	2 284.99	2 139.96
	2	189.51	275.27	168.84	216.98	426.84	229.08	0.00	0.00	253.73	203.52	162.11	249.99
	3	14.59	0.00	4.58	8.97	7.38	8.59	8.03	5.37	8.04	6.48	27.22	19.62
	4	41.12	44.84	71.49	17.95	10.08	0.00	47.63	30.44	39.96	40.38	48.61	36.06
	5	16.63	7.59	16.95	17.95	16.13	24.18	21.73	14.69	25.97	11.47	23.91	22.03
	6	246.64	26.55	0.00	250.95	206.32	169.36	223.58	217.29	221.81	275.30	319.86	306.61
	7	850.04	691.57	613.75	615.58	902.86	991.34	881.99	446.91	845.30	814.39	869.86	829.04
	8	31.68	50.63	0.00	0.00	0.00	0.00	51.58	62.72	67.09	70.51	67.77	40.59
	9	157.51	154.12	159.61	129.00	147.84	151.43	78.37	73.92	133.73	117.34	158.37	158.40
青岛	10	254.20	693.90	717.03	717.03	670.77	266.60	240.00	233.53	307.70	336.93	323.43	284.00
	11	1 149.37	3 161.70	1 114.62	1 804.89	1 181.77	2 058.33	2 173.25	2 401.05	1 235.81	1 369.38	1 806.25	1 584.18

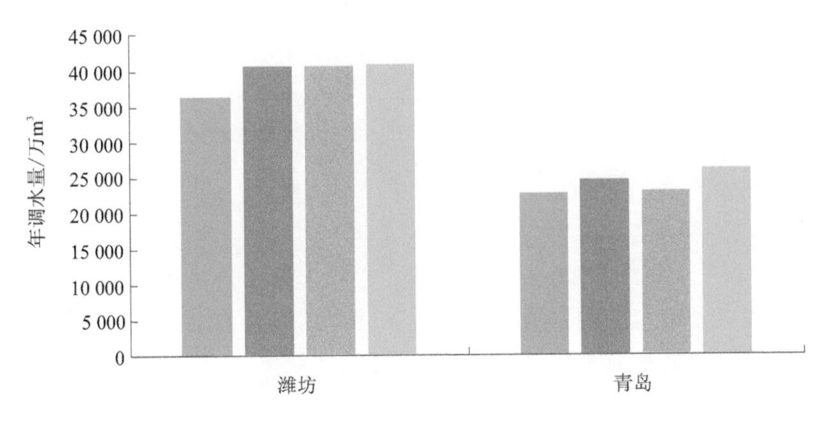

图 3-6-15　情景三的 RiverWare 调度结果与 GHM 调度结果对比

表 3-6-45　调水方案对比表

方案		调水量/万 m^3			缺水率%		
		潍坊	青岛	小计	潍坊	青岛	总缺水率
GHM 模型(胶东四市缺水量最小)		36 197	22 632	58 828	55.86	60.98	57.98
RiverWare 情景一		40 691	25 249	65 939	50.38	56.47	52.90
RiverWare 情景二	两市缺水量最小	40 463	24 492	64 955	50.65	57.77	53.60
	调水工程运行费最小	40 611	23 839	64 450	50.47	58.90	53.96
	两市缺水量和调水工程运行费最小	40 690	23 445	64 135	50.38	59.58	54.19
RiverWare 情景三	两市缺水量最小	40 632	24 580	65 212	50.45	57.62	53.42
	调水工程运行费最小	40 637	22 971	63 608	50.44	60.40	54.57
	两市缺水量和调水工程运行费最小	40 686	26 086	66 772	50.38	55.02	52.31

综上对比分析知,在相同调度目标情况下,即受水区缺水量最小,RiverWare 确定的两地市调水量比 GHM 模型确定的调水量高 8.1%~13.5%。因为 GHM 是基于胶东四市进行调度,在渠道过流能力一定的条件下,受水区越多,各地市调度水量越少,因此,RiverWare 确定的两地市调水量比 GHM 模型确定的调水量高是合理的。

3.6.3　与 TPM 模型确定的调度方案对比分析

基于"胶东调水工程水资源优化调度关键技术研究"报告中的 TPM 模型数据,利用 RiverWare确定的调度方案与研究报告中的 TPM 模型确定的调度方案对比分析,验证 River-Ware 模型确定方案的合理性。

3.6.3.1　规划年 2020 年 $p=75\%$时的调度方案

"胶东调水工程水资源优化调度关键技术研究"报告中利用 TPM 模型确定的潍坊、青岛两市规划年 2020 年 $p=75\%$的调度方案见表 3-6-46。

表 3-6-46　基于 TPM 2020 年 $p=75\%$潍坊、青岛两市联合调度方案　单位：万 m^3

地市	分水口	月份											
		10	11	12	1	2	3	4	5	6	7	8	9
潍坊	1	0.00	0.00	2 192.06	2 303.42	0.00	13.90	0.00	240.07	0.00	65.96	46.51	0.00
	2	32.39	0.00	0	0.00	0.00	0.00	0.00	0.00	0.00	6.27	52.99	70.43
	3	14.12	0.00	4.43	8.68	7.63	8.31	8.03	5.20	8.04	6.27	26.34	19.62
	4	39.79	44.84	69.18	17.37	10.43	0.00	47.63	29.46	39.96	39.08	47.04	36.06
	5	16.09	7.59	16.4	17.37	16.69	23.40	21.73	14.22	25.97	11.10	23.14	22.03
	6	238.68	26.55	0	242.85	213.43	163.90	223.58	210.28	221.81	266.42	309.54	306.61
	7	850.04	691.57	613.75	615.58	902.86	991.34	881.99	446.91	845.30	814.39	869.86	829.04
	8	31.68	50.63	0	0.00	0.00	0.00	51.58	62.72	67.09	70.51	67.77	40.59
	9	157.51	154.12	159.61	129.00	147.84	151.43	78.37	73.92	133.73	117.34	158.37	158.40
青岛	10	246.00	777.60	803.52	803.52	725.76	258.00	240.00	226.00	307.70	326.06	313.00	284.00
	11	1 112.29	4 620.95	4 620.95	3 275.95	1 222.52	1 991.93	1 973.25	1 486.76	1 235.81	1 325.21	1 747.98	1 584.18

（1）情景一方案分析。

基于 TPM 模型数据 RiverWare 确定的调度方案见表 3-6-47。由表 3-6-47 和表 3-6-46 可知，RiverWare 模型确定的调水方案，其大部分分水口的调水量与 TPM 模型确定的调水量相同，只有个别分水口的调水量与 TPM 模型分水量不同，且潍坊、青岛两市调水量分别为 21 878.83万 m^3和 33 048.11 万 m^3，分别比 TPM 模型确定的两地市调水量要高，见图 3-6-16。

表 3-6-47　两市缺水量最小的调度方案　单位：万 m^3

地市	分水口	月份											
		10	11	12	1	2	3	4	5	6	7	8	9
潍坊	1	0.00	1 466.60	1 615.89	0.00	1 678.59	13.90	0.00	241.06	0.00	1 642.78	466.20	0.00
	2	32.39	0.00	0.00	0.00	0.00	0.00	0.00	0.00	0.00	6.27	52.99	70.43
	3	14.12	0.00	4.43	8.68	7.63	8.31	8.03	5.20	8.04	6.27	26.34	19.62
	4	39.79	44.84	69.18	17.37	10.43	0.00	47.63	29.46	39.96	39.08	47.04	36.06
	5	16.09	7.59	16.40	17.37	16.69	23.40	21.73	14.22	25.97	11.10	23.14	22.03
	6	238.68	26.55	0.00	242.85	213.43	163.90	223.58	210.28	221.81	266.42	309.54	306.61
	7	850.04	691.57	613.75	615.58	902.86	991.34	881.99	446.91	845.30	814.39	869.86	829.04
	8	31.68	50.63	0.00	0.00	0.00	0.00	51.58	62.72	67.09	70.51	67.77	40.59
	9	157.51	154.12	159.61	129.00	147.84	151.43	78.37	73.92	133.73	117.34	158.37	158.40
青岛	10	781.68	777.60	803.52	803.52	725.76	258.00	758.40	226.00	307.70	326.06	313.00	284.00
	11	1 112.29	3 801.57	3 779.58	4 195.34	2 448.97	1 991.93	1 973.25	1 486.76	1 235.81	1 325.21	1 747.98	1 584.18

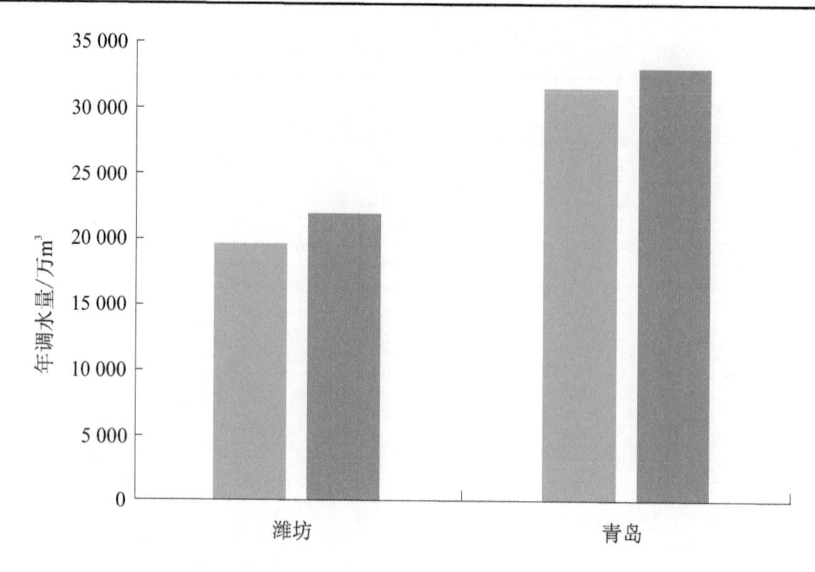

图 3-6-16 情景一的 RiverWare 调度结果与 TPM 调度结果对比

(2)情景二方案分析。

基于TPM模型数据RiverWare确定的调度方案见表3-6-48～表3-6-50。由表3-6-48～表3-6-50和表3-6-46可知,潍坊、青岛两市在三种调度目标下的调水量分别为21 878.83万m³、15 120.25万m³、21 877.84万m³和33 048.11万m³、20 526.83万m³、31 994.03万m³,其中调水工程运行费最小的调水量比TPM模型的调水量小,其他两种调度目标的调水量要比TPM模型的调水量稍大,总缺水率分别降低了3.02%和2.18%,见图3-6-17、表3-6-54。

表 3-6-48 两市缺水量最小的调度方案 单位:万 m³

地市	分水口	月份											
		10	11	12	1	2	3	4	5	6	7	8	9
潍坊	1	0.00	1 466.60	1 615.89	0.00	1 678.59	13.90	0.00	241.06	0.00	1 642.78	466.20	0.00
	2	32.39	0.00	0.00	0.00	0.00	0.00	0.00	0.00	0.00	6.27	52.99	70.43
	3	14.12	0.00	4.43	8.68	7.63	8.31	8.03	5.20	8.04	6.27	26.34	19.62
	4	39.79	44.84	69.18	17.37	10.43	0.00	47.63	29.46	39.96	39.08	47.04	36.06
	5	16.09	7.59	16.40	17.37	16.69	23.40	21.73	14.22	25.97	11.10	23.14	22.03
	6	238.68	26.55	0.00	242.85	213.43	163.90	223.58	210.28	221.81	266.42	309.54	306.61
	7	850.04	691.57	613.75	615.58	902.86	991.34	881.99	446.91	845.30	814.39	869.86	829.04
	8	31.68	50.63	0.00	0.00	0.00	0.00	51.58	62.72	67.09	70.51	67.77	40.59
	9	157.51	154.12	159.61	129.00	147.84	151.43	78.37	73.92	133.73	117.34	158.37	158.40
青岛	10	781.68	777.60	803.52	803.52	725.76	258.00	758.40	226.00	307.70	326.06	313.00	284.00
	11	1 112.29	3 801.57	3 779.58	4 195.34	2 448.97	1 991.93	1 973.25	1 486.76	1 235.81	1 325.21	1 747.98	1 584.18

表 3-6-49　调水工程运行费最小的调度方案　单位：万 m^3

地市	分水口	月份											
		10	11	12	1	2	3	4	5	6	7	8	9
潍坊	1	0.00	0.00	0.00	0.00	0.00	13.90	0.00	240.07	0.00	65.96	46.51	0.00
	2	32.39	0.00	0.00	0.00	0.00	0.00	0.00	0.00	0.00	6.27	52.99	70.43
	3	14.12	0.00	4.43	8.68	7.63	8.31	8.03	5.20	8.04	6.27	26.34	19.62
	4	39.79	44.84	69.18	17.37	10.43	0.00	47.63	29.46	39.96	39.08	47.04	36.06
	5	16.09	7.59	16.40	17.37	16.69	23.40	21.73	14.22	25.97	11.10	23.14	22.03
	6	238.68	26.55	0.00	242.85	213.43	163.90	223.58	210.28	221.81	266.42	309.54	306.61
	7	850.04	691.57	613.75	615.58	902.86	991.34	881.99	446.91	845.30	814.39	869.86	829.04
	8	31.68	50.63	0.00	0.00	0.00	0.00	51.58	62.72	67.09	70.51	67.77	40.59
	9	157.51	154.12	159.61	129.00	147.84	151.43	78.37	73.92	133.73	117.34	158.37	158.40
青岛	10	246.00	226.00	126.00	200.00	275.00	258.00	240.00	226.00	307.70	326.06	313.00	284.00
	11	1 112.29	1 349.15	1 078.66	1 391.33	1 222.52	1 991.93	1 973.25	1 486.76	1 235.81	1 325.21	1 747.98	1 584.18

表 3-6-50　两市缺水量和调水工程运行费最小的调度方案　单位：万 m^3

地市	分水口	月份											
		10	11	12	1	2	3	4	5	6	7	8	9
潍坊	1	0.00	1 466.60	1 615.89	0.00	1 678.59	13.90	0.00	240.07	0.00	1 642.78	466.20	0.00
	2	32.39	0.00	0.00	0.00	0.00	0.00	0.00	0.00	0.00	6.27	52.99	70.43
	3	14.12	0.00	4.43	8.68	7.63	8.31	8.03	5.20	8.04	6.27	26.34	19.62
	4	39.79	44.84	69.18	17.37	10.43	0.00	47.63	29.46	39.96	39.08	47.04	36.06
	5	16.09	7.59	16.40	17.37	16.69	23.40	21.73	14.22	25.97	11.10	23.14	22.03
	6	238.68	26.55	0.00	242.85	213.43	163.90	223.58	210.28	221.81	266.42	309.54	306.61
	7	850.04	691.57	613.75	615.58	902.86	991.34	881.99	446.91	845.30	814.39	869.86	829.04
	8	31.68	50.63	0.00	0.00	0.00	0.00	51.58	62.72	67.09	70.51	67.77	40.59
	9	157.51	154.12	159.61	129.00	147.84	151.43	78.37	73.92	133.73	117.34	158.37	158.40
青岛	10	246.00	777.60	803.52	803.52	725.76	258.00	240.00	226.00	307.70	326.06	313.00	284.00
	11	1 112.29	3 801.57	3 779.58	4 195.34	2 448.97	1 991.93	1 973.25	1 486.76	1 235.81	1 325.21	1 747.98	1 584.18

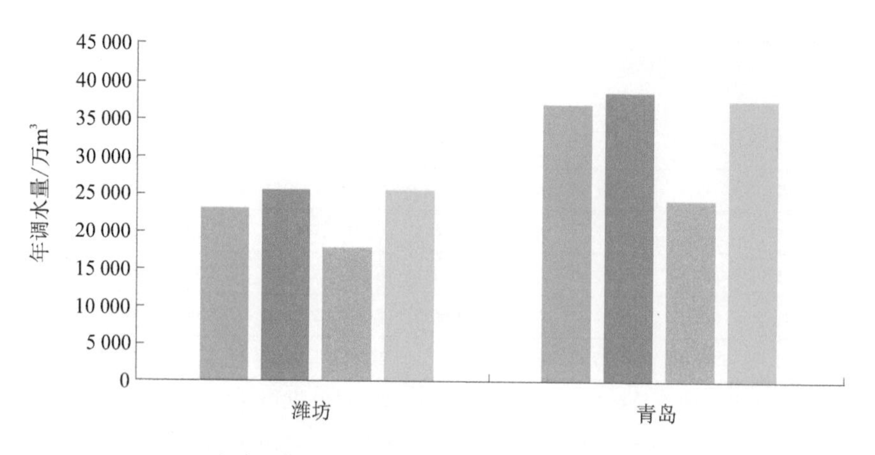

图 3-6-17　情景二的 RiverWare 调度结果与 TPM 调度结果对比

(3)情景三方案分析。

基于 TPM 模型数据 RiverWare 确定的调度方案见表 3-6-51～表 3-6-53。由表 3-6-51～表 3-6-53 和表 3-6-46 可知,潍坊、青岛两市在三种调度目标下的调水量分别为21 878.83万 m³、15 120.25万 m³、21 877.84万 m³和36 166.28万 m³、23 109.33万 m³、34 576.53万 m³,其中调水工程运行费最小的调水量比 TPM 模型的调水量小,其他两种调度目标的调水量要比 TPM 模型的调水量稍大,总缺水率分别降低了 5.49%和 4.23%,见图 3-6-18、表 3-6-54。

表 3-6-51　两市缺水量最小的调度方案　　单位:万 m³

地市	分水口	月份											
		10	11	12	1	2	3	4	5	6	7	8	9
潍坊	1	0.00	1 466.60	1 615.89	0.00	1 678.59	13.90	0.00	241.06	0.00	1 642.78	466.20	0.00
	2	32.39	0.00	0.00	0.00	0.00	0.00	0.00	0.00	0.00	6.27	52.99	70.43
	3	14.12	0.00	4.43	8.68	7.63	8.31	8.03	5.20	8.04	6.27	26.34	19.62
	4	39.79	44.84	69.18	17.37	10.43	0.00	47.63	29.46	39.96	39.08	47.04	36.06
	5	16.09	7.59	16.40	17.37	16.69	23.40	21.73	14.22	25.97	11.10	23.14	22.03
	6	238.68	26.55	0.00	242.85	213.43	163.90	223.58	210.28	221.81	266.42	309.54	306.61
	7	850.04	691.57	613.75	615.58	902.86	991.34	881.99	446.91	845.30	814.39	869.86	829.04
	8	31.68	50.63	0.00	0.00	0.00	0.00	51.58	62.72	67.09	70.51	67.77	40.59
	9	157.51	154.12	159.61	129.00	147.84	151.43	78.37	73.92	133.73	117.34	158.37	158.40
青岛	10	781.68	777.60	803.52	803.52	725.76	258.00	758.40	788.46	307.70	326.06	313.00	284.00
	11	1 112.29	3 801.57	3 779.58	4 195.34	2 448.97	1 991.93	3 243.33	2 772.39	1 235.81	1 325.21	1 747.98	1 584.18

表 3-6-52　调水工程运行费最小的调度方案　　单位:万 m^3

地市	分水口	月份											
		10	11	12	1	2	3	4	5	6	7	8	9
潍坊	1	0.00	0.00	0.00	0.00	0.00	13.90	0.00	240.07	0.00	65.96	46.51	0.00
	2	32.39	0.00	0.00	0.00	0.00	0.00	0.00	0.00	0.00	6.27	52.99	70.43
	3	14.12	0.00	4.43	8.68	7.63	8.31	8.03	5.20	8.04	6.27	26.34	19.62
	4	39.79	44.84	69.18	17.37	10.43	0.00	47.63	29.46	39.96	39.08	47.04	36.06
	5	16.09	7.59	16.40	17.37	16.69	23.40	21.73	14.22	25.97	11.10	23.14	22.03
	6	238.68	26.55	0.00	242.85	213.43	163.90	223.58	210.28	221.81	266.42	309.54	306.61
	7	850.04	691.57	613.75	615.58	902.86	991.34	881.99	446.91	845.30	814.39	869.86	829.04
	8	31.68	50.63	0.00	0.00	0.00	0.00	51.58	62.72	67.09	70.51	67.77	40.59
	9	157.51	154.12	159.61	129.00	147.84	151.43	78.37	73.92	133.73	117.34	158.37	158.40
青岛	10	246.00	226.00	126.00	200.00	275.00	258.00	758.40	761.68	307.70	326.06	313.00	284.00
	11	1 112.29	1 349.15	1 078.66	1 391.33	1 222.52	1 991.93	2 724.93	2 263.50	1 235.81	1 325.21	1 747.98	1 584.18

表 3-6-53　两市缺水量和调水工程运行费最小的调度方案　　单位:万 m^3

地市	分水口	月份											
		10	11	12	1	2	3	4	5	6	7	8	9
潍坊	1	0.00	1 466.60	1 615.89	0.00	1 678.59	13.90	0.00	240.07	0.00	1 642.78	466.20	0.00
	2	32.39	0.00	0.00	0.00	0.00	0.00	0.00	0.00	0.00	6.27	52.99	70.43
	3	14.12	0.00	4.43	8.68	7.63	8.31	8.03	5.20	8.04	6.27	26.34	19.62
	4	39.79	44.84	69.18	17.37	10.43	0.00	47.63	29.46	39.96	39.08	47.04	36.06
	5	16.09	7.59	16.40	17.37	16.69	23.40	21.73	14.22	25.97	11.10	23.14	22.03
	6	238.68	26.55	0.00	242.85	213.43	163.90	223.58	210.28	221.81	266.42	309.54	306.61
	7	850.04	691.57	613.75	615.58	902.86	991.34	881.99	446.91	845.30	814.39	869.86	829.04
	8	31.68	50.63	0.00	0.00	0.00	0.00	51.58	62.72	67.09	70.51	67.77	40.59
	9	157.51	154.12	159.61	129.00	147.84	151.43	78.37	73.92	133.73	117.34	158.37	158.40
青岛	10	246.00	777.60	803.52	803.52	725.76	258.00	758.40	761.68	307.70	326.06	313.00	284.00
	11	1 112.29	3 801.57	3 779.58	4 195.34	2 448.97	1 991.93	2 724.93	2 263.50	1 235.81	1 325.21	1 747.98	1 584.18

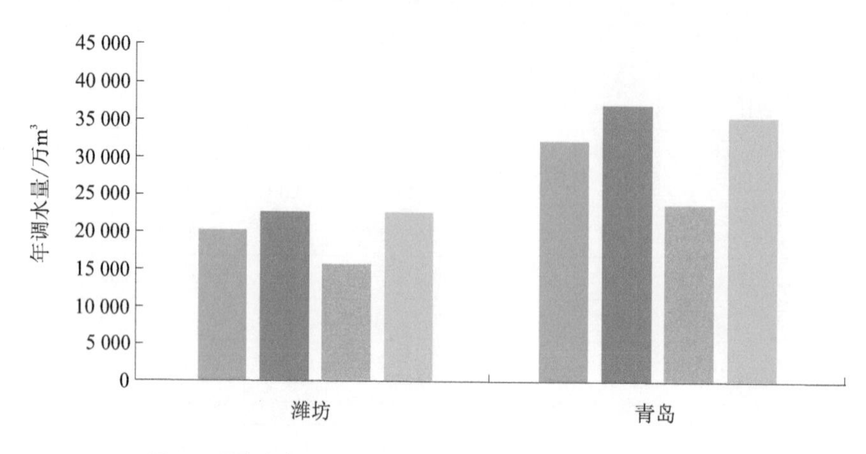

图 3-6-18　情景三的 RiverWare 调度结果与 TPM 调度结果对比

表 3-6-54　调水方案对比表

方案		调水量/万 m^3			缺水率/%		
		潍坊	青岛	小计	潍坊	青岛	总缺水率
TPM 模型(胶东四市缺水量最小)		19 616	31 509	51 125	65.59	54.33	59.42
RiverWare 情景一		21 879	33 048	54 927	61.62	52.10	56.41
RiverWare 情景二	两市缺水量最小	21 879	33 048	54 927	61.62	52.10	56.41
	调水工程运行费最小	15 120	20 527	35 647	73.47	70.25	71.71
	两市缺水量和调水工程运行费最小	21 878	31 994	53 872	61.62	53.63	57.24
RiverWare 情景三	两市缺水量最小	21 879	36 166	58 045	61.62	47.59	53.93
	调水工程运行费最小	15 120	23 109	38 230	73.47	66.51	69.66
	两市缺水量和调水工程运行费最小	21 878	34 577	56 454	61.62	49.89	55.19

3.6.3.2　规划年 2020 年 $p=95\%$ 时调度方案

“胶东调水工程水资源优化调度关键技术研究”报告中利用 TPM 模型确定的潍坊、青岛两市规划年 2020 年 $p=95\%$ 的调度方案见表 3-6-55。

表 3-6-55　基于 TPM 2020 年 $p=95\%$ 潍坊、青岛两市联合调度方案　　单位：万 m^3

地市	分水口	月份											
		10	11	12	1	2	3	4	5	6	7	8	9
潍坊	1	0.00	0.00	2 192.06	2 303.42	0.00	13.90	0.00	240.07	0.00	65.96	46.51	0.00
	2	32.39	0.00	0.00	0.00	0.00	0.00	0.00	0.00	0.00	6.27	52.99	70.43
	3	14.12	0.00	4.43	8.68	7.63	8.31	8.03	5.20	8.04	6.27	26.34	19.62
	4	39.79	44.84	69.18	17.37	10.43	0.00	47.63	29.46	39.96	39.08	47.04	36.06
	5	16.09	7.59	16.40	17.37	16.69	23.40	21.73	14.22	25.97	11.10	23.14	22.03
	6	238.68	26.55	0.00	242.85	213.43	163.90	223.58	210.28	221.81	266.42	309.54	306.61
	7	850.04	691.57	613.75	615.58	902.86	991.34	881.99	446.91	845.30	814.39	869.86	829.04
	8	31.68	50.63	0.00	0.00	0.00	0.00	51.58	62.72	67.09	70.51	67.77	40.59
	9	157.51	154.12	159.61	129.00	147.84	151.43	78.37	73.92	133.73	117.34	158.37	158.40
青岛	10	246.00	777.60	803.52	803.52	725.76	258.00	240.00	226.00	307.70	326.06	313.00	284.00
	11	1 112.29	4 985.76	4 985.76	2 546.33	1 222.52	1 991.93	1 973.25	1 486.76	1 235.81	1 325.21	1 747.98	1 584.18

（1）情景一方案分析。

基于 TPM 模型数据 RiverWare 确定的调度方案见表 3-6-56。由表 3-6-56 和表 3-6-55 可知，RiverWare 模型确定的调水方案，其大部分分水口的调水量与 TPM 模型确定的调水量相同，只有个别分水口的调水量与 TPM 模型分水量不同，且潍坊、青岛两市调水量分别为 22 244.63万 m^3和32 606.13万 m^3，分别比 TPM 模型确定的两地市调水量高 2 629 万 m^3 和 1 097 万 m^3，见图 3-6-19、表 3-6-63。

表 3-6-56　两市缺水量最小的调度方案　　单位：万 m^3

地市	分水口	月份											
		10	11	12	1	2	3	4	5	6	7	8	9
潍坊	1	0.00	1 379.80	1 823.97	0.00	1 829.95	13.90	0.00	241.06	0.00	1 851.26	350.88	0.00
	2	32.39	0.00	0.00	0.00	0.00	0.00	0.00	0.00	0.00	6.27	52.99	70.43
	3	14.12	0.00	4.43	8.68	7.63	8.31	8.03	5.20	8.04	6.27	26.34	19.62
	4	39.79	44.84	69.18	17.37	10.43	0.00	47.63	29.46	39.96	39.08	47.04	36.06
	5	16.09	7.59	16.40	17.37	16.69	23.40	21.73	14.22	25.97	11.10	23.14	22.03
	6	238.68	26.55	0.00	242.85	213.43	163.90	223.58	210.28	221.81	266.42	309.54	306.61
	7	850.04	691.57	613.75	615.58	902.86	991.34	881.99	446.91	845.30	814.39	869.86	829.04
	8	31.68	50.63	0.00	0.00	0.00	0.00	51.58	62.72	67.09	70.51	67.77	40.59
	9	157.51	154.12	159.61	129.00	147.84	151.43	78.37	73.92	133.73	117.34	158.37	158.40
青岛	10	781.68	777.60	803.52	803.52	725.76	258.00	758.40	226.00	307.70	326.06	313.00	284.00
	11	1 112.29	3 779.46	3 434.64	4 334.92	2 234.46	1 991.93	1 973.25	1 486.76	1 235.81	1 325.21	1 747.98	1 584.18

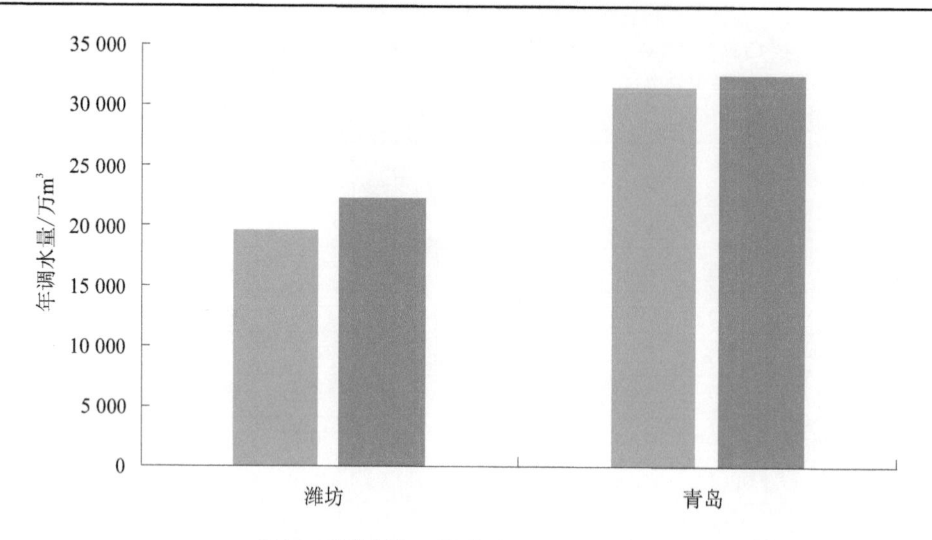

图 3-6-19　情景一的 RiverWare 调度结果与 TPM 调度结果对比

(2)情景二方案分析。

基于 TPM 模型数据 RiverWare 确定的调度方案见表 3-6-57～表 3-6-59。由表 3-6-57～表 3-6-59 和表 3-6-55 可知,潍坊、青岛两市在三种调度目标下的调水量分别为22 244.63万 m³、15 120.25万 m³、22 243.64万 m³和32 606.13万 m³、20 526.83万 m³、31 552.05万 m³,其中调水工程运行费最小的调水量比 TPM 模型的调水量小,其他两种调度目标的调水量要比 TPM 模型的调水量稍大,总缺水率分别降低了 2.68%和 1.92%,见图 3-6-20、表 3-6-63。

表 3-6-57　两市缺水量最小的调度方案　　单位:万 m³

地市	分水口	月份											
		10	11	12	1	2	3	4	5	6	7	8	9
潍坊	1	0.00	1 379.80	1 823.97	0.00	1 829.95	13.90	0.00	241.06	0.00	1 851.26	350.88	0.00
	2	32.39	0.00	0.00	0.00	0.00	0.00	0.00	0.00	0.00	6.27	52.99	70.43
	3	14.12	0.00	4.43	8.68	7.63	8.31	8.03	5.20	8.04	6.27	26.34	19.62
	4	39.79	44.84	69.18	17.37	10.43	0.00	47.63	29.46	39.96	39.08	47.04	36.06
	5	16.09	7.59	16.40	17.37	16.69	23.40	21.73	14.22	25.97	11.10	23.14	22.03
	6	238.68	26.55	0.00	242.85	213.43	163.90	223.58	210.28	221.81	266.42	309.54	306.61
	7	850.04	691.57	613.75	615.58	902.86	991.34	881.99	446.91	845.30	814.39	869.86	829.04
	8	31.68	50.63	0.00	0.00	0.00	0.00	51.58	62.72	67.09	70.51	67.77	40.59
	9	157.51	154.12	159.61	129.00	147.84	151.43	78.37	73.92	133.73	117.34	158.37	158.40
青岛	10	781.68	777.60	803.52	803.52	725.76	258.00	758.40	226.00	307.70	326.06	313.00	284.00
	11	1 112.29	3 779.46	3 434.64	4 334.92	2 234.46	1 991.93	1 973.25	1 486.76	1 235.81	1 325.21	1 747.98	1 584.18

表 3-6-58　调水工程运行费最小的调度方案　　单位:万 m^3

地市	分水口	月份											
		10	11	12	1	2	3	4	5	6	7	8	9
潍坊	1	0.00	0.00	0.00	0.00	0.00	13.90	0.00	240.07	0.00	65.96	46.51	0.00
	2	32.39	0.00	0.00	0.00	0.00	0.00	0.00	0.00	0.00	6.27	52.99	70.43
	3	14.12	0.00	4.43	8.68	7.63	8.31	8.03	5.20	8.04	6.27	26.34	19.62
	4	39.79	44.84	69.18	17.37	10.43	0.00	47.63	29.46	39.96	39.08	47.04	36.06
	5	16.09	7.59	16.40	17.37	16.69	23.40	21.73	14.22	25.97	11.10	23.14	22.03
	6	238.68	26.55	0.00	242.85	213.43	163.90	223.58	210.28	221.81	266.42	309.54	306.61
	7	850.04	691.57	613.75	615.58	902.86	991.34	881.99	446.91	845.30	814.39	869.86	829.04
	8	31.68	50.63	0.00	0.00	0.00	0.00	51.58	62.72	67.09	70.51	67.77	40.59
	9	157.51	154.12	159.61	129.00	147.84	151.43	78.37	73.92	133.73	117.34	158.37	158.40
青岛	10	246.00	226.00	126.00	200.00	275.00	258.00	240.00	226.00	307.70	326.06	313.00	284.00
	11	1 112.29	1 349.15	1 078.66	1 391.33	1 222.52	1 991.93	1 973.25	1 486.76	1 235.81	1 325.21	1 747.98	1 584.18

表 3-6-59　两市缺水量和调水工程运行费最小的调度方案　　单位:万 m^3

地市	分水口	月份											
		10	11	12	1	2	3	4	5	6	7	8	9
潍坊	1	0.00	1 379.80	1 823.97	0.00	1 829.95	13.90	0.00	240.07	0.00	1 851.26	350.88	0.00
	2	32.39	0.00	0.00	0.00	0.00	0.00	0.00	0.00	0.00	6.27	52.99	70.43
	3	14.12	0.00	4.43	8.68	7.63	8.31	8.03	5.20	8.04	6.27	26.34	19.62
	4	39.79	44.84	69.18	17.37	10.43	0.00	47.63	29.46	39.96	39.08	47.04	36.06
	5	16.09	7.59	16.40	17.37	16.69	23.40	21.73	14.22	25.97	11.10	23.14	22.03
	6	238.68	26.55	0.00	242.85	213.43	163.90	223.58	210.28	221.81	266.42	309.54	306.61
	7	850.04	691.57	613.75	615.58	902.86	991.34	881.99	446.91	845.30	814.39	869.86	829.04
	8	31.68	50.63	0.00	0.00	0.00	0.00	51.58	62.72	67.09	70.51	67.77	40.59
	9	157.51	154.12	159.61	129.00	147.84	151.43	78.37	73.92	133.73	117.34	158.37	158.40
青岛	10	246.00	777.60	803.52	803.52	725.76	258.00	240.00	226.00	307.70	326.06	313.00	284.00
	11	1 112.29	3 779.46	3 434.64	4 334.92	2 234.46	1 991.93	1 973.25	1 486.76	1 235.81	1 325.21	1 747.98	1 584.18

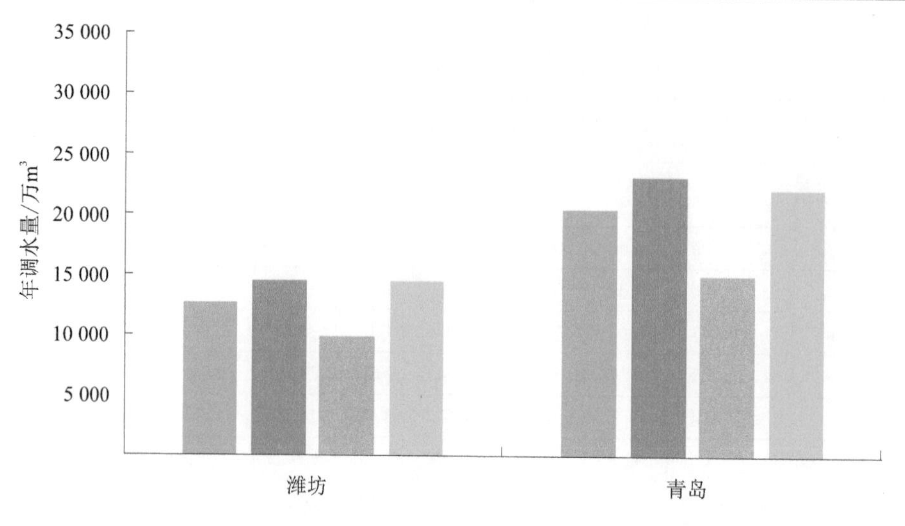

图 3-6-20　情景二的 RiverWare 调度结果与 TPM 调度结果对比

(3)情景三方案分析。

基于 TPM 模型数据 RiverWare 模型确定的调水方案见表 3-6-60~表 3-6-62。由表3-6-60~表 3-6-62 和表 3-6-49 可知,潍坊、青岛两市在三种调度目标下的调水量分别为22 244.63万 m³、15 120.25万 m³、22 243.64万 m³和35 724.3万 m³、23 109.33万 m³、34 134.55万 m³,其中调水工程运行费最小的调水量比 TPM 模型的调水量小,其他两种调度目标的调水量要比 TPM 模型的调水量大,总缺水率分别降低了 4.92%和 3.78%,见图 3-6-21、表 3-6-63。

表 3-6-60　两市缺水量最小的调度方案　　单位:万 m³

地市	分水口	月份											
		10	11	12	1	2	3	4	5	6	7	8	9
潍坊	1	0.00	1 379.80	1 823.97	0.00	1 829.95	13.90	0.00	241.06	0.00	1 851.26	350.88	0.00
	2	32.39	0.00	0.00	0.00	0.00	0.00	0.00	0.00	0.00	6.27	52.99	70.43
	3	14.12	0.00	4.43	8.68	7.63	8.31	8.03	5.20	8.04	6.27	26.34	19.62
	4	39.79	44.84	69.18	17.37	10.43	0.00	47.63	29.46	39.96	39.08	47.04	36.06
	5	16.09	7.59	16.40	17.37	16.69	23.40	21.73	14.22	25.97	11.10	23.14	22.03
	6	238.68	26.55	0.00	242.85	213.43	163.90	223.58	210.28	221.81	266.42	309.54	306.61
	7	850.04	691.57	613.75	615.58	902.86	991.34	881.99	446.91	845.30	814.39	869.86	829.04
	8	31.68	50.63	0.00	0.00	0.00	0.00	51.58	62.72	67.09	70.51	67.77	40.59
	9	157.51	154.12	159.61	129.00	147.84	151.43	78.37	73.92	133.73	117.34	158.37	158.40
青岛	10	781.68	777.60	803.52	803.52	725.76	258.00	758.40	788.46	307.70	326.06	313.00	284.00
	11	1 112.29	3 779.46	3 434.64	4 334.92	2 234.46	1 991.93	3 243.33	2 772.39	1 235.81	1 325.21	1 747.98	1 584.18

表 3-6-61　调水工程运行费最小的调度方案　　单位：万 m^3

地市	分水口	月份											
		10	11	12	1	2	3	4	5	6	7	8	9
潍坊	1	0.00	0.00	0.00	0.00	0.00	13.90	0.00	240.07	0.00	65.96	46.51	0.00
	2	32.39	0.00	0.00	0.00	0.00	0.00	0.00	0.00	0.00	6.27	52.99	70.43
	3	14.12	0.00	4.43	8.68	7.63	8.31	8.03	5.20	8.04	6.27	26.34	19.62
	4	39.79	44.84	69.18	17.37	10.43	0.00	47.63	29.46	39.96	39.08	47.04	36.06
	5	16.09	7.59	16.40	17.37	16.69	23.40	21.73	14.22	25.97	11.10	23.14	22.03
	6	238.68	26.55	0.00	242.85	213.43	163.90	223.58	210.28	221.81	266.42	309.54	306.61
	7	850.04	691.57	613.75	615.58	902.86	991.34	881.99	446.91	845.30	814.39	869.86	829.04
	8	31.68	50.63	0.00	0.00	0.00	0.00	51.58	62.72	67.09	70.51	67.77	40.59
	9	157.51	154.12	159.61	129.00	147.84	151.43	78.37	73.92	133.73	117.34	158.37	158.40
青岛	10	246.00	226.00	126.00	200.00	275.00	258.00	758.40	761.68	307.70	326.06	313.00	284.00
	11	1 112.29	1 349.15	1 078.66	1 391.33	1 222.52	1 991.93	2 724.93	2 263.50	1 235.81	1 325.21	1 747.98	1 584.18

表 3-6-62　两市缺水量和调水工程运行费最小的调度方案　　单位：万 m^3

地市	分水口	月份											
		10	11	12	1	2	3	4	5	6	7	8	9
潍坊	1	0.00	1 379.80	1 823.97	0.00	1 829.95	13.90	0.00	240.07	0.00	1 851.26	350.88	0.00
	2	32.39	0.00	0.00	0.00	0.00	0.00	0.00	0.00	0.00	6.27	52.99	70.43
	3	14.12	0.00	4.43	8.68	7.63	8.31	8.03	5.20	8.04	6.27	26.34	19.62
	4	39.79	44.84	69.18	17.37	10.43	0.00	47.63	29.46	39.96	39.08	47.04	36.06
	5	16.09	7.59	16.40	17.37	16.69	23.40	21.73	14.22	25.97	11.10	23.14	22.03
	6	238.68	26.55	0.00	242.85	213.43	163.90	223.58	210.28	221.81	266.42	309.54	306.61
	7	850.04	691.57	613.75	615.58	902.86	991.34	881.99	446.91	845.30	814.39	869.86	829.04
	8	31.68	50.63	0.00	0.00	0.00	0.00	51.58	62.72	67.09	70.51	67.77	40.59
	9	157.51	154.12	159.61	129.00	147.84	151.43	78.37	73.92	133.73	117.34	158.37	158.40
青岛	10	246.00	777.60	803.52	803.52	725.76	258.00	758.40	761.68	307.70	326.06	313.00	284.00
	11	1 112.29	3 779.46	3 434.64	4 334.92	2 234.46	1 991.93	2 724.93	2 263.50	1 235.81	1 325.21	1 747.98	1 584.18

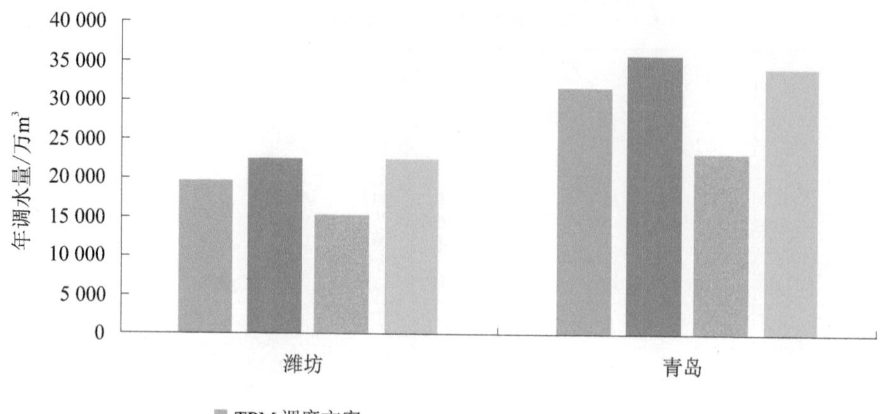

图 3-6-21　情景三的 RiverWare 调度结果与 TPM 调度结果对比

表 3-6-63　调水方案对比表

方案		调水量/万 m³			缺水率/%		
		潍坊	青岛	小计	潍坊	青岛	总缺水率
TPM 模型(胶东四市缺水量最小)		19 616	31 509	51 125	69.35	57.99	63.22
RiverWare 情景一		22 245	32 606	54 851	65.24	56.53	60.54
RiverWare 情景二	两市缺水量最小	22 245	32 606	54 851	65.24	56.53	60.54
	调水工程运行费最小	15 120	20 527	35 647	76.37	72.63	74.35
	两市缺水量和调水工程运行费最小	22 244	31 552	53 796	65.24	57.93	61.30
RiverWare 情景三	两市缺水量最小	22 245	35 724	57 969	65.24	52.37	58.30
	调水工程运行费最小	15 120	23 109	38 230	76.37	69.19	72.50
	两市缺水量和调水工程运行费最小	22 244	34 135	56 378	65.24	54.49	59.44

3.6.3.3　规划年 2030 年 $p=75\%$ 时的调度方案

“胶东调水工程水资源优化调度关键技术研究”报告中利用 TPM 模型确定的潍坊、青岛两市规划年 2030 年 $p=75\%$ 的调度方案见表 3-6-64。

表3-6-64　基于TPM 2030年 $p=75\%$ 潍坊、青岛两市联合调度方案　单位:万 m^3

地市	分水口	月份											
		10	11	12	1	2	3	4	5	6	7	8	9
潍坊	1	0.00	0.00	2 192.06	2 303.42	0.00	13.90	0.00	240.07	0.00	65.96	46.51	0.00
	2	32.39	0.00	0.00	0.00	0.00	0.00	0.00	0.00	0.00	6.27	52.99	70.43
	3	14.12	0.00	4.43	8.68	7.63	8.31	8.03	5.20	8.04	6.27	26.34	19.62
	4	39.79	44.84	69.18	17.37	10.43	0.00	47.63	29.46	39.96	39.08	47.04	36.06
	5	16.09	7.59	16.40	17.37	16.69	23.40	21.73	14.22	25.97	11.10	23.14	22.03
	6	238.68	26.55	0.00	242.85	213.43	163.90	223.58	210.28	221.81	266.42	309.54	306.61
	7	850.04	691.57	613.75	615.58	902.86	991.34	881.99	446.91	845.30	814.39	869.86	829.04
	8	31.68	50.63	0.00	0.00	0.00	0.00	51.58	62.72	67.09	70.51	67.77	40.59
	9	157.51	154.12	159.61	129.00	147.84	151.43	78.37	73.92	133.73	117.34	158.37	158.40
青岛	10	246.00	777.60	803.52	803.52	725.76	258.00	240.00	226.00	307.70	326.06	313.00	284.00
	11	1 112.29	5 701.10	5 425.42	1 391.33	1 222.52	1 991.93	1 973.25	1 486.76	1 235.81	1 325.21	1 747.98	1 584.18

(1)情景一方案分析。

基于TPM模型数据RiverWare确定的调度方案见表3-6-65。由表3-6-65和表3-6-64可知,RiverWare模型确定的调水方案,其大部分分水口的调水量与TPM模型确定的调水量相同,只有个别分水口的调水量与TPM模型分水量不同,且潍坊、青岛两市调水量分别为21 437.38万 m^3 和34 111.17万 m^3,分别比TPM模型确定的两地市调水量增加了1 821万 m^3 和2 602万 m^3,见图3-6-22、表3-6-72。

表3-6-65　两市缺水量最小的调度方案　单位:万 m^3

地市	分水口	月份											
		10	11	12	1	2	3	4	5	6	7	8	9
潍坊	1	0.00	1 876.60	2 008.48	0.00	1 262.28	13.90	0.00	241.06	0.00	1 259.57	21.68	0.00
	2	32.39	0.00	0.00	0.00	0.00	0.00	0.00	0.00	0.00	6.27	52.99	70.43
	3	14.12	0.00	4.43	8.68	7.63	8.31	8.03	5.20	8.04	6.27	26.34	19.62
	4	39.79	44.84	69.18	17.37	10.43	0.00	47.63	29.46	39.96	39.08	47.04	36.06
	5	16.09	7.59	16.40	17.37	16.69	23.40	21.73	14.22	25.97	11.10	23.14	22.03
	6	238.68	26.55	0.00	242.85	213.43	163.90	223.58	210.28	221.81	266.42	309.54	306.61
	7	850.04	691.57	613.75	615.58	902.86	991.34	881.99	446.91	845.30	814.39	869.86	829.04
	8	31.68	50.63	0.00	0.00	0.00	0.00	51.58	62.72	67.09	70.51	67.77	40.59
	9	157.51	154.12	159.61	129.00	147.84	151.43	78.37	73.92	133.73	117.34	158.37	158.40
青岛	10	785.36	693.90	693.90	693.90	693.90	258.00	758.40	226.00	307.70	693.90	693.90	284.00
	11	1 112.29	3 161.70	3 161.70	3 161.70	3 161.70	1 991.93	1 973.25	1 486.76	1 235.81	2 875.59	2 421.70	1 584.18

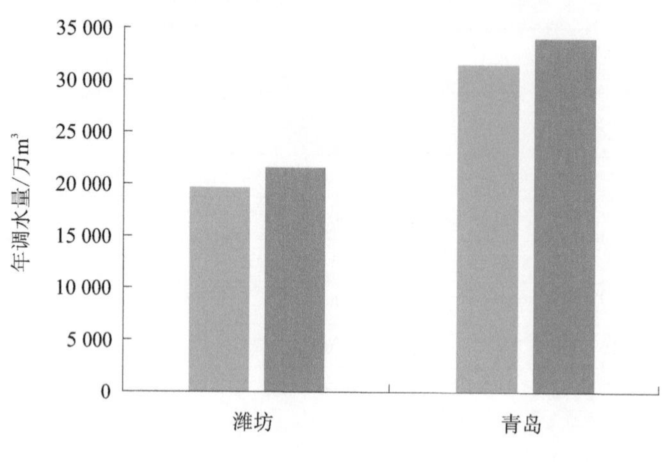

图 3-6-22　情景一的 RiverWare 调度结果与 TPM 调度结果对比

(2)情景二方案分析。

基于TPM模型数据RiverWare确定的调度方案见表3-6-66～表3-6-68。由表3-6-66～表3-6-68和表3-6-64可知,潍坊、青岛两市在三种调度目标下的调水量分别为21 437.38万 m³、15 120.25万 m³、21 436.39万 m³和34 111.17万 m³、20 526.83万 m³、33 501.31万 m³,其中调水工程运行费最小的调水量比TPM模型的调水量小,其他两种调度目标的调水量要比TPM模型的调水量稍大,总缺水率分别降低了3.48%和3.00%,见图3-6-23、表3-6-72。

表 3-6-66　两市缺水量最小的调度方案　　单位:万 m³

地市	分水口	月份											
		10	11	12	1	2	3	4	5	6	7	8	9
潍坊	1	0.00	1 876.60	2 008.48	0.00	1 262.28	13.90	0.00	241.06	0.00	1 259.57	21.68	0.00
	2	32.39	0.00	0.00	0.00	0.00	0.00	0.00	0.00	0.00	6.27	52.99	70.43
	3	14.12	0.00	4.43	8.68	7.63	8.31	8.03	5.20	8.04	6.27	26.34	19.62
	4	39.79	44.84	69.18	17.37	10.43	0.00	47.63	29.46	39.96	39.08	47.04	36.06
	5	16.09	7.59	16.40	17.37	16.69	23.40	21.73	14.22	25.97	11.10	23.14	22.03
	6	238.68	26.55	0.00	242.85	213.43	163.90	223.58	210.28	221.81	266.42	309.54	306.61
	7	850.04	691.57	613.75	615.58	902.86	991.34	881.99	446.91	845.30	814.39	869.86	829.04
	8	31.68	50.63	0.00	0.00	0.00	0.00	51.58	62.72	67.09	70.51	67.77	40.59
	9	157.51	154.12	159.61	129.00	147.84	151.43	78.37	73.92	133.73	117.34	158.37	158.40
青岛	10	785.36	693.90	693.90	693.90	693.90	258.00	758.40	226.00	307.70	693.90	693.90	284.00
	11	1 112.29	3 161.70	3 161.70	3 161.70	3 161.70	1 991.93	1 973.25	1 486.76	1 235.81	2 875.59	2 421.70	1 584.18

表 3-6-67　调水工程运行费最小的调度方案　单位：万 m^3

地市	分水口	月份											
		10	11	12	1	2	3	4	5	6	7	8	9
潍坊	1	0.00	0.00	0.00	0.00	0.00	13.90	0.00	240.07	0.00	65.96	46.51	0.00
	2	32.39	0.00	0.00	0.00	0.00	0.00	0.00	0.00	0.00	6.27	52.99	70.43
	3	14.12	0.00	4.43	8.68	7.63	8.31	8.03	5.20	8.04	6.27	26.34	19.62
	4	39.79	44.84	69.18	17.37	10.43	0.00	47.63	29.46	39.96	39.08	47.04	36.06
	5	16.09	7.59	16.40	17.37	16.69	23.40	21.73	14.22	25.97	11.10	23.14	22.03
	6	238.68	26.55	0.00	242.85	213.43	163.90	223.58	210.28	221.81	266.42	309.54	306.61
	7	850.04	691.57	613.75	615.58	902.86	991.34	881.99	446.91	845.30	814.39	869.86	829.04
	8	31.68	50.63	0.00	0.00	0.00	0.00	51.58	62.72	67.09	70.51	67.77	40.59
	9	157.51	154.12	159.61	129.00	147.84	151.43	78.37	73.92	133.73	117.34	158.37	158.40
青岛	10	246.00	226.00	126.00	200.00	275.00	258.00	240.00	226.00	307.70	326.06	313.00	284.00
	11	1 112.29	1 349.15	1 078.66	1 391.33	1 222.52	1 991.93	1 973.25	1 486.76	1 235.81	1 325.21	1 747.98	1 584.18

表 3-6-68　两市缺水量和调水工程运行费最小的调度方案　单位：万 m^3

地市	分水口	月份											
		10	11	12	1	2	3	4	5	6	7	8	9
潍坊	1	0.00	1 876.60	2 008.48	0.00	1 262.28	13.90	0.00	240.07	0.00	1 259.57	21.68	0.00
	2	32.39	0.00	0.00	0.00	0.00	0.00	0.00	0.00	0.00	6.27	52.99	70.43
	3	14.12	0.00	4.43	8.68	7.63	8.31	8.03	5.20	8.04	6.27	26.34	19.62
	4	39.79	44.84	69.18	17.37	10.43	0.00	47.63	29.46	39.96	39.08	47.04	36.06
	5	16.09	7.59	16.40	17.37	16.69	23.40	21.73	14.22	25.97	11.10	23.14	22.03
	6	238.68	26.55	0.00	242.85	213.43	163.90	223.58	210.28	221.81	266.42	309.54	306.61
	7	850.04	691.57	613.75	615.58	902.86	991.34	881.99	446.91	845.30	814.39	869.86	829.04
	8	31.68	50.63	0.00	0.00	0.00	0.00	51.58	62.72	67.09	70.51	67.77	40.59
	9	157.51	154.12	159.61	129.00	147.84	151.43	78.37	73.92	133.73	117.34	158.37	158.40
青岛	10	693.90	693.90	693.90	693.90	693.90	258.00	240.00	226.00	307.70	693.90	693.90	284.00
	11	1 112.29	3 161.70	3 161.70	3 161.70	3 161.70	1 991.93	1 973.25	1 486.76	1 235.81	2 875.59	2 421.70	1 584.18

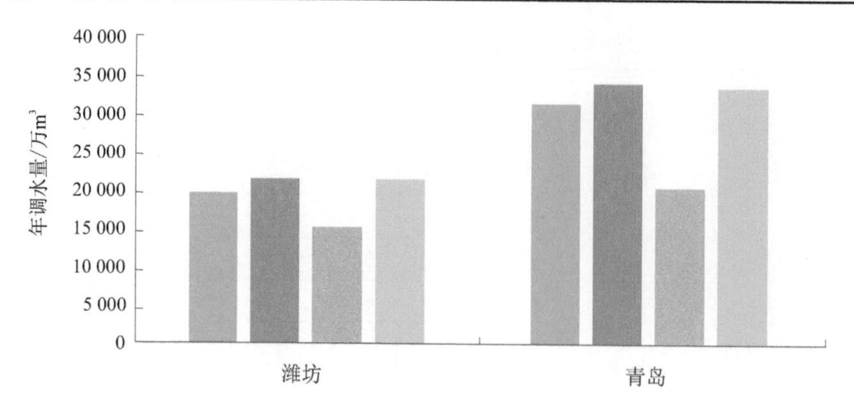

图 3-6-23　情景二的 RiverWare 调度结果与 TPM 调度结果对比

(3)情景三方案分析。

基于 TPM 模型数据 RiverWare 模型确定的调水方案见表 3-6-69～表 3-6-71。由表 3-6-69～表 3-6-71 和表 3-6-64 可知，潍坊、青岛两市在三种调度目标下的调水量分别为 21 437.38万 m³、15 120.25万 m³、21 436.39万 m³和37 229.34万 m³、23 109.33万 m³、36 083.81万 m³，其中调水工程运行费最小的调水量比 TPM 模型的调水量小，其他两种调度目标的调水量要比 TPM 模型的调水量大，总缺水率分别降低了 5.94% 和 5.04%，见图 3-6-24、表3-6-72。

表 3-6-69　两市缺水量最小的调度方案　　单位：万 m³

地市	分水口	月份											
		10	11	12	1	2	3	4	5	6	7	8	9
潍坊	1	0.00	1 876.60	2 008.48	0.00	1 262.28	13.90	0.00	241.06	0.00	1 259.57	21.68	0.00
	2	32.39	0.00	0.00	0.00	0.00	0.00	0.00	0.00	0.00	6.27	52.99	70.43
	3	14.12	0.00	4.43	8.68	7.63	8.31	8.03	5.20	8.04	6.27	26.34	19.62
	4	39.79	44.84	69.18	17.37	10.43	0.00	47.63	29.46	39.96	39.08	47.04	36.06
	5	16.09	7.59	16.40	17.37	16.69	23.40	21.73	14.22	25.97	11.10	23.14	22.03
	6	238.68	26.55	0.00	242.85	213.43	163.90	223.58	210.28	221.81	266.42	309.54	306.61
	7	850.04	691.57	613.75	615.58	902.86	991.34	881.99	446.91	845.30	814.39	869.86	829.04
	8	31.68	50.63	0.00	0.00	0.00	0.00	51.58	62.72	67.09	70.51	67.77	40.59
	9	157.51	154.12	159.61	129.00	147.84	151.43	78.37	73.92	133.73	117.34	158.37	158.40
青岛	10	785.36	693.90	693.90	693.90	693.90	258.00	758.40	788.46	307.70	693.90	693.90	284.00
	11	1 112.29	3 161.70	3 161.70	3 161.70	3 161.70	1 991.93	3 243.33	2 772.39	1 235.81	2 875.59	2 421.70	1 584.18

表 3-6-70 调水工程运行费最小的调度方案

单位:万 m^3

地市	分水口	月份											
		10	11	12	1	2	3	4	5	6	7	8	9
潍坊	1	0.00	0.00	0.00	0.00	0.00	13.90	0.00	240.07	0.00	65.96	46.51	0.00
	2	32.39	0.00	0.00	0.00	0.00	0.00	0.00	0.00	0.00	6.27	52.99	70.43
	3	14.12	0.00	4.43	8.68	7.63	8.31	8.03	5.20	8.04	6.27	26.34	19.62
	4	39.79	44.84	69.18	17.37	10.43	0.00	47.63	29.46	39.96	39.08	47.04	36.06
	5	16.09	7.59	16.40	17.37	16.69	23.40	21.73	14.22	25.97	11.10	23.14	22.03
	6	238.68	26.55	0.00	242.85	213.43	163.90	223.58	210.28	221.81	266.42	309.54	306.61
	7	850.04	691.57	613.75	615.58	902.86	991.34	881.99	446.91	845.30	814.39	869.86	829.04
	8	31.68	50.63	0.00	0.00	0.00	0.00	51.58	62.72	67.09	70.51	67.77	40.59
	9	157.51	154.12	159.61	129.00	147.84	151.43	78.37	73.92	133.73	117.34	158.37	158.40
青岛	10	246.00	226.00	126.00	200.00	275.00	258.00	758.40	761.68	307.70	326.06	313.00	284.00
	11	1 112.29	1 349.15	1 078.66	1 391.33	1 222.52	1 991.93	2 724.93	2 263.50	1 235.81	1 325.21	1 747.98	1 584.18

表 3-6-71 两市缺水量和调水工程运行费最小的调度方案

单位:万 m^3

地市	分水口	月份											
		10	11	12	1	2	3	4	5	6	7	8	9
潍坊	1	0.00	1 876.60	2 008.48	0.00	1 262.28	13.90	0.00	240.07	0.00	1 259.57	21.68	0.00
	2	32.39	0.00	0.00	0.00	0.00	0.00	0.00	0.00	0.00	6.27	52.99	70.43
	3	14.12	0.00	4.43	8.68	7.63	8.31	8.03	5.20	8.04	6.27	26.34	19.62
	4	39.79	44.84	69.18	17.37	10.43	0.00	47.63	29.46	39.96	39.08	47.04	36.06
	5	16.09	7.59	16.40	17.37	16.69	23.40	21.73	14.22	25.97	11.10	23.14	22.03
	6	238.68	26.55	0.00	242.85	213.43	163.90	223.58	210.28	221.81	266.42	309.54	306.61
	7	850.04	691.57	613.75	615.58	902.86	991.34	881.99	446.91	845.30	814.39	869.86	829.04
	8	31.68	50.63	0.00	0.00	0.00	0.00	51.58	62.72	67.09	70.51	67.77	40.59
	9	157.51	154.12	159.61	129.00	147.84	151.43	78.37	73.92	133.73	117.34	158.37	158.40
青岛	10	693.90	693.90	693.90	693.90	693.90	258.00	758.40	761.68	307.70	693.90	693.90	284.00
	11	1 112.29	3 161.70	3 161.70	3 161.70	3 161.70	1 991.93	2 724.93	2 263.50	1 235.81	2 875.59	2 421.70	1 584.18

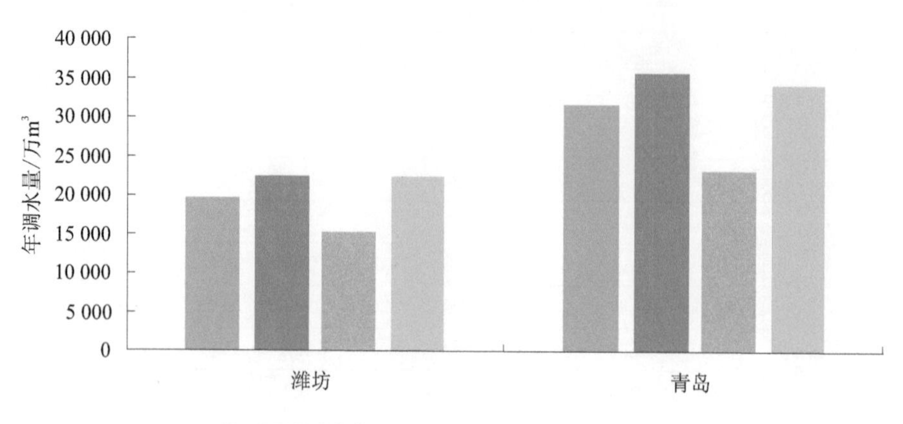

图 3-6-24　情景三的 RiverWare 调度结果与 TPM 调度结果对比

表 3-6-72　调水方案对比表

方案		调水量/万 m³			缺水率/%		
		潍坊	青岛	小计	潍坊	青岛	总缺水率
TPM 模型(胶东四市缺水量最小)		19 616	31 509	51 125	73.85	39.41	59.74
RiverWare 情景一		21 437	34 111	55 549	71.42	34.40	56.26
RiverWare 情景二	两市缺水量最小	21 437	34 111	55 549	71.42	34.40	56.26
	调水工程运行费最小	15 120	20 527	35 647	79.84	60.53	71.93
	两市缺水量和调水工程运行费最小	21 436	33 501	54 938	71.42	35.57	56.74
RiverWare 情景三	两市缺水量最小	21 437	37 229	58 667	71.42	28.41	53.81
	调水工程运行费最小	15 120	23 109	38 230	79.84	55.56	69.90
	两市缺水量和调水工程运行费最小	21 436	36 084	57 520	71.42	30.61	54.71

3.6.3.4　规划年 2030 年 $p=95\%$ 时的调度方案

“胶东调水工程水资源优化调度关键技术研究”报告中利用 TPM 模型确定的潍坊、青岛两市规划年 2030 年 $p=95\%$ 的调度方案见表 3-6-73。

表 3-6-73　基于 TPM 2030 年 $p=95\%$潍坊、青岛两市联合调度方案　单位:万 m^3

地市	分水口	月份											
		10	11	12	1	2	3	4	5	6	7	8	9
潍坊	1	0.00	0.00	2 192.06	2 303.42	0.00	13.90	0.00	240.07	0.00	65.96	46.51	0.00
	2	32.39	0.00	0.00	0.00	0.00	0.00	0.00	0.00	0.00	6.27	52.99	70.43
	3	14.12	0.00	4.43	8.68	7.63	8.31	8.03	5.20	8.04	6.27	26.34	19.62
	4	39.79	44.84	69.18	17.37	10.43	0.00	47.63	29.46	39.96	39.08	47.04	36.06
	5	16.09	7.59	16.40	17.37	16.69	23.40	21.73	14.22	25.97	11.10	23.14	22.03
	6	238.68	26.55	0.00	242.85	213.43	163.90	223.58	210.28	221.81	266.42	309.54	306.61
	7	850.04	691.57	613.75	615.58	902.86	991.34	881.99	446.91	845.30	814.39	869.86	829.04
	8	31.68	50.63	0.00	0.00	0.00	0.00	51.58	62.72	67.09	70.51	67.77	40.59
	9	157.51	154.12	159.61	129.00	147.84	151.43	78.37	73.92	133.73	117.34	158.37	158.40
青岛	10	246.00	777.60	803.52	803.52	725.76	258.00	240.00	226.00	307.70	326.06	313.00	284.00
	11	1 112.29	5 701.10	5 425.42	1 391.33	1 222.52	1 991.93	1 973.25	1 486.76	1 235.81	1 325.21	1 747.98	1 584.18

(1)情景一方案分析。

基于TPM模型数据RiverWare确定的调度方案见表3-6-74。由表3-6-74和表3-6-73可知,RiverWare模型确定的调水方案,其大部分分水口的调水量与TPM模型确定的调水量相同,只有个别分水口的调水量与TPM模型分水量不同,且潍坊、青岛两市调水量分别为20 432.11万 m^3和33 474.34万 m^3,分别比TPM模型确定的两地市调水量增加了816万 m^3和1 965万 m^3,见图3-6-25、表3-6-81。

表 3-6-74　两市缺水量最小的调度方案　单位:万 m^3

地市	分水口	月份											
		10	11	12	1	2	3	4	5	6	7	8	9
潍坊	1	0.00	0.00	1 913.64	0.00	2 015.68	981.22	0.00	0.00	0.00	0.00	905.03	0.00
	2	32.39	0.00	0.00	0.00	0.00	0.00	0.00	0.00	0.00	0.00	6.27	52.99
	3	14.12	0.00	0.00	4.43	8.68	7.63	8.31	8.03	5.20	8.04	6.27	26.34
	4	39.79	39.79	44.84	69.18	17.37	0.00	0.00	47.63	29.46	39.96	39.08	47.04
	5	16.09	16.09	7.59	16.40	17.37	16.69	23.40	21.73	14.22	25.97	11.10	23.14
	6	238.68	238.68	0.00	0.00	242.85	213.43	163.90	223.58	210.28	221.81	266.42	309.54
	7	850.04	773.83	491.57	613.75	1 105.24	1 014.58	899.10	481.99	848.36	705.01	952.30	736.30
	8	31.68	31.68	0.00	0.00	0.00	0.00	0.00	51.58	62.72	67.09	70.51	67.77
	9	157.51	154.12	159.61	129.00	147.84	151.43	78.37	73.92	133.73	117.34	158.37	158.40
青岛	10	781.68	615.81	773.96	773.96	743.89	725.76	763.44	240.00	226.00	307.70	773.96	773.96
	11	1 112.29	1 112.29	3 526.52	3 526.52	3 526.52	3 409.14	1 991.93	1 973.25	1 486.76	1 235.81	1 325.21	1 747.98

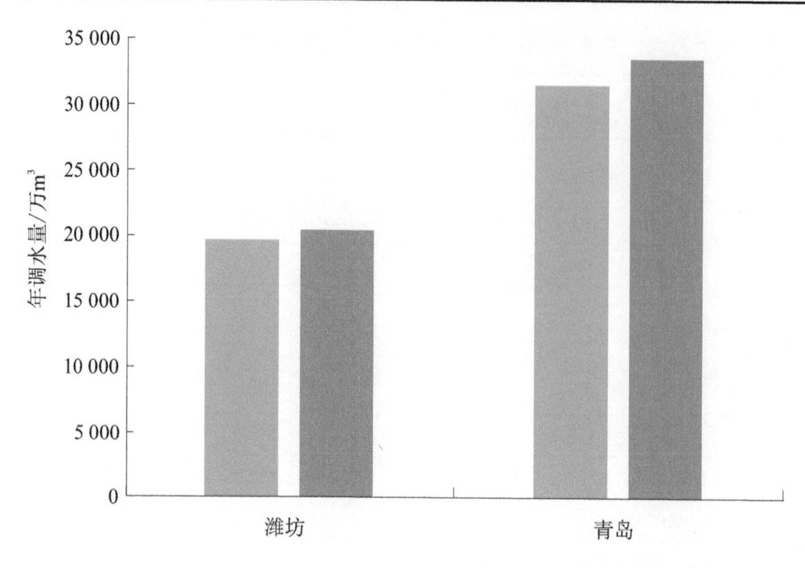

图 3-6-25　情景一的 RiverWare 调度结果与 TPM 调度结果对比

(2)情景二方案分析。

基于 TPM 模型数据 RiverWare 确定的调度方案见表 3-6-75～表 3-6-77。由表 3-6-75～表 3-6-77 和表 3-6-73 可知,潍坊、青岛两市在三种调度目标下的调水量分别为20 432.11万 m³、15 120.25万 m³、20 432.11万 m³和33 479.35万 m³、20 526.83万 m³、32 438.23万 m³,其中调水工程运行费最小的调水量比 TPM 模型的调水量小,其他两种调度目标的总调水量要比 TPM 模型的调水量稍大,其中潍坊市调水量基本相等,缺水率分别降低了 1.99%和 1.25%,见图 3-6-26、表 3-6-81。

表 3-6-75　两市缺水量最小的调度方案　　单位:万 m³

地市	分水口	月份											
		10	11	12	1	2	3	4	5	6	7	8	9
潍坊	1	0.00	0.00	1 913.64	0.00	2 015.68	981.22	0.00	0.00	0.00	0.00	905.03	0.00
	2	32.39	0.00	0.00	0.00	0.00	0.00	0.00	0.00	0.00	0.00	6.27	52.99
	3	14.12	0.00	0.00	4.43	8.68	7.63	8.31	8.03	5.20	8.04	6.27	26.34
	4	39.79	39.79	44.84	69.18	17.37	0.00	0.00	47.63	29.46	39.96	39.08	47.04
	5	16.09	16.09	7.59	16.40	17.37	16.69	23.40	21.73	14.22	25.97	11.10	23.14
	6	238.68	238.68	0.00	0.00	242.85	213.43	163.90	223.58	210.28	221.81	266.42	309.54
	7	850.04	773.83	491.57	613.75	1 105.24	1 014.58	899.10	481.99	848.36	705.01	952.30	736.30
	8	31.68	31.68	0.00	0.00	0.00	0.00	0.00	51.58	62.72	67.09	70.51	67.77
	9	157.51	154.12	159.61	129.00	147.84	151.43	78.37	73.92	133.73	117.34	158.37	158.40
青岛	10	781.68	615.81	773.96	773.96	748.90	725.76	763.44	240.00	226.00	307.70	773.96	773.96
	11	1 112.29	1 112.29	3 526.52	3 526.52	3 526.52	3 409.14	1 991.93	1 973.25	1 486.76	1 235.81	1 325.21	1 747.98

表 3-6-76　调水工程运行费最小的调度方案　　单位：万 m^3

地市	分水口	月份											
		10	11	12	1	2	3	4	5	6	7	8	9
潍坊	1	0.00	0.00	0.00	0.00	0.00	13.90	0.00	240.07	0.00	65.96	46.51	0.00
	2	32.39	0.00	0.00	0.00	0.00	0.00	0.00	0.00	0.00	6.27	52.99	70.43
	3	14.12	0.00	4.43	8.68	7.63	8.31	8.03	5.20	8.04	6.27	26.34	19.62
	4	39.79	44.84	69.18	17.37	10.43	0.00	47.63	29.46	39.96	39.08	47.04	36.06
	5	16.09	7.59	16.40	17.37	16.69	23.40	21.73	14.22	25.97	11.10	23.14	22.03
	6	238.68	26.55	0.00	242.85	213.43	163.90	223.58	210.28	221.81	266.42	309.54	306.61
	7	850.04	691.57	613.75	615.58	902.86	991.34	881.99	446.91	845.30	814.39	869.86	829.04
	8	31.68	50.63	0.00	0.00	0.00	0.00	51.58	62.72	67.09	70.51	67.77	40.59
	9	157.51	154.12	159.61	129.00	147.84	151.43	78.37	73.92	133.73	117.34	158.37	158.40
青岛	10	246.00	226.00	126.00	200.00	275.00	258.00	240.00	226.00	307.70	326.06	313.00	284.00
	11	1 112.29	1 349.15	1 078.66	1 391.33	1 222.52	1 991.93	1 973.25	1 486.76	1 235.81	1 325.21	1 747.98	1 584.18

表 3-6-77　两市缺水量和调水工程运行费最小的调度方案　　单位：万 m^3

地市	分水口	月份											
		10	11	12	1	2	3	4	5	6	7	8	9
潍坊	1	0.00	0.00	1 913.64	0.00	2 015.68	981.22	0.00	0.00	0.00	0.00	905.03	0.00
	2	32.39	0.00	0.00	0.00	0.00	0.00	0.00	0.00	0.00	0.00	6.27	52.99
	3	14.12	0.00	0.00	4.43	8.68	7.63	8.31	8.03	5.20	8.04	6.27	26.34
	4	39.79	39.79	44.84	69.18	17.37	0.00	0.00	47.63	29.46	39.96	39.08	47.04
	5	16.09	16.09	7.59	16.40	17.37	16.69	23.40	21.73	14.22	25.97	11.10	23.14
	6	238.68	238.68	0.00	0.00	242.85	213.43	163.90	223.58	210.28	221.81	266.42	309.54
	7	850.04	773.83	491.57	613.75	1 105.24	1 014.58	899.10	481.99	848.36	705.01	952.30	736.30
	8	31.68	31.68	0.00	0.00	0.00	0.00	0.00	51.58	62.72	67.09	70.51	67.77
	9	157.51	154.12	159.61	129.00	147.84	151.43	78.37	73.92	133.73	117.34	158.37	158.40
青岛	10	246.00	615.81	773.96	773.96	748.90	725.76	258.00	240.00	226.00	307.70	773.96	773.96
	11	1 112.29	1 112.29	3 526.52	3 526.52	3 526.52	3 409.14	1 991.93	1 973.25	1 486.76	1 235.81	1 325.21	1 747.98

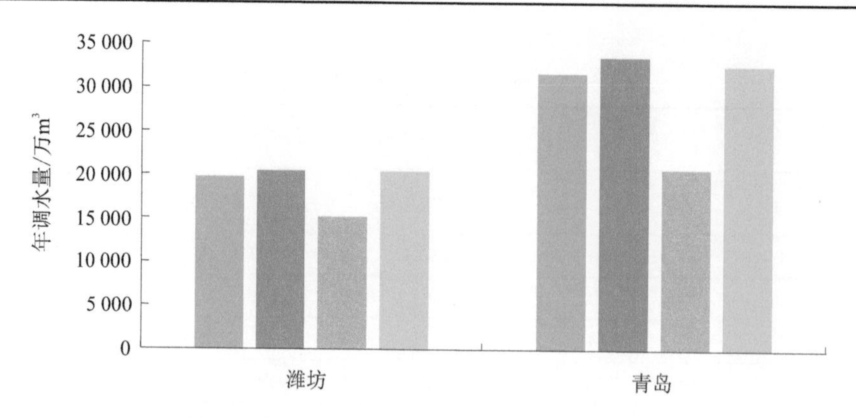

图 3-6-26　情景二的 RiverWare 调度结果与 TPM 调度结果对比

(3)情景三方案分析。

基于 TPM 模型数据 RiverWare 模型确定的调水方案见表 3-6-78～表 3-6-80。由表 3-6-78～表 3-6-80 和表 3-6-73 可知，潍坊、青岛两市在三种调度目标下的调水量分别为 20 432.11万 m³、15 120.25万 m³、20 432.11万 m³和37 011.50万 m³、23 109.33万 m³、35 275.45万 m³，其中调水工程运行费最小的调水量比 TPM 模型的调水量小，其他两种调度目标的调水量要比 TPM 模型的调水量稍大，总缺水量分别降低了 4.51% 和 3.27%，见图 3-6-27、表 3-6-81。

表 3-6-78　两市缺水量最小的调度方案　　单位：万 m³

地市	分水口	月份											
		10	11	12	1	2	3	4	5	6	7	8	9
潍坊	1	0.00	0.00	1 913.64	0.00	2 015.68	981.22	0.00	0.00	0.00	0.00	905.03	0.00
	2	32.39	0.00	0.00	0.00	0.00	0.00	0.00	0.00	0.00	0.00	6.27	52.99
	3	14.12	0.00	0.00	4.43	8.68	7.63	8.31	8.03	5.20	8.04	6.27	26.34
	4	39.79	39.79	44.84	69.18	17.37	0.00	0.00	47.63	29.46	39.96	39.08	47.04
	5	16.09	16.09	7.59	16.40	17.37	16.69	23.40	21.73	14.22	25.97	11.10	23.14
	6	238.68	238.68	0.00	0.00	242.85	213.43	163.90	223.58	210.28	221.81	266.42	309.54
	7	850.04	773.83	491.57	613.75	1 105.24	1 014.58	899.10	481.99	848.36	705.01	952.30	736.30
	8	31.68	31.68	0.00	0.00	0.00	0.00	0.00	51.58	62.72	67.09	70.51	67.77
	9	157.51	154.12	159.61	129.00	147.84	151.43	78.37	73.92	133.73	117.34	158.37	158.40
青岛	10	781.68	615.81	773.96	773.96	748.90	725.76	763.44	783.74	226.00	307.70	773.96	773.96
	11	1 112.29	1 112.29	3 526.52	3 526.52	3 526.52	3 409.14	3 274.03	3 679.56	1 486.76	1 235.81	1 325.21	1 747.98

表 3-6-79 调水工程运行费最小的调度方案 单位:万 m^3

地市	分水口	月份											
		10	11	12	1	2	3	4	5	6	7	8	9
潍坊	1	0.00	0.00	0.00	0.00	0.00	13.90	0.00	240.07	0.00	65.96	46.51	0.00
	2	32.39	0.00	0.00	0.00	0.00	0.00	0.00	0.00	0.00	6.27	52.99	70.43
	3	14.12	0.00	4.43	8.68	7.63	8.31	8.03	5.20	8.04	6.27	26.34	19.62
	4	39.79	44.84	69.18	17.37	10.43	0.00	47.63	29.46	39.96	39.08	47.04	36.06
	5	16.09	7.59	16.40	17.37	16.69	23.40	21.73	14.22	25.97	11.10	23.14	22.03
	6	238.68	26.55	0.00	242.85	213.43	163.90	223.58	210.28	221.81	266.42	309.54	306.61
	7	850.04	691.57	613.75	615.58	902.86	991.34	881.99	446.91	845.30	814.39	869.86	829.04
	8	31.68	50.63	0.00	0.00	0.00	0.00	51.58	62.72	67.09	70.51	67.77	40.59
	9	157.51	154.12	159.61	129.00	147.84	151.43	78.37	73.92	133.73	117.34	158.37	158.40
青岛	10	246.00	226.00	126.00	200.00	275.00	258.00	758.40	761.68	307.70	326.06	313.00	284.00
	11	1 112.29	1 349.15	1 078.66	1 391.33	1 222.52	1 991.93	2 724.93	2 263.50	1 235.81	1 325.21	1 747.98	1 584.18

表 3-6-80 两市缺水量和调水工程运行费最小的调度方案 单位:万 m^3

地市	分水口	月份											
		10	11	12	1	2	3	4	5	6	7	8	9
潍坊	1	0.00	0.00	1 913.64	0.00	2 015.68	981.22	0.00	0.00	0.00	0.00	905.03	0.00
	2	32.39	0.00	0.00	0.00	0.00	0.00	0.00	0.00	0.00	0.00	6.27	52.99
	3	14.12	0.00	0.00	4.43	8.68	7.63	8.31	8.03	5.20	8.04	6.27	26.34
	4	39.79	39.79	44.84	69.18	17.37	0.00	0.00	47.63	29.46	39.96	39.08	47.04
	5	16.09	16.09	7.59	16.40	17.37	16.69	23.40	21.73	14.22	25.97	11.10	23.14
	6	238.68	238.68	0.00	0.00	242.85	213.43	163.90	223.58	210.28	221.81	266.42	309.54
	7	850.04	773.83	491.57	613.75	1 105.24	1 014.58	899.10	481.99	848.36	705.01	952.30	736.30
	8	31.68	31.68	0.00	0.00	0.00	0.00	0.00	51.58	62.72	67.09	70.51	67.77
	9	157.51	154.12	159.61	129.00	147.84	151.43	78.37	73.92	133.73	117.34	158.37	158.40
青岛	10	246.00	615.81	773.96	773.96	748.90	725.76	763.44	782.08	226.00	307.70	773.96	773.96
	11	1 112.29	1 112.29	3 526.52	3 526.52	3 526.52	3 409.14	2 750.73	3 004.15	1 486.76	1 235.81	1 325.21	1 747.98

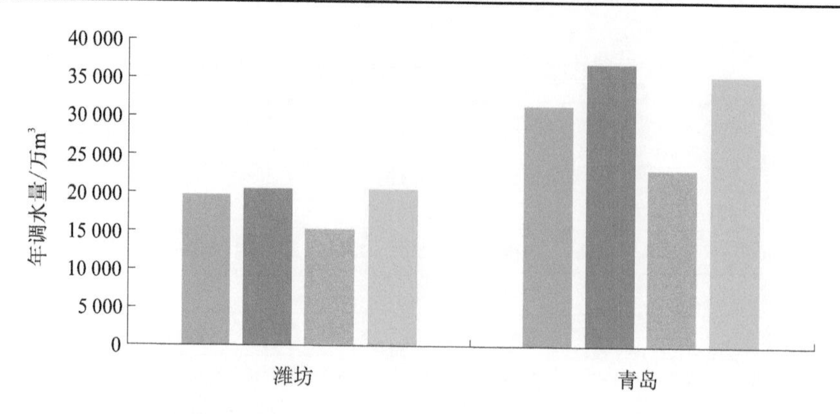

图 3-6-27　情景三的 RiverWare 调度结果与 TPM 调度结果对比

表 3-6-81　调水方案对比表

方案		调水量/万 m³			缺水率/%		
		潍坊	青岛	小计	潍坊	青岛	总缺水率
TPM 模型(胶东四市缺水量最小)		19 616	31 509	51 125	76.08	45.67	63.48
RiverWare 情景一		20 432	33 474	53 906	75.08	42.29	61.50
RiverWare 情景二	两市缺水量最小	20 432	33 479	53 911	75.08	42.28	61.49
	调水工程运行费最小	15 120	20 527	35 647	81.56	64.61	74.54
	两市缺水量和调水工程运行费最小	20 432	32 438	52 870	75.08	44.07	62.24
RiverWare 情景三	两市缺水量最小	20 432	37 012	57 444	75.08	36.19	58.97
	调水工程运行费最小	15 120	23 109	38 230	81.56	60.16	72.69
	两市缺水量和调水工程运行费最小	20 432	35 275	55 708	75.08	39.18	60.21

通过不同情景下的调度方案对比知,同样调度目标下,即受水区缺水量最小,RiverWare 确定的两地市调水量比 TPM 模型确定的调水量高 5.4%~14.8%。因为 TPM 是基于胶东四市进行调度,在渠道过流能力一定的条件下,受水区越多,各地市调度水量越少,因此,RiverWare 确定的两地市调水量比 TPM 模型确定的调水量高是合理的。

综上对比分析知,RiverWare 应用到引黄济青工程确定的调水方案是合理的,RiverWare 软件应用于引黄济青工程进行水资源调度是可行的。

第 4 章　RiverWare 推广应用

为了更好地熟悉和掌握 RiverWare 软件模型的构建和 RPL 语言规则的制定，把 RiverWare 软件推广应用的胶东调水工程的其他渠段。

4.1　推广应用段调度模型构建

4.1.1　推广应用段概况

本次推广应用选择胶东调水工程宋庄分水闸至黄水河泵站段，该段属于胶东地区引黄调水工程。胶东地区引黄调水工程自引黄济青渠首打渔张引黄闸引取黄河水，经新建沉沙条渠沉沙后，利用现有的引黄济青输水河输水，至昌邑市境内宋庄镇东南引黄济青输水河设计桩号 160+500 处，设宋庄分水闸分水，新辟输水明渠经昌邑、平度、莱州、招远、龙口至龙口市黄水河泵站，利用压力管道、隧洞及暗渠输水至烟台市的门楼水库，烟台市需调水量直接入门楼水库，威海需调水量经高疃泵站加压后经压力管道、卧龙隧洞输水至威海市的米山水库。输水线路总长 349.989 km。工程涉及范围包括滨州、东营、潍坊、青岛、烟台、威海 6 市的 18 个县（市、区），在典型区域一范围基础上，增加平度、芝罘、福山、莱山、莱州、招远、龙口、环翠及文登。

胶东调水工程目前按照最大输水能力运行，引黄流量 23 m^3/s，引江流量 13 m^3/s，入子槽流量 32~36 m^3/s，宋庄泵站过站流量 31~32 m^3/s。工程输水时各河道段均不能超过其输水能力。在输水过程中，由于蒸发、渗漏等原因，存在输水损失。

研究区域从宋庄分水闸闸至黄水河泵站，全长约 159 km，沿途经 3 级泵站、20 多个倒虹吸及渡槽、7 个分水口。各分水口的名称、桩号、设计流量及供水区域，如表 4-1-1 所示。推广段工程网络概化图，如图 4-1-1 中的红色框图所示部分。

表 4-1-1　推广应用段各分水口信息

地市	分水口		设计流量/(m^3/s)	桩号	县（市、区）	供水区域
	序号	名称				
青岛	12	双友水库	1.3	23+910	平度	双友水库
	13	灰埠分水闸	1.3	35+674		灰埠镇
烟台	14	西杨村分水闸	1.65	60+119	莱州	宁家水库，西杨村
	15	新建王河分水闸	1.65	86+189		街西水库，王河
	16	侯家水库分水闸	1.53	118+686	招远	招远开发区
	17	南山水库分水闸	1.65	140+760	龙口	南山水库
	18	南栾水库分水闸	1.65	143+315		南栾水库

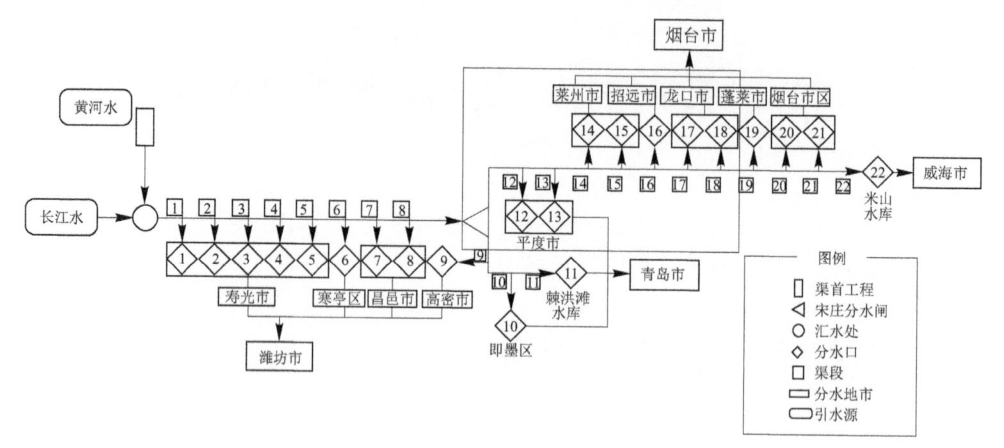

图 4-1-1　推广应用段网络概化图

4.1.2　调度模型

在水质满足要求的情况下，按照不同的来水条件及工程条件，将引黄水、引江水以最优方案调送至推广应用段的各分水口，在此考虑三种调度目标：目标 1，推广应用段受水区总缺水量最小；目标 2，推广应用段调水工程运行费最小；目标 3，推广应用段受水区总缺水量和调水工程运行费最小。

基于胶东调水工程目前实际调度运营情况，调度期为全年调度，起止时间为当年 10 月到翌年 9 月。调度时段为月，用 t 表示（$t=10,11,12,1,2,\cdots,9$）。

决策变量：决策变量 $x_{t,i}$ 第 i 分水口第 t 月的调度水量，万 m^3；分水口用 i 表示（$i=12,13,\cdots,18$），青岛、烟台两市用 j 表示（$j=1,2$）。

4.1.2.1　目标函数

（1）缺水量最小

$$\min f_1 = \sum_{j=1}^{2} W_{n,j} - \sum_{t=10}^{9}\sum_{i=12}^{18} x_{t,i} \tag{4-1-1}$$

（2）运行费最小

$$\min f_2 = \sum_{t=10}^{9}\sum_{i=12}^{18} K_i x_{t,i} \tag{4-1-2}$$

（3）缺水量和运行费最小

$$\min f_1 = \sum_{j=1}^{2} W_{n,j} - \sum_{t=10}^{9}\sum_{i=12}^{18} x_{t,i} \tag{4-1-3}$$

$$\min f_2 = \sum_{t=10}^{9}\sum_{i=12}^{18} K_i x_{t,i}$$

式中：f_1 为调度期内推广应用段受水区总缺水量，万 m^3；f_2 为调度期内推广应用段调水工程运行费，万元；$W_{n,j}$ 为推广应用段各市的需水量，万 m^3；$x_{t,i}$ 为第 t 月第 i 分水口的调度水量，万 m^3；K_i 为在第 i 个分水口的计量水价，元/m^3。

4.1.2.2　约束条件

同 3.2.2 节约束情况。

4.2　基于 RiverWare 的模型构建

基于上述两个调度目标,考虑水量调度和调水工程运行费,因此模型构建时考虑两种情景:①只考虑分水口;②考虑分水口和泵站。

4.2.1　情景一:只考虑分水口

在只考虑水量调度情况下,模型构建只考虑分水口,同时将黄水河泵站之后概化为一个分水口,可以进行水量调度,共 8 个分水口。两个分水口之间的渠道,设置输水效率和水力演算方法,情景一模型见图 4-2-1。

4.2.2　情景二:考虑分水口和泵站

在考虑分水口和泵站情况下,在情景一模型基础上增加了泵站节点,考虑灰埠泵站、辛庄泵站和黄水河泵站三级。分水口设置同情景一,泵站设置设计最大流量和功率情况。情景二模型见图 4-2-2。

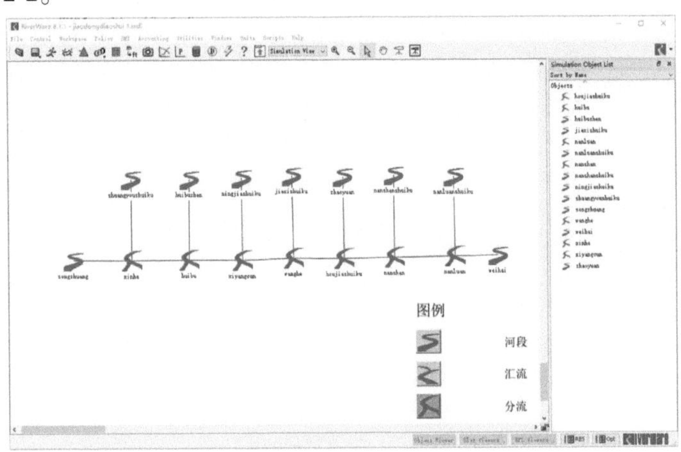

图 4-2-1　推广应用段情景一 RiverWare 模型构建

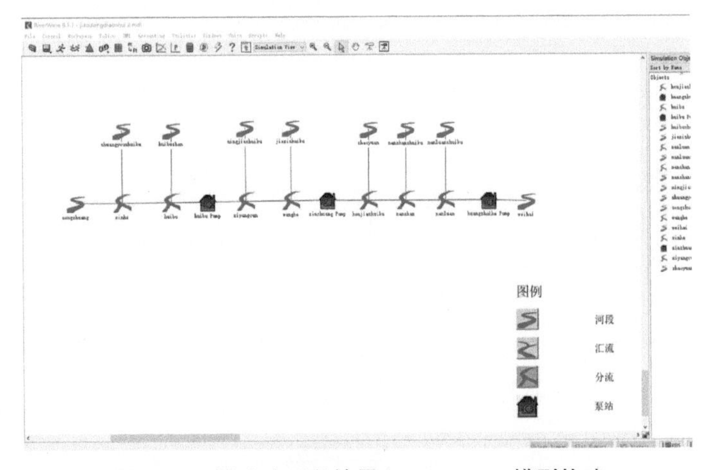

图 4-2-2　推广应用段情景二 RiverWare 模型构建

4.3　基于 RPL 语言的规则制定

根据调度模型,利用 RPL 语言对调度目标和约束条件制定规则。根据 2019—2020 年度青岛和烟台两地市用水需求、两地市的调水指标、各分水口的最小需水量和设计流量、各渠段输水效率等进行规则的制定。

4.3.1　数据收集与整理

(1)用水需求。

根据山东省调水工程运行维护中心提供的山东省胶东调水工程 2019—2020 年度调水方案,2019—2020 年度青岛市平度市用水需求为 2 040 万 m^3,烟台市莱州、招远、龙口三市用水需求为 6 200 万 m^3。

(2)调水指标。

山东省胶东调水工程,现以黄河水、长江水为水源。根据《山东省水资源综合利用中长期规划》《青岛市“十四五”水资源配置发展规划》《烟台市 2019—2020 年度调引客水工作启动通知》,其中青岛市的平度市总调水指标为 2 000 万 m^3,烟台市的莱州、招远、龙口三市总调水指标为 6 600 万 m^3,见表 4-3-1。

表 4-3-1　推广应用段受水区调水指标　　单位:万 m^3

受水区		调水指标
青岛	平度	2 000
烟台	莱州	2 000
	招远	1 800
	龙口	2 800

(3)各分水口最小需水量。

根据山东省胶东调水工程日常运行数据,分析 2019—2020 年的配水数据,得出各分水口每月最小需水量,如表 4-3-2 所示。

表 4-3-2　分水口最小需水量　　单位:万 m^3

地市	分水口	月份											
		10	11	12	1	2	3	4	5	6	7	8	9
青岛	12	0.00	0.00	154.54	0.00	0.00	205.06	0.00	0.00	83.96	23.46	20.24	2.45
	13	0.00	0.00	108.28	0.00	0.00	0.00	0.00	0.00	0.00	0.00	0.00	0.00
烟台	14	61.77	89.62	92.01	0.00	0.00	0.00	1.00	61.91	78.30	0.00	0.00	0.00
	15	203.39	162.06	169.21	166.47	154.52	170.13	44.86	0.00	0.00	0.00	0.00	198.23
	16	75.75	183.92	178.02	235.76	0.00	0.00	0.00	0.00	0.00	0.00	0.00	124.78
	17	0.00	0.00	19.35	0.00	0.00	0.00	0.00	0.00	0.00	0.00	0.00	0.00
	18	286.02	313.62	359.34	0.00	0.00	0.00	34.88	207.04	25.74	0.00	0.00	157.57

(4)渠段、泵站及分水口设计流量。

根据《山东省引黄济青工程技术经济指标资料汇编》《胶东地区引黄调水工程建设管理文件选编》,工程各渠段设计流量和分水口设计流量见表4-3-3。泵站过流能力见表4-3-4。

表4-3-3　胶东调水工程各渠段指标参数设计值　　单位:m^3/s

地市	渠段	渠段设计流量	分水口	分水口设计流量
青岛	12	22.0	12	1.30
	13	20.7	13	1.30
烟台	14	20.0	14	1.65
	15	19.0	15	1.65
	16	17.0	16	1.53
	17	15.0	17	1.65
	18	13.4	18	1.65

表4-3-4　胶东调水工程各泵站指标参数设计值　　单位:m^3/s

地市	渠段	泵站最大过流量	泵站最小过流量(运行时)
青岛	灰埠泵站	20.7	2.5
烟台	辛庄泵站	17	1.0
	黄水河泵站	12.6	0.5

(5)输水效率。

根据引黄济青上节制闸的校核流量、设计流量及实际调度的流量划分不同的流量,进行上节制闸至各段输水效率分析。利用实际运行数据分析计算不同流量从上节制闸至推广应用各渠段的输水效率,如表4-3-5所示。由表4-3-5知,输水效率随着输水渠道长度的增加,输水效率降低;同渠段随着流量的增加,输水效率增加。

表4-3-5　不同流量从上节制闸至推广应用各渠段的输水效率

地市	渠段	引黄济青上节制闸处的调水量/(m^3/s)			
		$q>40$	$36<q\leq40$	$30<q\leq36$	$q\leq30$
青岛	12	0.987 1	0.985 4	0.982 1	0.978 1
	13	0.980 9	0.978 3	0.973 5	0.967 5
烟台	14	0.967 9	0.963 8	0.955 7	0.945 9
	15	0.954 4	0.948 5	0.937 1	0.923 3
	16	0.937 7	0.929 8	0.914 4	0.895 9
	17	0.926 6	0.917 2	0.899 3	0.877 8
	18	0.925 3	0.915 8	0.897 6	0.875 7

(6)胶东调水工程各分水口输水计量水价。

根据《山东省物价局关于引黄济青工程和胶东调水工程引黄河水长江水供水价格的通

知》(鲁价格一发〔2016〕94 号),计量水价由输水总成本扣除基本水价成本部分后计提规定的税金构成。本研究采用的计量水价是按两市调度的黄河水长江水水量的计量水价(鲁价格一发〔2016〕94 号)进行加权平均计算,如表 4-3-6 所示。

表 4-3-6　胶东调水工程各分水口输水计量水价　　单位:元/m^3

地市	分水口	计量水价		采用的计量水价
		黄河水	长江水	
青岛	平度	0.572	1.535	0.82
烟台	莱州	0.826	1.885	1.09
	招远	1.101	2.308	1.41
	龙口	1.514	2.763	1.83

4.3.2　情景一规则制定

只考虑分水口情境下,调度目标为推广应用段受水区缺水量最小。利用 RPL 编写调度目标,见图 4-3-1。水量平衡约束、过流能力约束、分水口最大流量约束、最小需水量约束和外调水量约束相同的部分见 3.4.2 节。

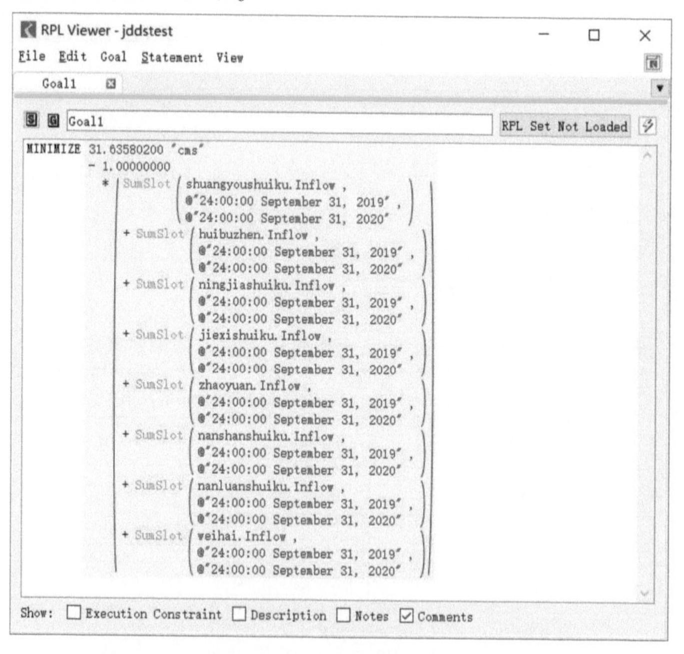

图 4-3-1　目标 1 推广应用段受水区缺水量最小

4.3.3　情景二规则制定

考虑分水口和泵站情境下,调度目标 1 推广应用段受水区缺水量最小,目标 2 调水工程运行费最小,目标 3 多目标调度实现推广应用段受水区缺水量和调水工程运行费最小。利用 RPL 编写调度目标,见图 4-3-2~图 4-3-4。

图 4-3-2　目标 1 推广应用段受水区缺水量最小

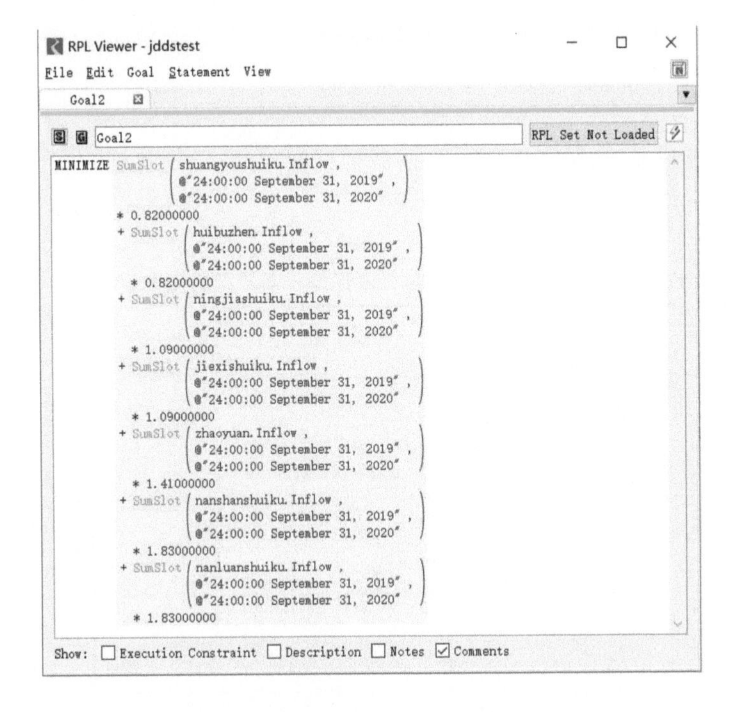

图 4-3-3　目标 2 推广应用段调水工程运行费用最小

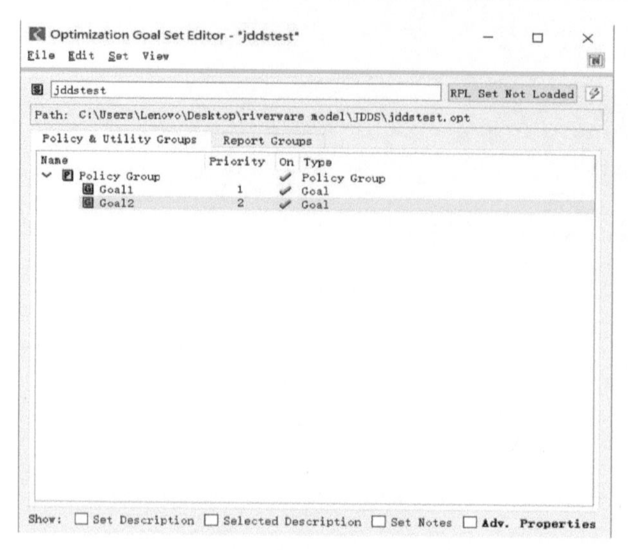

图 4-3-4　目标 3 推广应用段受水区缺水量和调水工程运行费最小

约束条件按制定的约束规则进行编写。水量平衡约束、过流能力约束、分水口最大流量约束、最小需水量约束和外调水量约束相同的部分见 3.4.2 节。

4.4　RiverWare 模型调度方案

根据构建的各种情景下的 RiverWare 模型和 RPL 制定的规则,进行调水方案的确定。

4.4.1　情景一调度方案

情景一没有考虑泵站,只是针对分水口进行调度,因此调度目标只考虑了缺水最小,其调度方案见表 4-4-1 和图 4-4-1。

表 4-4-1　推广应用段受水区缺水量最小调度方案　　单位:m^3/s

地市	分水口	月份											
		10	11	12	1	2	3	4	5	6	7	8	9
青岛	12	0.66	0.72	0.66	0.66	0.83	0.77	0.06	0.04	0.72	0.66	0.66	0.72
	13	0.00	0.00	0.40	0.00	0.00	0.00	0.00	0.00	0.00	0.00	0.00	0.00
烟台	14	0.85	0.83	0.90	0.91	0.99	0.94	0.70	0.85	0.85	0.83	0.79	0.84
	15	0.76	0.63	0.63	0.62	0.62	0.64	0.17	0.00	0.00	0.00	0.00	0.76
	16	0.28	0.71	0.66	0.88	0.00	0.00	0.00	0.00	0.00	0.00	0.00	0.48
	17	0.00	0.00	0.07	0.00	0.00	0.00	0.00	0.00	0.00	0.00	0.00	0.00
	18	1.07	1.21	1.34	0.00	0.00	0.00	0.13	0.77	0.10	0.00	0.00	0.61

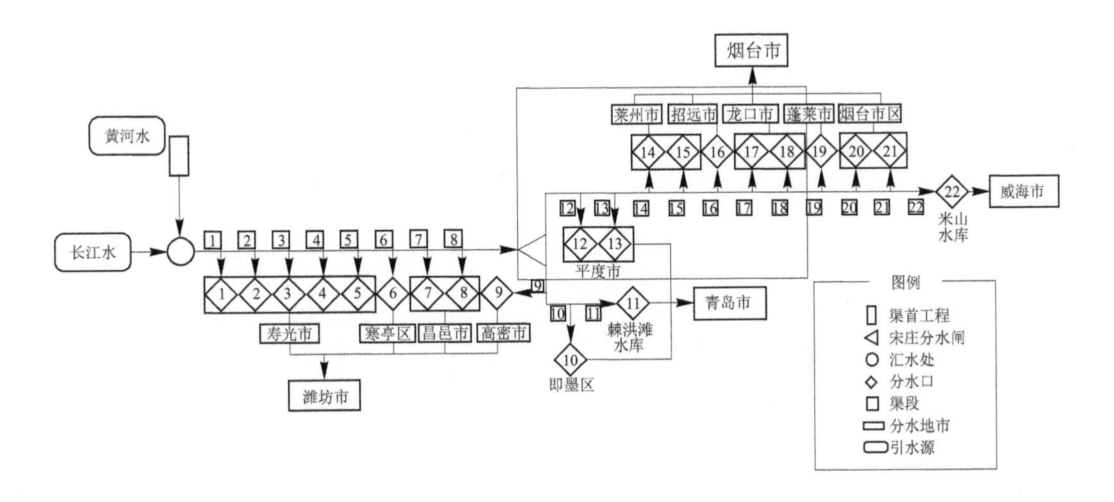

图 4-4-1　推广应用段受水区缺水量最小调度结果

4.4.2　情景二调度方案

情景二既考虑了分水口又考虑了泵站，因此调度目标分推广应用段受水区缺水量最小、调水工程运行费最小和多目标（推广应用段受水区缺水量和调水工程运行费最小）三种情况考虑。其调度方案分别见表 4-4-2～表 4-4-4 和图 4-4-2～图 4-4-4。

表 4-4-2　推广应用段受水区缺水量最小调度方案　单位：m^3/s

地市	分水口	月份											
		10	11	12	1	2	3	4	5	6	7	8	9
青岛	12	0.66	0.72	0.66	0.66	0.83	0.77	0.06	0.04	0.72	0.66	0.66	0.72
	13	0.00	0.00	0.40	0.00	0.00	0.00	0.00	0.00	0.00	0.00	0.00	0.00
烟台	14	0.85	0.83	0.90	0.91	0.99	0.94	0.70	0.85	0.85	0.83	0.79	0.84
	15	0.76	0.63	0.63	0.62	0.62	0.64	0.17	0.00	0.00	0.00	0.00	0.76
	16	0.28	0.71	0.66	0.88	0.00	0.00	0.00	0.00	0.00	0.00	0.00	0.48
	17	0.00	0.00	0.07	0.00	0.00	0.00	0.00	0.00	0.00	0.00	0.00	0.00
	18	1.07	1.21	1.34	0.00	0.00	0.00	0.13	0.77	0.10	0.00	0.00	0.61

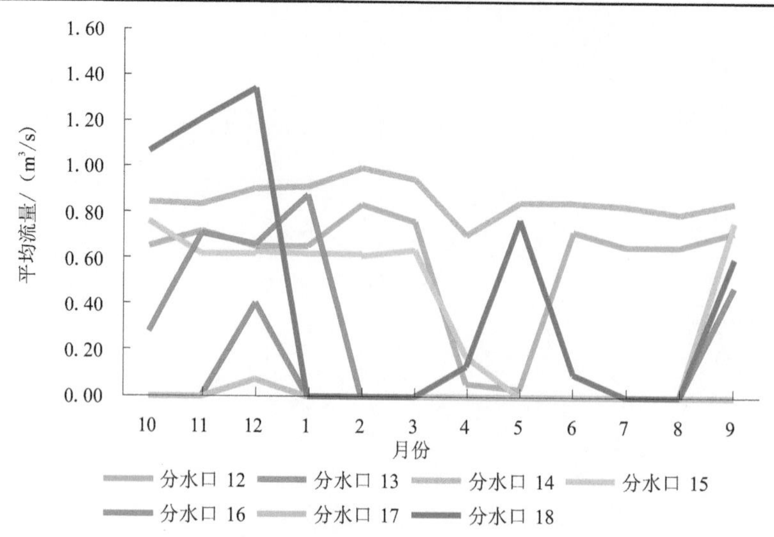

图 4-4-2　推广应用段受水区缺水量最小调度结果

表 4-4-3　推广应用段调水工程运行费最小调度方案　　单位：m³/s

地市	分水口	10	11	12	1	2	3	4	5	6	7	8	9
青岛	12	0.00	0.00	0.58	0.00	0.00	0.77	0.00	0.00	0.32	0.09	0.08	0.01
青岛	13	0.00	0.00	0.40	0.00	0.00	0.00	0.00	0.00	0.00	0.00	0.00	0.00
烟台	14	0.23	0.35	0.34	0.00	0.00	0.00	0.00	0.23	0.30	0.00	0.00	0.00
烟台	15	0.76	0.63	0.63	0.62	0.62	0.64	0.17	0.00	0.00	0.00	0.00	0.76
烟台	16	0.28	0.71	0.66	0.88	0.00	0.00	0.00	0.00	0.00	0.00	0.00	0.48
烟台	17	0.00	0.00	0.07	0.00	0.00	0.00	0.00	0.00	0.00	0.00	0.00	0.00
烟台	18	1.07	1.21	1.34	0.00	0.00	0.00	0.13	0.77	0.10	0.00	0.00	0.61

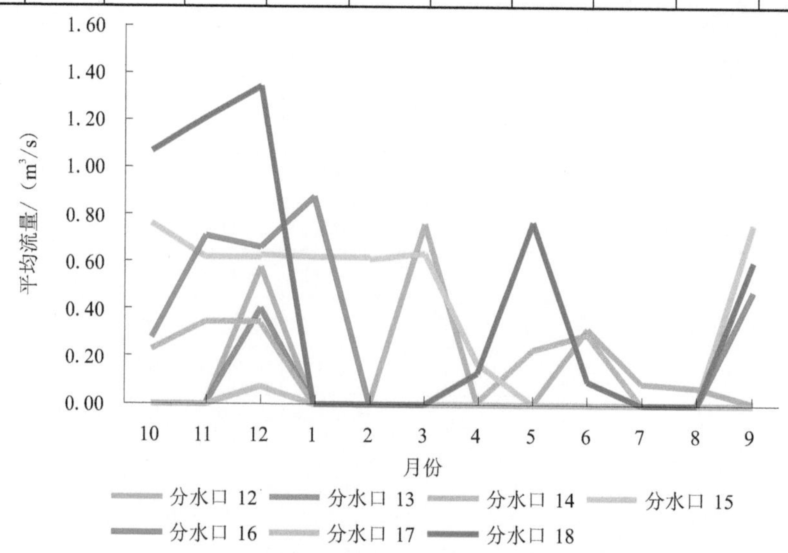

图 4-4-3　推广应用段调水工程运行费最小调度结果

表4-4-4　推广应用段受水区缺水量和调水工程运行费最小调度方案　　单位：m^3/s

地市	分水口	月份											
		10	11	12	1	2	3	4	5	6	7	8	9
青岛	12	0.66	0.82	0.76	0.66	0.53	0.77	0.59	0.44	0.32	0.57	0.53	0.54
	13	0.00	0.00	0.40	0.00	0.00	0.00	0.00	0.00	0.00	0.00	0.00	0.00
烟台	14	1.25	1.13	0.90	0.91	0.99	0.94	0.30	1.35	0.35	0.43	0.49	1.04
	15	0.76	0.63	0.63	0.62	0.62	0.64	0.17	0.00	0.00	0.00	0.00	0.76
	16	0.28	0.71	0.66	0.88	0.00	0.00	0.00	0.00	0.00	0.00	0.00	0.48
	17	0.00	0.00	0.07	0.00	0.00	0.00	0.00	0.00	0.00	0.00	0.00	0.00
	18	1.07	1.21	1.34	0.00	0.00	0.00	0.13	0.77	0.10	0.00	0.00	0.61

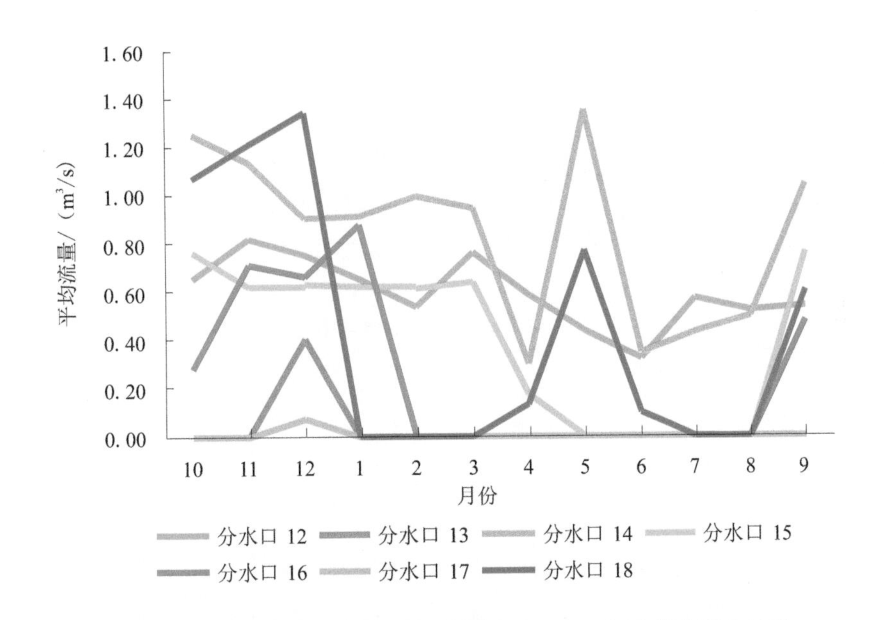

图4-4-4　推广应用段受水区缺水量和调水工程运行费最小调度结果

4.5　调度方案对比分析

2019—2020年度调度期内推广应用段各分水口的实际分水量见表4-5-1。由表4-5-1可知，2019—2020年度推广应用段潍坊、青岛两市的调水量分别为597.99万m^3、3 855.27万m^3，都没有满足两市的实际需求。

表 4-5-1　2019—2020 年度推广应用段各分水口实际分水量　　单位:万 m^3

地市	分水口	月份											
		10	11	12	1	2	3	4	5	6	7	8	9
青岛	12	0.00	0.00	154.54	0.00	0.00	205.06	0.00	0.00	83.96	23.46	20.24	2.45
	13	0.00	0.00	108.28	0.00	0.00	0.00	0.00	0.00	0.00	0.00	0.00	0.00
烟台	14	61.77	89.62	92.01	0.00	0.00	0.00	1.00	61.91	78.30	0.00	0.00	0.00
	15	203.39	162.06	169.21	166.47	154.52	170.13	44.86	0.00	0.00	0.00	0.00	198.23
	16	75.75	183.92	178.02	235.76	0.00	0.00	0.00	0.00	0.00	0.00	0.00	124.78
	17	0.00	0.00	19.35	0.00	0.00	0.00	0.00	0.00	0.00	0.00	0.00	0.00
	18	286.02	313.62	359.34	0.00	0.00	0.00	34.88	207.04	25.74	0.00	0.00	157.57

4.5.1　情景一方案分析

RiverWare 模型确定的调水方案见表 4-5-2。青岛、烟台两市的调水量分别为 1 984.81 万 m^3、6 185.12 万 m^3,均不满足实际用水需求,但需水量缺口明显减小。

由表 4-5-1 和表 4-5-2 知,RiverWare 模型确定的调水方案,个别月份各个分水口的调水量比 2019—2020 年度的实际分水量稍大,RiverWare 模型确定的推广应用段青岛、烟台两市的年调水量比 2019—2020 年度两市的实际分水量要大,见图 4-5-1。

表 4-5-2　推广应用段受水区缺水量最小调度方案　　单位:万 m^3

地市	分水口	月份											
		10	11	12	1	2	3	4	5	6	7	8	9
青岛	12	175.48	186.71	175.48	175.48	209.17	205.06	15.36	9.41	186.71	175.48	175.48	186.71
	13	0.00	0.00	108.28	0.00	0.00	0.00	0.00	0.00	0.00	0.00	0.00	0.00
烟台	14	227.67	216.25	241.46	245.06	248.83	252.54	181.83	227.67	220.15	222.02	212.51	218.48
	15	203.39	162.06	169.21	166.47	154.52	170.13	44.86	0.00	0.00	0.00	0.00	198.23
	16	75.75	183.92	178.02	235.76	0.00	0.00	0.00	0.00	0.00	0.00	0.00	124.78
	17	0.00	0.00	19.35	0.00	0.00	0.00	0.00	0.00	0.00	0.00	0.00	0.00
	18	286.02	313.62	359.34	0.00	0.00	0.00	34.88	207.04	25.74	0.00	0.00	157.57

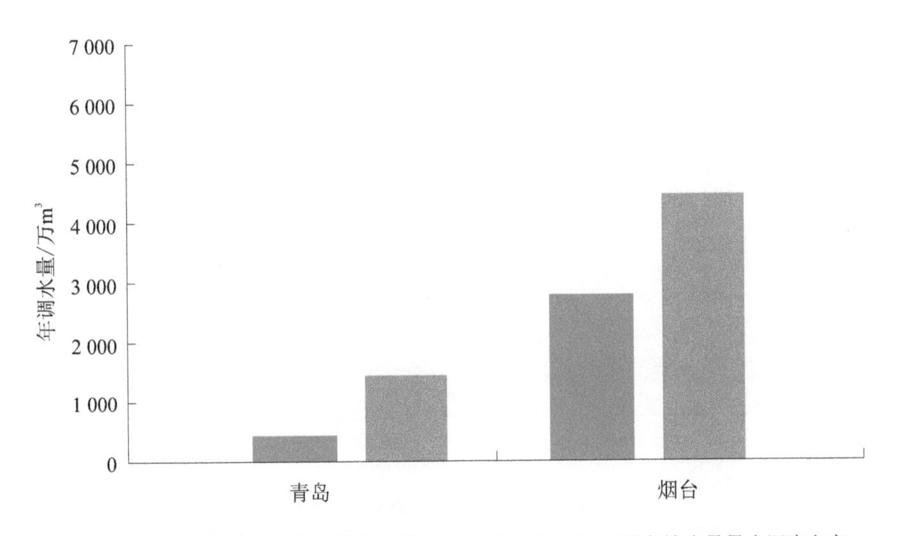

图 4-5-1 情景一 RiverWare 调度结果与 2019—2020 年度实际分水量对比

4.5.2 情景二方案分析

RiverWare 模型确定的三种调水方案见表 4-5-3～表 4-5-5。由表 4-5-3～表 4-5-5 可知，推广应用段受水区缺水量最小的方案和多目标确定的调水量，个别月份各个分水口的调水量比 2019—2020 年度的实际分水量稍大，青岛和烟台两市调水量分别为 1 984.81 万 m³、1 999.69万 m³和 6 185.12 万 m³、6 135.00 万 m³，比 2019—2020 年度两市实际调水量要高，见图 4-5-2。调水工程运行费用最小确定的调度方案，其各个分水口的调水量与 2019—2020 年度的实际分水量基本相等，见图 4-5-2。

表 4-5-3 推广应用段受水区缺水量最小调度方案 单位：万 m³

地市	分水口	月份											
		10	11	12	1	2	3	4	5	6	7	8	9
青岛	12	175.48	186.71	175.48	175.48	209.17	205.06	15.36	9.41	186.71	175.48	175.48	186.71
	13	0.00	0.00	108.28	0.00	0.00	0.00	0.00	0.00	0.00	0.00	0.00	0.00
烟台	14	227.67	216.25	241.46	245.06	248.83	252.54	181.83	227.67	220.15	222.02	212.51	218.48
	15	203.39	162.06	169.21	166.47	154.52	170.13	44.86	0.00	0.00	0.00	0.00	198.23
	16	75.75	183.92	178.02	235.76	0.00	0.00	0.00	0.00	0.00	0.00	0.00	124.78
	17	0.00	0.00	19.35	0.00	0.00	0.00	0.00	0.00	0.00	0.00	0.00	0.00
	18	286.02	313.62	359.34	0.00	0.00	0.00	34.88	207.04	25.74	0.00	0.00	157.57

表 4-5-4 推广应用段调水工程运行费最小调度方案 单位:万 m^3

地市	分水口	月份											
		10	11	12	1	2	3	4	5	6	7	8	9
青岛	12	0.00	0.00	154.54	0.00	0.00	205.06	0.00	0.00	83.96	23.46	20.24	2.45
	13	0.00	0.00	108.28	0.00	0.00	0.00	0.00	0.00	0.00	0.00	0.00	0.00
烟台	14	61.77	89.62	92.01	0.00	0.00	0.00	1.00	61.91	78.30	0.00	0.00	0.00
	15	203.39	162.06	169.21	166.47	154.52	170.13	44.86	0.00	0.00	0.00	0.00	198.23
	16	75.75	183.92	178.02	235.76	0.00	0.00	0.00	0.00	0.00	0.00	0.00	124.78
	17	0.00	0.00	19.35	0.00	0.00	0.00	0.00	0.00	0.00	0.00	0.00	0.00
	18	286.02	313.62	359.34	0.00	0.00	0.00	34.88	207.04	25.74	0.00	0.00	157.57

表 4-5-5 推广应用段受水区缺水量和调水工程运行费最小调度方案 单位:万 m^3

地市	分水口	月份											
		10	11	12	1	2	3	4	5	6	7	8	9
青岛	12	175.48	212.63	202.26	175.48	134.00	205.06	153.60	116.55	83.03	153.38	140.66	139.28
	13	0.00	0.00	108.28	0.00	0.00	0.00	0.00	0.00	0.00	0.00	0.00	0.00
烟台	14	334.80	294.01	241.46	245.06	248.83	252.54	78.15	361.59	90.55	114.88	132.16	270.32
	15	203.39	162.06	169.21	166.47	154.52	170.13	44.86	0.00	0.00	0.00	0.00	198.23
	16	75.75	183.92	178.02	235.76	0.00	0.00	0.00	0.00	0.00	0.00	0.00	124.78
	17	0.00	0.00	19.35	0.00	0.00	0.00	0.00	0.00	0.00	0.00	0.00	0.00
	18	286.02	313.62	359.34	0.00	0.00	0.00	34.88	207.04	25.74	0.00	0.00	157.57

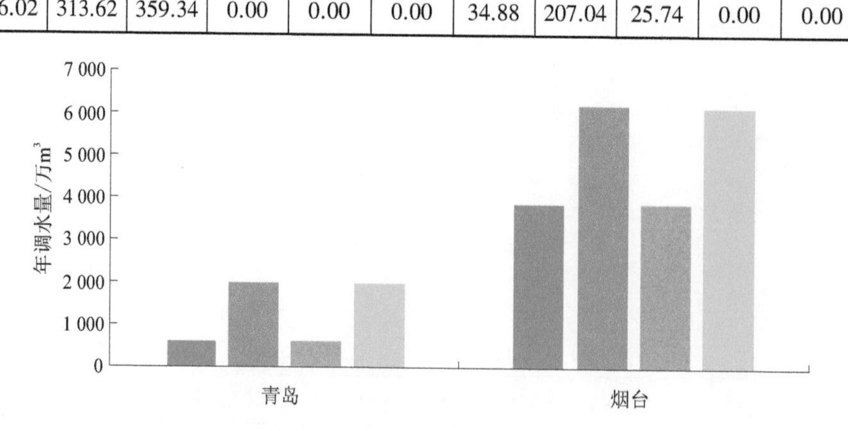

图 4-5-2 情景二 RiverWare 调度结果与 2019—2020 年度实际分水量对比

通过上述分析知,RiverWare 确定的不同调度方案中,情景二中调水工程运行费最小确定的两市调水量与 2019—2020 年度的实际调水量相同,其他调度方案确定的两市调水量都比 2019—2020 年度实际调水量高出较多。原因分析同 3.6.1 节,不再赘述。因此,RiverWare 在推广应用段确定的方案是合理的,RiverWare 的推广应用是可行的。

第 5 章　结论与展望

5.1　结　论

胶东调水工程已实现长江水、黄河水和当地水的联合调度，从而缓解了胶东乃至全省的水资源短缺局面。随着数字化、自动化和智慧化等科学技术的发展，实现和提高调水工程的智能化、精细化调度运行管理水平，需要一个调水管理系统为日常的高效调水提供决策依据。因此，通过引进的 RiverWare 软件进行胶东调水工程的水资源优化调度研究，为日常调度运行管理更加科学、高效提供决策支持。

提高调水工程的调水效率，降低受水区缺水率，缓解或解决胶东地区水资源供需矛盾，是胶东调水工程的主要目标，降低工程运行费用，是调水工程运行维护中心的实际需求。

为此，针对上述关键问题，利用流域水资源规划和管理支持系统 RiverWare，开展了相关研究，取得如下研究成果：

（1）在了解和调研工程的基础上，首先把 RiverWare 应用到引黄济青工程，分析潍坊和青岛受水区水资源供需矛盾和调水工程运行费用问题，制定了三种调度目标：潍坊、青岛两市缺水量最小、调水工程运行费最小、两市缺水量和调水工程运行费最小。依据调度原则、工况和分水指标，建立引黄济青工程水资源调度模型。

（2）综合考虑调水工程水工建筑物、水源交汇和水库调蓄等情况，通过节点、水传输系统连接线对引黄济青调水系统中的分水口、分水闸、水库、河渠道交汇点、渠道、泵站等进行工程网络概化，在此基础上，利用 RiverWare 构建了引黄济青工程三种情景模型：只考虑分水口、考虑分水口和泵站、考虑分水口、泵站和峡山水库。分别对模型中的水工建筑物、参数初始条件等进行设置，按照制定的三种调度目标和相关约束，利用 RPL 语言进行编写规则，并基于 2019—2020 年度实际调水数据、“胶东调水工程水资源优化调度关键技术研究”报告中 GHM 模型数据和 TPM 模型数据进行了调度，确定了相应的调度方案。

（3）结合胶东调水工程实际运行情况和模型构建的特点，对比分析 RiverWare 确定的不同调度方案。基于 2019—2020 年度实际调水数据，确定的两市缺水量最小、调水工程运行费最小、两市缺水量和调水工程运行费最小 3 种调度模式的调度方案。三种情景下，RiverWare 确定的两市缺水量最小、两市缺水量和调水工程运行费最小 2 种调度方案中潍坊市的调水量比 2019—2020 年度实际调水量大，青岛市的调水量比 2019—2020 年度实际调水量稍高，调水工程运行费最小确定的调水方案与 2019—2020 年度的实际调水量相近或相同。基于模型采用高效输水的原则分析知，RiverWare 确定的引黄济青工程的调水方案是合理的。

基于“胶东调水工程水资源优化调度关键技术研究”报告中 GHM 模型数据和 TPM 模型数据确定的受水区缺水量最小的调度方案，RiverWare 确定的两地市调水量比 GHM 模型和 TPM 模型确定的调水量分别高 8.1%~13.5% 和 5.4%~14.8%，也验证了相关方案是合理的,进一步说明 RiverWare 软件应用到引黄济青工程进行水资源优化调度研究是可行的。

(4)为了更好地熟悉和掌握 RiverWare 软件模型的构建和 RPL 语言规则的制定,把 RiverWare 软件推广应用到胶东地区引黄调水工程的部分渠段(宋庄分水闸至黄水河泵站段)。基于 2019—2020 年度实际调水数据,确定的推广应用段两市缺水量最小、调水工程运行费最小、两市缺水量和调水工程运行费最小 3 种调度模式的调度方案。通过调水方案对比分析,调水工程运行费最小确定的推广应用段两市调水量与 2019—2020 年度的实际调水量相同,其他调度方案确定的推广应用段两市调水量都比 2019—2020 年度实际调水量高出较多。基于模型采用高效输水的原则分析知,RiverWare 在推广应用段确定的方案是合理的。因此,进一步验证了 RiverWare 软件应用到胶东调水工程进行水资源优化调度研究是可行的。

5.2 展　望

(1)修正调度模型的约束条件与参数。调度模型的约束条件与参数是基于现有工程状况确定的,随着青岛潍坊社会经济的发展,节水工程、水源开发利用工程、水生态保护工程等各类水资源工程的建设,当地的可供水量、缺水量也会发生变化;随着胶东调水工程的升级改造或改扩建,胶东调水工程的工况也会发生改变,今后需根据新的工程条件和不同来水条件下的供水指标,相应调整调度模型中的约束条件与参数,进一步完善水资源优化调度模型。

(2)逐步完善调度运行方案。调度目标不同,调水方案不同,目前的调度方案是从受水区需水量和调水工程运行维护中心的运行费用角度考虑的,下一步可根据社会经济发展和社会公平需要再增加供水效益或公平性目标,进一步完善调度方案,对胶东调水工程的常规调度运行提供支持。

(3)模型参数输入需进一步完善。为了便于管理人员的使用,需要进一步完善 RiverWare 软件模型参数的输入,例如缺水量、输水效率、分水口最小需水量等参数,使其操作更简洁。

(4)RiverWare 软件输出展示需更直观。目前 RiverWare 软件输出结果不是以图或表的形式输出的,需要进一步整理成图或表的形式。因此,下一步针对结果输出展现进行开发,使展示结果更直观。

参 考 文 献

[1] 王蕾 ,肖长来,梁秀娟,等.MIKE BASIN 模型在吉林市水资源配置方面的应用[J]. 中国农村水利水电,2014(1):128-131.

[2]孙栋元,卢书超,李元红,等. 基于 MIKE BASIN 的石羊河流域水资源管理模拟模型[J]. 水文,2015,35(6):50-56.

[3] 王瑶瑶,董洁,陈学群,等.基于 Mike Basin 模型的莱州市水资源配置研究[J]. 山东农业大学学报(自然科学版),2021,52(6):984-989.

[4] Fedra K, Jamieson D G . The 'WaterWare' decision-support system for planning. 2. Planning capability [J]. Journal of Hydrology, 1996(177): 177-198.

[5] 杨丽虎,陈进,常福宣,等.梯级水库对生态系统基流的累积影响[J].武汉大学学报(工学版),2007,40(3):22-26.

[6] Zahidul Islam, Thian Yew Gan. Effects of Climate Change on the Surface- Water Management of the South Saskatchewan River Basin [J]. Journal of Water Resources Planning and Management, 2014, 140 (3): 332-342.

[7] 李承红,姜卉芳,何英,等.基于 WRMM 模型的水资源配置及方案优选研究[J]. 水资源与水工程学报,2016,27(3):32-38.

[8] 安全. WRMM 模型及其在白水江梯级水电站群调度规则识别中的应用[J]. 人民珠江,2016,37(11):31-34.

[9] Elizabeth A. Eschenbach, Member ASCE, Timothy Magee, et al. Goal programming decision support system for multiobjective operation of reservoir systems [J]. Journal of Water Resources Planning and Management, 2001, 127(2):108-120.

[10] John C, Carron, Edith A. Zagona, et al. Modeling Uncertainty in an Object-Oriented Reservoir Operations Model [J], Journal of Irrigation and Drainage Engineering, 2006, 132(2):104-111.

[11] Donal Frevert, Terrance Flup, Edith Zagona, et al. Watershed and River Systems Management Program: Overview of Capabilities [J]. Journal of Irrigation and Drainage Engineering, 2006, 132(2): 92-97.

[12] Mohammed Basheer, Nadir Ahmed Elagib. Sensitivity of Water-Energy Nexus to dam operation: A Water-Energy Productivity concept [J]. Science of the Total Environment, 2018, 616-617:918-926.

[13] Mohammed Basheer, Kevin G. Wheeler, et al. Quantifying and evaluating the impacts of cooperation in transboundary river basins on the Water-Energy-Food nexus: The Blue Nile Basin [J]. Science of the Total Environment, 2018, 630: 1309-1323.

[14] Wheeler Kevin G, Jeuland Marc, Hall Jim W, et al. Understanding and managing new risks on the Nile with the Grand Ethiopian Renaissance Dam [J]. Nature Communications, 2020, 11(1):5222-5222.

[15] Tesse de Boer, Homero Paltan, Troy Sternberg, et al. Evaluating Vulnerability of Central Asian Water Resources under Uncertain Climate and Development Conditions: The Case of the Ili-Balkhash Basin[J]. Water, 2021, 13(5): 615.

[16] 麦麦提敏·库德热提. RiverWare 模型在乌鲁木齐河流域的应用研究[D].乌鲁木齐:新疆农业大学,2015.

[17] 王新,王超,马芳平,等. RiverWare 软件在水库兴利调度研究中的应用[J].排灌机械工程学报,2022,

40(1):35-42.

[18] 王兴菊,孙杰豪,赵然杭,等. 基于可变模糊集理论的跨流域调水工程水资源优化调度[J]. 南水北调与水利科技, 2020,6(18):85-92,100.

[19] 王好芳,赵然杭,马吉刚,等.胶东调水工程水资源优化调度关键技术研究[M].郑州:黄河水利出版社,2021.